国家骨干高职院校建设项目成果

建筑工程计量与计价实训教程

郭冬生　吕亨龙　主　编
　　　　　方瑞仁　副主编

经济科学出版社

图书在版编目（CIP）数据

建筑工程计量与计价实训教程／郭冬生，吕亨龙主编.
—北京：经济科学出版社，2012.12
ISBN 978－7－5141－2858－1

Ⅰ.①建… Ⅱ.①郭…②吕… Ⅲ.①建筑工程－计量－高等职业教育－教材②建筑造价－高等职业教育－教材 Ⅳ.①TU723.3

中国版本图书馆 CIP 数据核字（2012）第 308983 号

责任编辑：侯晓霞
责任校对：王凡娥
责任印制：李　鹏

建筑工程计量与计价实训教程

郭冬生　吕亨龙　主编
方瑞仁　副主编
经济科学出版社出版、发行　新华书店经销
社址：北京市海淀区阜成路甲 28 号　邮编：100142
教材分社电话：010－88191345　发行部电话：010－88191522
网址：www.esp.com.cn
电子邮件：houxiaoxia@esp.com.cn
天猫网店：经济科学出版社旗舰店
网址：http://jjkxcbs.tmall.com
北京密兴印刷有限公司印装
787×1092　16 开　14.75 印张　350000 字
2012 年 12 月第 1 版　2012 年 12 月第 1 次印刷
ISBN 978－7－5141－2858－1　定价：30.00 元
(图书出现印装问题，本社负责调换。电话：010－88191502)
(版权所有　翻印必究)

前言

《建筑工程计量与计价》是高职建筑工程类专业的一门专业核心课程,主要内容包括建筑工程预算定额原理与应用、建筑工程施工图预算的编制、工程量计算的基本方法、分部工程量快速计算技巧、编制建筑工程预算书、建筑工程预算审查、《建设工程工程量清单计价规范》应用简介等,该课程涉及面广,实践性、综合性、技术性强,影响因素多,发展快。为适应高等职业教育培养高端技能型人才的要求,我们编写了《建筑工程计量与计价实训教程》,通过项目化的实务案例讲述建筑工程计量与计价业务知识的同时,更侧重于预算编制方法和技巧,提高学生的实践技能。

《建筑工程计量与计价实训教程》通过项目化实务案例模拟的方式,按照建筑工程施工图预算编制的实际操作程序编写,有表格、有图示、有说明。主要内容包括建筑工程预算定额原理与应用、建筑工程施工图预算的编制、工程量计算的基本方法、分部工程量快速计算技巧、编制建筑工程预算书、《建设工程工程量清单计价规范》应用、工程造价软件的应用等,即四个项目:项目一为学会工程造价计价依据的使用,项目二为用定额计价法计算单位建筑工程造价,项目三为用清单计价法计算建筑工程造价,项目四为使用工程造价计价软件进行建筑工程计量与计价。教师可以根据实际情况进行灵活组合。本教程有大量预算编制实例,真实地反映了建筑工程施工图预算的编制过程,以此来提高学生解决实际问题的能力。

本书主编郭冬生系九江市建设监理有限公司总经理,高级工程师;主审唐毅敏系九江开元投资有限公司成本控制主管、注册造价工程师、注册一级建造师、注册咨询工程师、九江市招投标中心评标专家,具有丰富的实践经验。项目一由郭冬生、吕亨龙、吴翠翠编写,项目二由吕亨龙、罗伟兵编写,项目三由郭发丽、杨义刚编写,项目四由张丽雅和广联达软件股份有限公司车路路编写。

本书在编写过程中得到了学院领导和合作企业的大力支持,参考了相关专家和学者的著作，在此表示感谢！由于编者水平有限，书中难免存在缺点和错误，诚挚希望读者提出宝贵意见，给予批评指正。

编　者

2012 年 12 月

目录

项目一　预算定额的使用　/ 1
 1.1　能力目标　/ 1
 1.2　知识目标　/ 1
 1.3　任务解析　/ 1
  1.3.1　编制依据　/ 1
  1.3.2　编制步骤和方法　/ 1
 1.4　任务操作　/ 8

项目二　建筑工程工程量定额计价实训　/ 10
 2.1　能力目标　/ 10
  2.1.1　实训目的与实训要求　/ 10
  2.1.2　实训内容　/ 10
  2.1.3　实训时间安排　/ 11
 2.2　知识目标　/ 11
  2.2.1　编制依据　/ 11
  2.2.2　编制步骤和方法　/ 11
 2.3　任务解析——某工程施工图预算的编制　/ 12
  2.3.1　某工程施工图纸　/ 12
  2.3.2　施工图预算书的编制　/ 29
 2.4　任务操作　/ 64

项目三　建筑工程量清单计价实训　/ 86
 3.1　能力目标　/ 86
  3.1.1　实训目的和要求　/ 86
  3.1.2　实训内容　/ 86
  3.1.3　实训时间安排　/ 87
 3.2　知识目标　/ 88
  3.2.1　编制依据　/ 88

3.2.2　编制步骤和方法　／　88
　3.3　任务解析　／　96
　　　3.3.1　××食堂相关图纸及说明　／　96
　　　3.3.2　工程量清单的编制　／　106
　3.4　任务操作　／　163

项目四　建筑工程造价软件应用实训　／　176
　4.1　工程计价软件应用　／　176
　　　4.1.1　建立项目　／　176
　　　4.1.2　编制清单及投标报价　／　179
　　　4.1.3　招投标软件应用整体流程　／　184
　4.2　图形算量软件应用　／　184
　　　4.2.1　软件的启动与退出　／　184
　　　4.2.2　工程设置　／　192
　　　4.2.3　工程量表　／　194
　　　4.2.4　外部清单　／　195
　　　4.2.5　计算设置　／　196
　　　4.2.6　计算规则　／　197
　4.3　钢筋抽样软件应用　／　198
　　　4.3.1　整体操作流程图　／　198
　　　4.3.2　软件详细操作　／　198
　4.4　软件操作训练　／　204

参考文献　／　227

项目一

预算定额的使用

1.1 能力目标

结合目前江西省工程造价文件编制的实际情况，培养学生分析、思考及解决问题的能力，使学生将所学预算定额的使用方法融入任务操作中，结合实际演练达到学中做、做中学的教学效果，使学生能具备行业造价员最基本的要求。

1.2 知识目标

（1）加深对预算定额的认识、了解和使用，掌握《江西省建筑工程消耗量定额及基价表》（2004年）的使用。

（2）熟悉并掌握预算定额的项目划分，能够按照编制施工图预算的要求进行项目列项并套价，熟练掌握定额套价及换算，以及补充定额的使用，并编制定额预算表。

（3）根据已编制的定额预算表，计算直接工程费。

1.3 任务解析

1.3.1 编制依据

（1）课程实训应严格执行国家和江西省最新行业的标准、规范、规程、定额及有关造价政策及文件。

（2）本课程实训依据《江西省建筑工程消耗量定额及基价表》（2004年）、施工图设计文件等完成。

1.3.2 编制步骤和方法

1.3.2.1 熟悉工程资料

了解工程背景，熟悉工程项目的项目划分。

1.3.2.2　熟悉预算定额

了解定额各项目的划分，掌握各定额项目的工作内容、计量单位。

1.3.2.3　划分分部工程，排列分项工程

按《江西省建筑工程消耗量定额及基价价表》（2004 年）中分部工程编排顺序进行项目列项土石方工程，桩与地基基础工程，砌筑工程，混凝土和钢筋混凝土工程，屋面及防水工程，防腐、隔热、保温工程。

注意：

第一，在每一个分部工程中，各分项工程要尽量按预算定额上该分部定额子目的编排顺序整理工程量。

第二，在整理每一个分部工程的工程量时，可将属于同一施工过程，但应属于不同定额分部的某些分项工程整理在预算书上的同一分部内。

第三，凡是材料的品种规格、项目的工作内容和施工方法相同的分项工程，应合成为一个定额子目。

1.3.2.4　套预算定额基价

（1）套用基价时需注意如下几点：

第一，分项工程量的名称、规格、计量单位必须与预算定额或单位估价表所列内容一致，否则重套、错套、漏套预算基价都会引起直接工程费的偏差，导致施工图预算造价偏高或偏低。

第二，当施工图纸的某些设计要求与定额单价的特征不完全符合时，必须根据定额使用说明对定额基价进行调整或换算。

第三，当施工图纸的某些设计要求与定额单价特征相差甚远，既不能直接套用也不能换算、调整时，必须编制补充单位估价表或补充定额。

（2）套用方法。

① 定额直接套用。当施工图上分项工程或结构构件的设计要求与预算定额中相应项目的工作内容完全一致时，就能直接套用。能够直接套用的定额是占绝大多数的。直接套用时应注意：

第一，初步选择套用项目。熟悉施工图上分项工程的设计要求、施工组织设计上分项工程的施工方法，初步选择套用项目。

第二，核对预算定额项目。分部工程说明、定额表上工作内容、表下附注说明、材料品种和规格等内容是否与设计一致。

第三，分项工程或结构构件的工程名称和单位，应与预算定额一致。

【例 1 - 1】试求 $10m^3$ M5 混合砂浆毛石墙的定额基价和相应人、材、机的消耗量。

【解】① 套定额。应注意工程单位必须化为定额单位。套用定额时，常用表 1 - 1 进行，查《江西省建筑工程消耗量定额及统一基价表》（2004 年）（以下简称《预算定额》）（上册）第 160 页。

表1-1　　　　　　　　　　　定额基价表

定额编号	工程名称	单位	工程量	基价	人工费	材料费	机械费
A3-77	M5混砂毛石墙	10m³	1	1561.74	471.41	1059.61	30.72

② 人材机消耗量计算。第一步：套用原定额项目，用工程量分别乘定额消耗量；第二步：对砂浆（或砼等）进行第二次工料分析，最后汇总材料。

1）人工消耗：$20.06 \times 1 = 20.06$ 工日

2）材料消耗：

$\qquad$ M5水泥混合砂浆：$3.93 \times 1 = 3.93 m^3$

$\qquad$ 毛石：$11.22 \times 1 = 11.22 m^3$

$\qquad$ 水：$0.79 \times 1 = 0.79 m^3$

由于M5水泥混合砂浆并不是原材料，是拌合物，所以要进行二次材料分析，查《预算定额》（下册）第417页，可知，M5水泥砂浆由32.5水泥、中砂、生石灰和水混合而成，因此，32.5水泥用量：$149 kg/m^3 \times 3.93 m^3 = 585.57 kg$

中砂用量：$1.20 m^3/m^3 \times 3.93 m^3 = 4.716 m^3$

生石灰用量：$69 kg/m^3 \times 3.93 m^3 = 271.17 kg$

水用量：$0.60 m^3/m^3 \times 3.93 m^3 = 2.358 m^3$

汇总分析：

32.5水泥用量：$149 kg/m^3 \times 3.93 m^3 = 585.57 kg$

中砂用量：$1.20 m^3/m^3 \times 3.93 m^3 = 4.716 m^3$

生石灰用量：$69 kg/m^3 \times 3.93 m^3 = 271.17 kg$

水用量：$0.79 m^3 + 2.358 m^3 = 3.418 m^3$

毛石：$11.22 \times 1 = 11.22 m^3$

3）机械消耗：灰浆搅拌机 $0.66 \times 1 = 0.66$ 台班

③ 定额换算。

● 换算说明

当施工图上分项工程或结构构件的设计要求与预算定额中相应项目的工作内容不完全一致时，就不能直接套用定额。

当预算定额规定允许换算时，则应按定额规定的换算方法对相应定额项目的基价和人材机消耗量进行调整换算。换算后的定额项目应在定额编号的右下角标注一个"换"字，以示区别。

● 换算类型

A. 砌筑砂浆和砼标号不同时的换算。

B. 厚度、运距不同的换算。

C. 门窗框、扇料的种类和断面规格不同时的换算。

D. 定额说明的有关换算。

● 换算方法

由定额的换算类型可知，定额的换算绝大多数均属于材料换算。

定额规定：一般情况下，材料换算时，人工费和机械费保持不变，仅换算材料费。而且在材料费的换算过程中，定额上的材料用量保持不变，仅换算材料的预算单价。

材料换算的公式为：

$$换算后的基价 = 换算前原定额基价 + 应换算材料的定额用量 \times (换入材料的单价 - 换出材料的单价)$$

A. 砌筑砂浆标号不同的换算

【例1-2】试求 30m³ 的 M15 水泥砂浆砖基础的预算价格。

【解】1）套用相近定额——查《预算定额》（上册）第 137 页

A3-1，M5 水泥砂浆砖基础，基价 = 1729.71 元/10m³，

M5 水泥砂浆用量：2.36 m³/10m³

2）定额换算——查《预算定额》（下册）第 416 页

301，M5 水泥砂浆，基价 = 90.64 元/m³

304，M15 水泥砂浆，基价 = 122.98 元/m³

基价 = 1729.71 + (122.98 - 90.64) × 2.36 = 1806.03 元/10m³

3）计算定额预算价格（见表 1-2）

表 1-2　　　　　　　　分项工程直接工程费计算表

定额编号	工程名称	单位	工程量	基价	定额预算价格
A3-1 换	M15 水泥砂浆砌砖基础	10m³	3.00	1806.03	5418.09

B. 混凝土基价的换算——混凝土强度等级不同的换算

【例1-3】某工程用现浇钢筋混凝土单梁设计为 C25，130m³，试确定其混凝土预算价格。

【解】查《预算定额》（上册）第 200 页，可知定额子目为 A4-33

A4-33，C20 单梁，基价 = 2090.97 元/10m³；C20 砼用量：10.15m³/10m³

1）确定 C20 混凝土单梁相关参数

卵石的最大粒径 40mm，水泥标号 32.5

2）换算基价——查《预算定额》（下册）第 333~334 页（见表 1-3）

028　C20 卵石砼，石子最大粒径 40mm，水泥标号 32.5，基价 158.12 元/m³；

030　C25 卵石砼，石子最大粒径 40mm，水泥标号 32.5，基价 170.04 元/m³。

基价 = 2090.97 + (170.04 - 158.12) × 10.15 = 2211.96 元/10m³

表 1-3　　　　　　　　分项工程直接工程费计算表

定额编号	工程名称	单位	工程量	基价	定额预算价格
A4-33 换	C25 现浇钢筋砼单梁	10m³	13	2211.96	28755.48

C. 厚度不同的换算

【例 1-4】 某工程用 70 厚水玻璃耐酸混凝土做整体面层，150m²，试确定其预算价格。

【解】1）套用相近定额：查《预算定额》（下册）第 6 页

A8-1，A8-2，60mm 基价 = 7999.82 元/100m²

增减 10mm 基价 = 1243.06 元/100m²

2）定额换算（见表 1-4）

基价 = 7999.82 + (70-60)/10 × 1243.06 = 9242.88 元

表 1-4　　　　　　　　分项工程直接工程费计算表

定额编号	工程名称	单位	工程量	基价	定额预算价格
A8-1，A8-2	70 厚水玻璃耐酸混凝土整体面层	100m²	1.5	9242.88	13864.32

D. 运距不同的换算

【例 1-5】 某工程人工运土方（一、二类土）180m，200m³，试确定其预算价格。

【解】1）套用相近定额：查《预算定额》（上册）第 63 页

A1-191，A1-192，运距 20m 内基价 = 518.88 元/100m³

增减 20m 基价 = 115.62 元/100m³

2）定额换算（见表 1-5）

基价 = 518.88 + (180-20)/20 × 115.62 = 1443.84 元

表 1-5　　　　　　　　分项工程直接工程费计算表

定额编号	工程名称	单位	工程量	基价	定额预算价格
A1-191，A1-192	人工运土方 180m（一、二类土）	100m³	2	1443.84	2887.68

E. 木门窗的换算

◇ 木材种类不同时的换算

《江西省装饰装修工程消耗量定额及统一基价表》（2004 年）第四章说明第三条规定：木枋木种均以一、二类木种为准，如采用三、四类木种时，分别乘以下列系数：木门窗制作，按相应项目人工和机械乘以系数 1.3；木门窗安装，按相应项目人工和机械乘以系数 1.16；其他项目按相应项目人工和机械乘以系数 1.35。下面示例说明：

【例 1-6】 某工程有双扇无亮无纱镶板木门共 32 樘，门洞尺寸为 2100mm × 900mm。其中木门框为黄花松，门扇为杉木，计算该分项工程的定额预算价格。

【解】1）计算工程量

S = 2.10 × 0.90 × 32 = 60.48m²

2）定额子目说明

《江西省装饰装修工程消耗量定额及统一基价表》（2004 年）第 308 页，无纱镶板门双扇无亮门框制作：B4-29；门框安装：B4-30；门扇制作：B4-31；门扇安装：B4-32；门框扇制作安装为以上四项之和。

3) 换算基价（见表1-6）

表1-6　　　　　　分项工程直接工程费计算表

定额编号	工程名称	单位	工程量	基价	定额直接费
B4-29~B4-32换	双扇无亮无纱镶板门（黄花松门框）	100m²	0.60	6768.66	4061.20

因门框料采用的黄花松为三类木种，与定额取定的二类木种不同，按定额规定，其人工费、机械费应作相应调整：

门框扇制安基价 = 门框制作基价 + 门框安装基价 + 门扇制作基价 + 门扇安装基价
$$= [986.11 + (182.91 + 37.35) \times 1.3] + [269.98 + (375.54 + 0.78) \times 1.16] + 4424.21 + 365.49$$
$$= 1272.45 + 706.51 + 4424.21 + 365.49 = 6768.66 \text{ 元}/100\text{m}^2$$

◇ 木材规格不同时的换算

【例1-7】已知某单扇带亮无纱镶板门的门框料为65mm×105mm（未加刨光损耗），试求此镶板门项目制安基价。

【解】无纱镶板门框断面，定额取定为55.1cm²，设计为65mm×105mm=68.25cm²（未加刨光损耗）。

按定额公式换算框料材积，加刨光损耗断面为68mm（一面刨光加3mm）×110mm（两面刨光加5mm）

$$换算后材积 = \frac{设计断面(加刨光损耗)}{定额断面} \times 定额材积$$
$$= \frac{6.8 \times 11.0}{55.1} \times 1.819 = 2.469 \text{m}^3$$

将B4-17定额项目每100m²需1.819m³框料木材体积换算为新的框料材积2.469m³，再计算子目基价。

B4-17换，
基价 = 1937.48 + 830×(2.469 - 1.819) + 1006.83 + 3716.75 + 724.12
　　 = 7385.18 + 830×(2.469 - 1.819) = 7924.68 元/100m²

换算后格式（见表1-7）。

表1-7　　　　　　分项工程直接工程费计算表

定额编号	工程名称	单位	工程量	基价	定额预算价格
B4-17~B4-20换	单扇带亮无纱镶板门（门框料为65×105）	100m²	1	7924.68	7924.68

F. 定额乘系数的换算

在定额文字说明中或定额表下方的附注中,经常会说明如果出现哪些特殊情况,应乘以相应系数的规定,这也是定额换算的 种。

1.3.2.5 汇总编制定额预算表(单位工程)(见表1-8)

表1-8　　　　　　　　　　　　工程量计算表

序号	项目编码	项目名称	单位	工程量	基价	合价
一		第一章　土石方工程				
1	1-1	人工平整场地	10m²			
2		……				
		小计				
二		第二章　桩与地基基础工程				
		……				
		小计				
三		第三章　砌筑工程				
		……				
		小计				
四		第四章　混凝土和钢筋混凝土工程				
		……				
		小计				
五		第五章　屋面及防水工程				
		……				
		小计				
		……				

1.3.2.6 计算直接工程费

将定额预算表中所有分部工程合价进行综合计算,得出单位工程直接工程费(见表1-9)。

表1-9　　　　　　　　　　直接工程费计算表

序号	项目编码	项目名称	单位	工程量	基价	合价
一		第一章　土石方工程				
1	1-1	人工平整场地	10m²			
2		……				
		小计				
二		第二章　桩与地基基础工程				
		……				
		小计				
三		第三章　砌筑工程				
		……				
		小计				
四		第四章　混凝土和钢筋混凝土工程				
		……				
		小计				
五		第五章　屋面及防水工程				
		小计				
		……				
		合计：直接工程费				★

1.4　任务操作

请根据以下分项工程的相关资料制表列项，并汇总计算单位工程直接工程费。
（1）人工挖土方，二类土，挖掘深度6米，土方量为3000m³。
（2）机械平整场地，75kW推土机，土方量为50000 m²。
（3）人工运土方，运距160m，土方量4000 m³。
（4）自卸汽车运土方，载重3.5t，运距4km，土方量6200 m³。
（5）硫黄胶泥接桩，100个。
（6）M10水泥砂浆砌砖基础，260 m³。

(7) 砌 1 砖厚单面清水墙，3200 m³。
(8) M2.5 干铺毛石垫层 5100 m³。
(9) 现浇混凝土 C30/40 \ 42.5，做独立基础 54000 m³。
(10) 预制混凝土 C30/30 \ 42.5，做矩形柱 46000 m³。
(11) 水玻璃耐酸混凝土做整体面层防腐，120mm 厚，3600 m²。
(12) 泡沫混凝土块做屋面保温，4600 m²。
(13) 双扇无亮无纱镶板木门共 40 樘，门洞尺寸为 2200mm×1000mm，其中木门框为红松，门扇为青松。
(14) 单扇无亮带纱镶板木门共 30 樘，门洞尺寸为 1900mm×900mm。
(15) 单层玻璃窗共 20 樘，窗洞尺寸为 1000mm×800mm，窗框料为 60mm×100mm（未加刨光损耗）。

项目二

建筑工程工程量定额计价实训

2.1 能力目标

2.1.1 实训目的与实训要求

2.1.1.1 实训目的
（1）深入对定额的理解并进行运用，掌握《江西省建筑工程消耗量定额及统一基价表》（2004年）的编制和使用方法。

（2）通过课程设计的仿真训练，使学生能够按照施工图预算的基本要求进行分项工程的划分，工程量的计算规则，能基本独立进行简单的实际计算。

（3）基本掌握工程费用的取费方法，熟悉定额计价的取费。

（4）通过课程设计的实际训练，使学生掌握定额计价的方法比哪知建筑工程施工图预算文件的程序、方法、步骤及图表的填写等。

2.1.1.2 实训要求
（1）要求完成建筑工程及装饰装修工程部分的工程量计算，编制工程量计算表，汇总后套用基价表，完成建筑工程预算书。

（2）课程实训过程中，要求学生发扬团队合作精神，合作全面完成实训任务。

（3）课程实训要求独立完成，遇到有争议的应及时讨论，共同学习。

2.1.2 实训内容

2.1.2.1 基本资料
（1）建筑施工图、结构施工图。

（2）《江西省建筑工程消耗量定额及统一基价表》（2004年），《江西省装饰装修工程消耗量定额及统一基价表》（2004年），《江西省建筑安装工程费用定额》（2004年）。

（3）其他未尽事宜请参照相关图籍、规范等。

2.1.2.2 实训内容
（1）提供一份面积约 1000m^2 的土建施工图；

（2）按照预算定额规定列项并计算工程量（工程量必须按分部分项工程、措施项目）；

（3）按照预算定额基价计算分项工程直接工程费，措施费，并汇总完成单位工程费；

（4）写编制说明、填写封面并装订成册。

2.1.3 实训时间安排（见表2-1）

表2-1　　　　　　　　　　实训时间安排表

序号	内　容	时间/天
1	实训准备工作，包括图纸和定额的熟悉，项目的划分等	1
2	列项，计算工程量	4
3	编制工程计价表	2
4	工料分析和价差计算	2
5	取费、计算工程造价、审核、编制说明、封面、装订	3
6	合计	12

2.2 知识目标

2.2.1 编制依据

江西省工程造价管理相关文件、政策、规定等，《江西省建筑工程消耗量定额及统一基价表》（2004年），《江西省装饰装修工程消耗量定额及统一基价表》（2004年），《江西省建筑安装工程费用定额》（2004年）。

2.2.2 编制步骤和方法

（1）收集基础资料，做好准备。主要收集编制施工图预算的编制依据。包括施工图纸、有关的通用标准图、图纸会审记录、设计变更通知、施工组织设计、预算定额、取费标准及市场材料价格等资料。

（2）熟悉施工图等基础资料。编制施工图预算前，应熟悉并检查施工图纸是否齐全，尺寸是否清楚，了解设计意图，掌握工程全貌。另外，针对要编制预算的工程内容搜集有关资料，包括熟悉并掌握预算定额的使用范围、工程内容及工程量计算规则等。

（3）了解施工组织设计和施工现场情况。编制施工图预算前，应了解施工组织设计中影响工程造价的有关内容。例如，各分部分项工程的施工方法，土方工程中余土外运使用的工具、运距，施工平面图对建筑材料、构件等堆放点到施工操作地点的距离等，以便能正确计算工程量和正确套用或确定某些分项工程的基价。

（4）计算工程量。工程量计算应严格按照图纸尺寸和现行定额规定的工程量计算规则，遵循一定的顺序逐项计算分项子目的工程量。计算各分部分项工程量前，最好先列项。也就是按照分部工程中各分项子目的顺序，先列出单位工程中所有分项子目的名称，然后再逐个计算其工程量。这样，可以避免工程量计算中，出现盲目、零乱的状况，使工程量计算工作有条不紊地进行，也可以避免漏项和重项。

（5）汇总工程量、套预算定额基价（预算单价）。各分项工程量计算完毕，并经复核无误后，按预算定额手册规定的分部分项工程顺序逐项汇总，然后将汇总后的工程量抄入工程预算表内，并把计算项目的相应定额编号、计量单位、预算定额基价以及其中的人工费、材料费、机械台班使用费填入工程预算表内。

（6）计算直接工程费。计算各分项工程直接费并汇总，即为一般土建工程定额直接费，再以此为基数计算其他直接费、现场经费，求和得到直接工程费。

（7）计取各项费用。按取费标准（或间接费定额）计算间接费、计划利润、税金等费用，求和得出工程预算价值，并填入预算费用汇总表中。同时计算技术经济指标，即单方造价。

（8）进行工料分析。计算出该单位工程所需要的各种材料用量和人工工日总数，并填入材料汇总表中。这一步骤通常与套定额单价同时进行，以避免二次翻阅定额。如果需要，还要进行材料价差调整。

（9）编制说明、填写封面、装订成册。

2.3 任务解析——某工程施工图预算的编制

2.3.1 某工程施工图纸（见图2-1至图2-16）

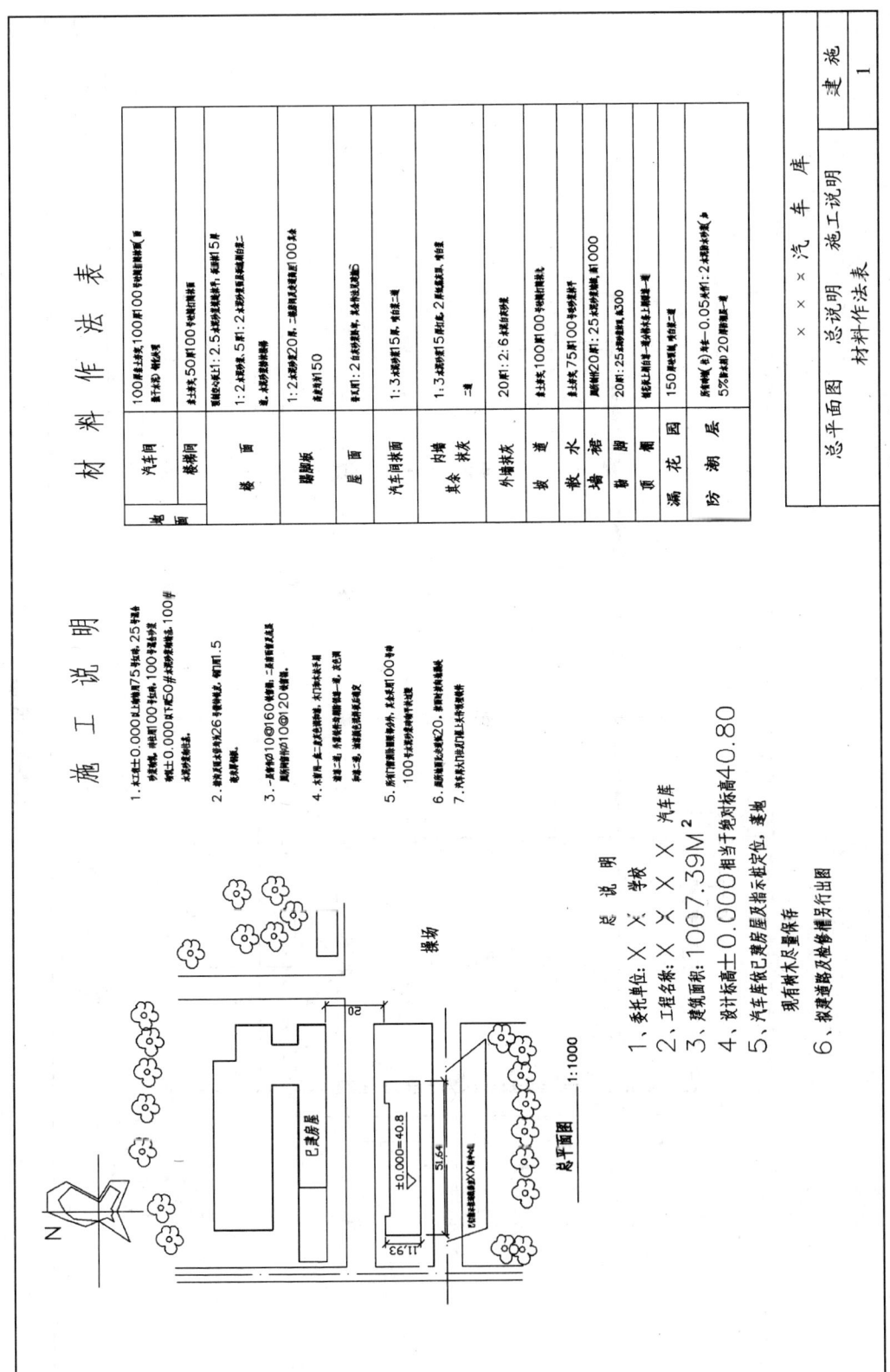

项目二　建筑工程工程量定额计价实训

图2-1　建筑总平面图、总说明、施工说明和材料作法表

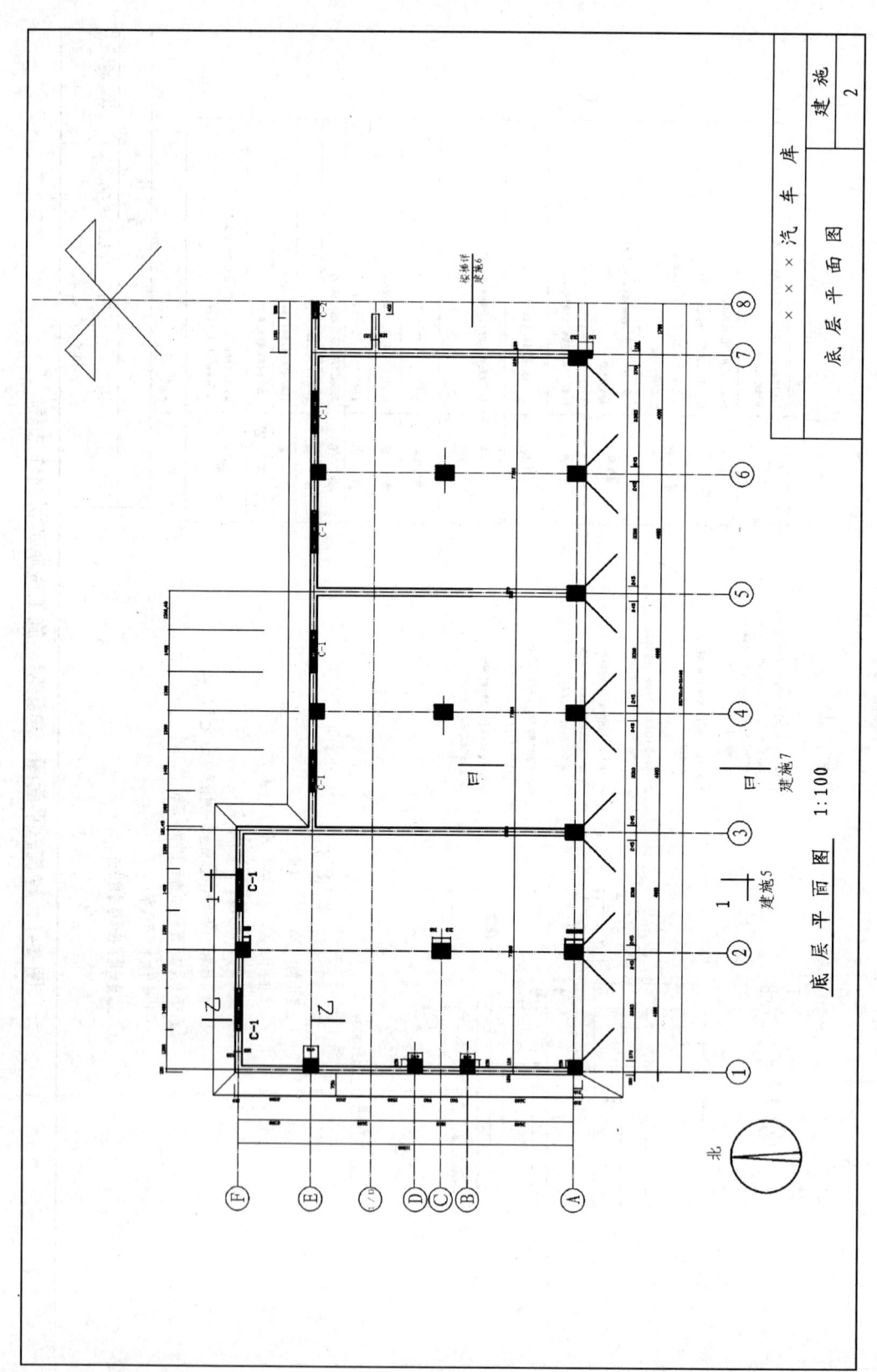

图 2-2 底层平面图

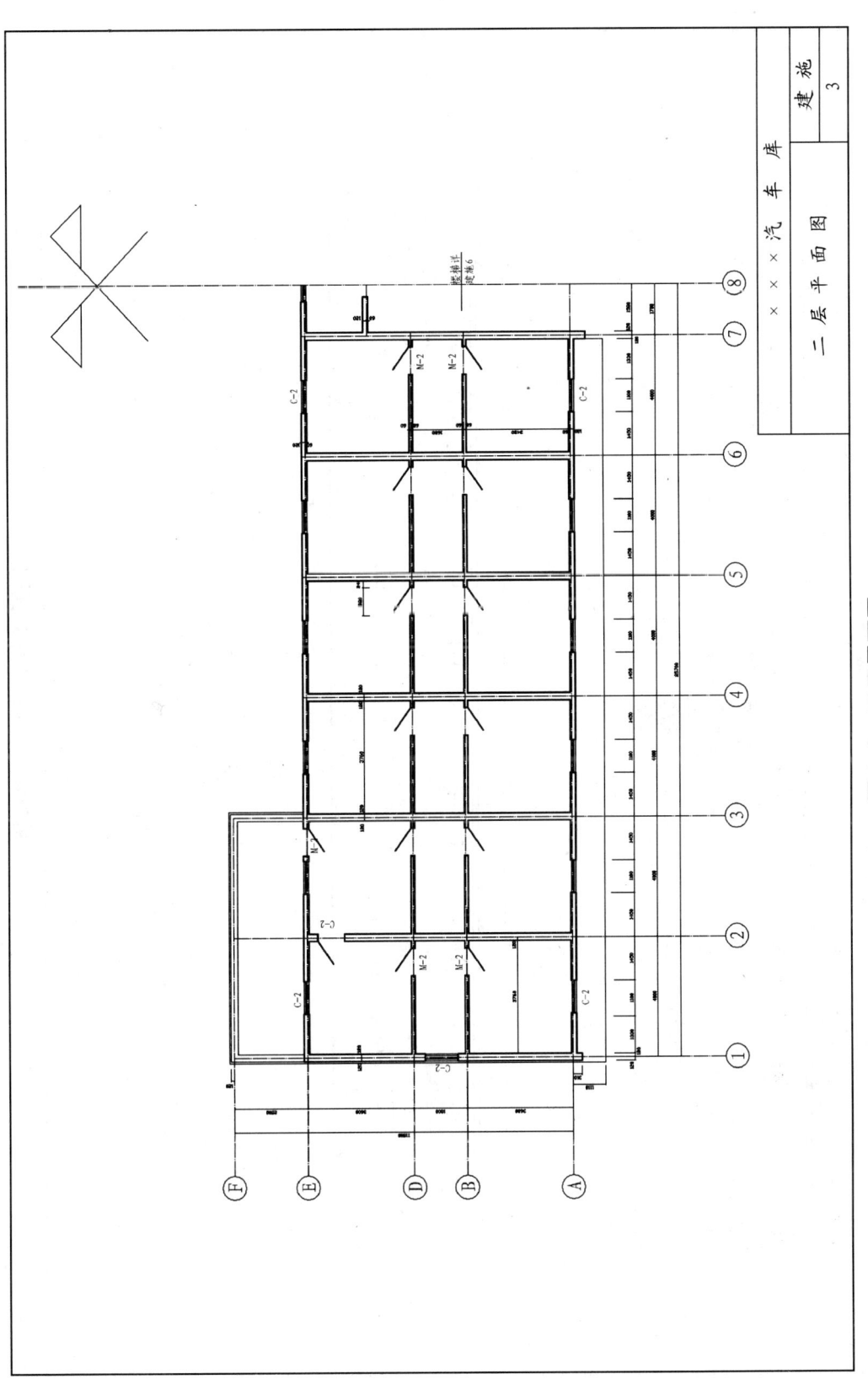

图 2-3 二层平面图

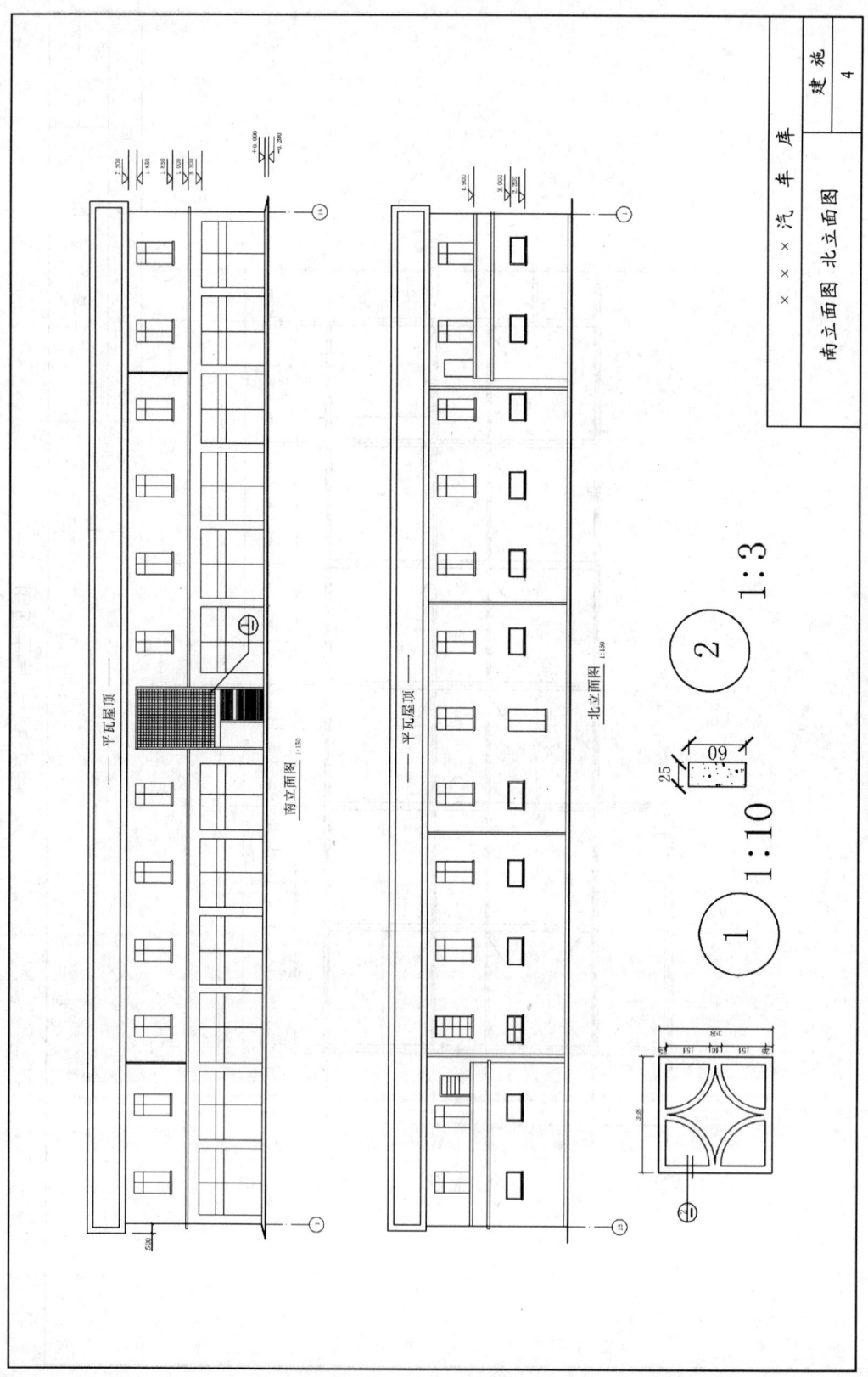

图 2-4 南立面和北立面图

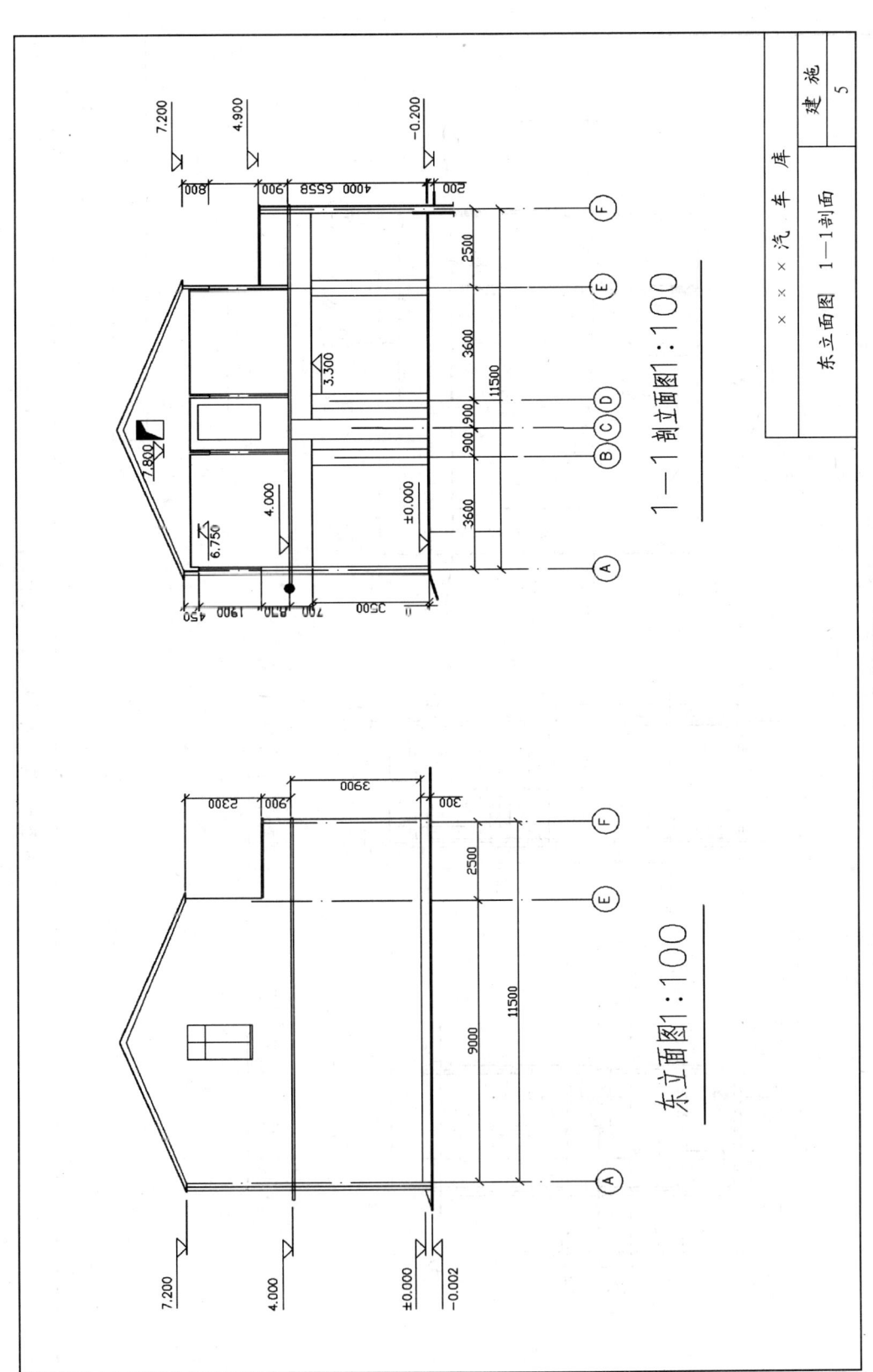

项目二 建筑工程工程量定额计价实训

图 2-5 东立面图

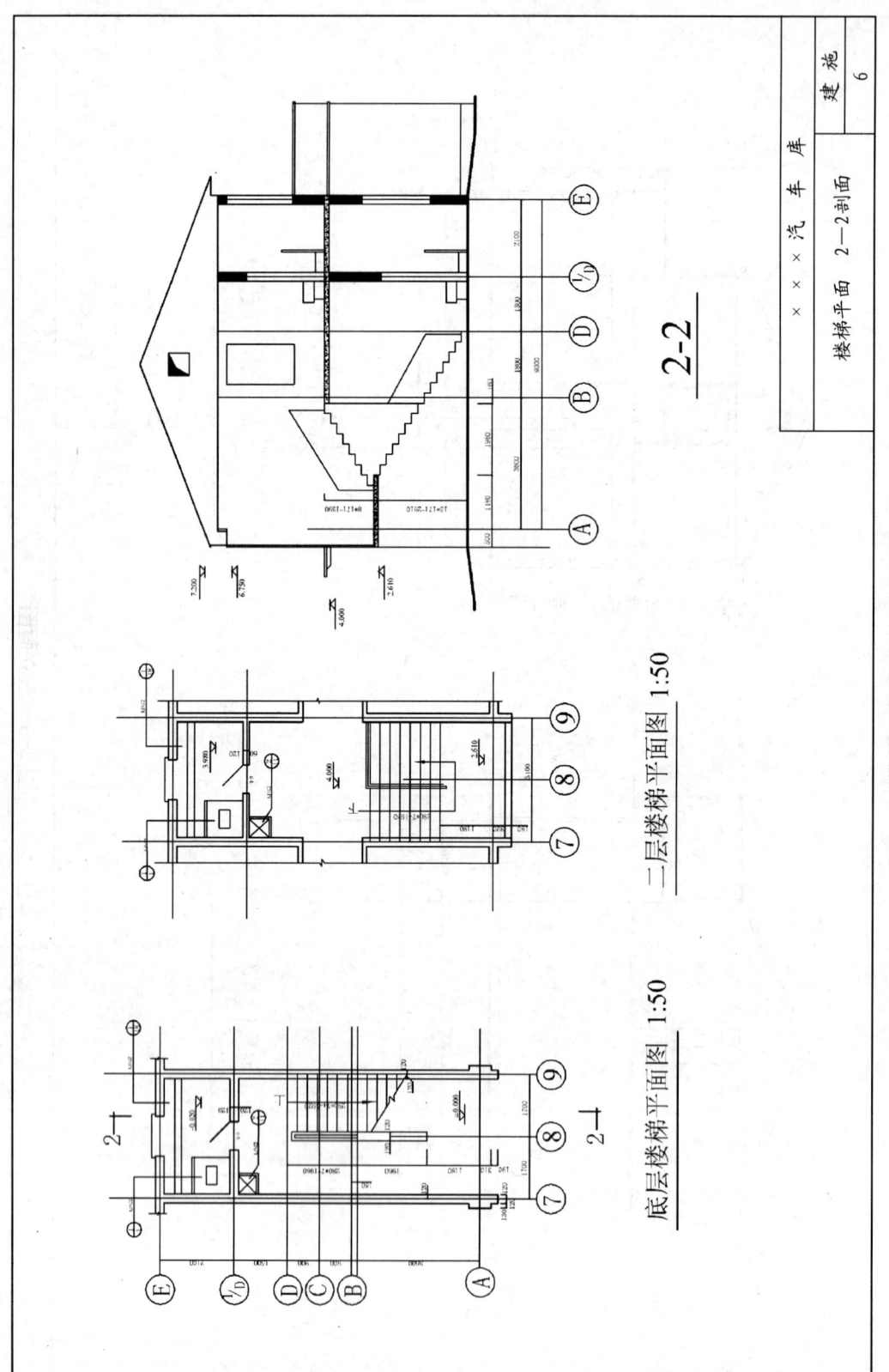

图 2-6 楼梯平面图和2-2剖面图

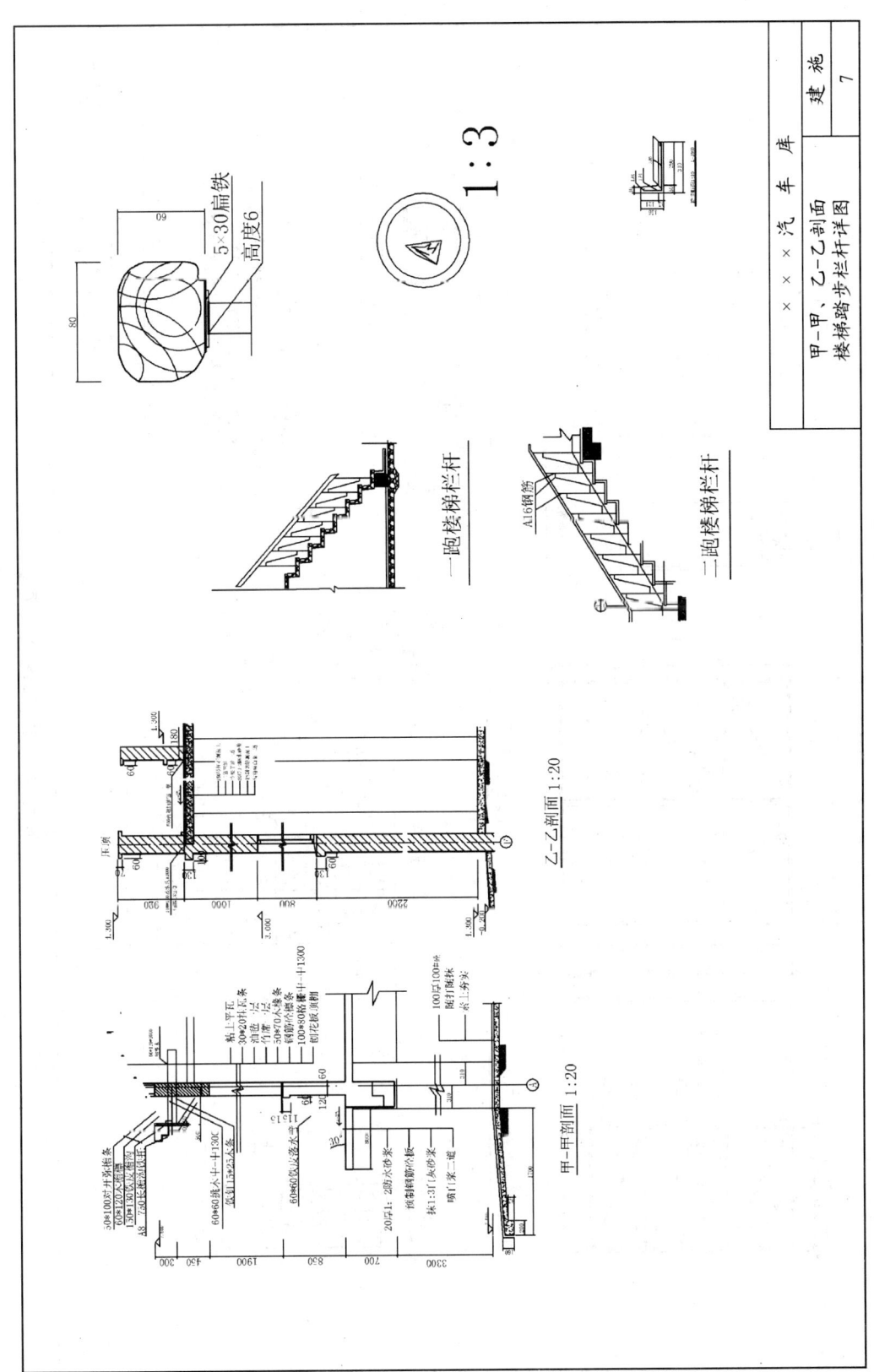

项目二　建筑工程工程量定额计价实训

图 2-7　甲-甲、乙-乙剖面图和楼梯踏步栏杆详图

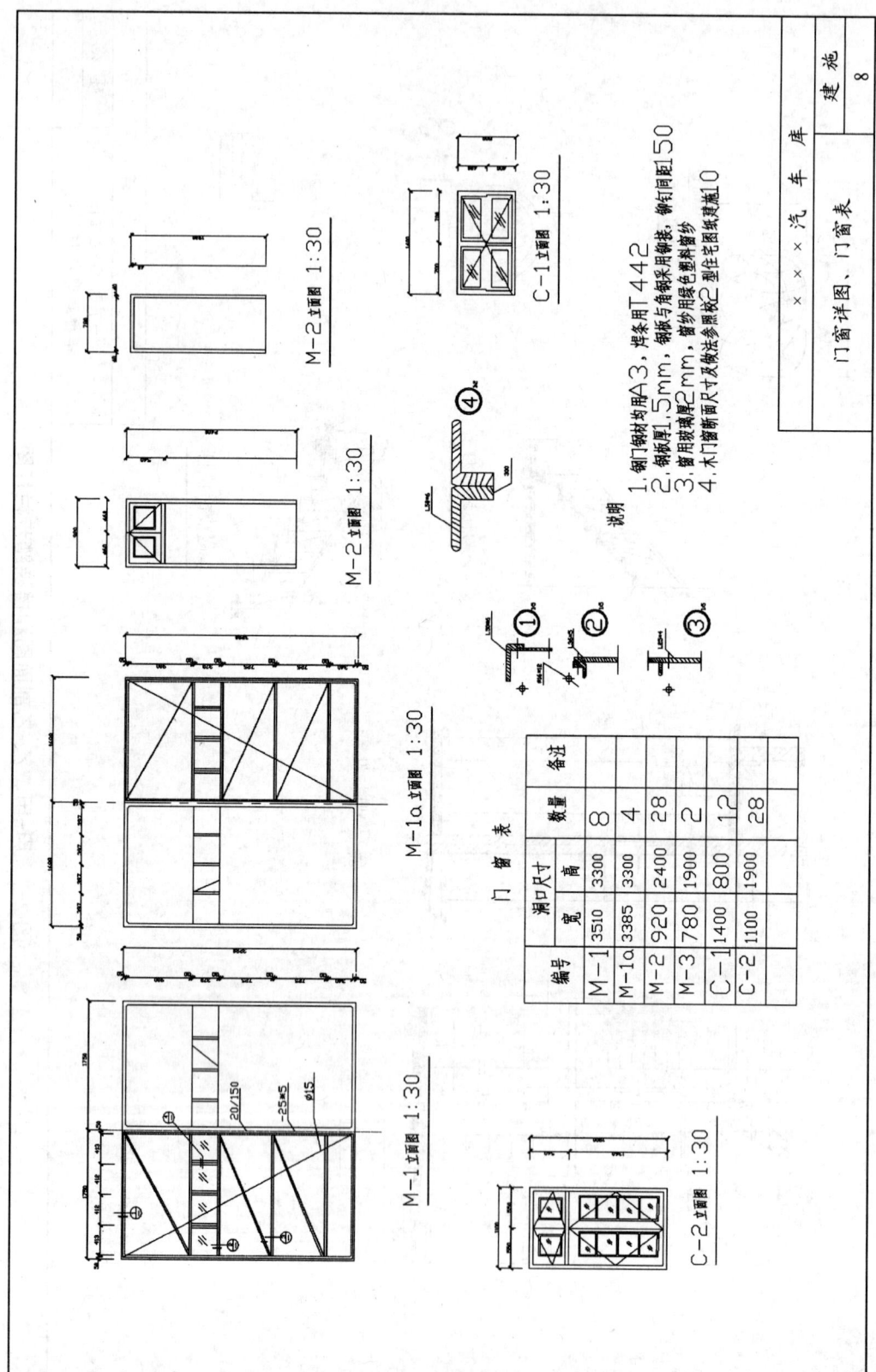

图 2-8 门窗详图及门窗表

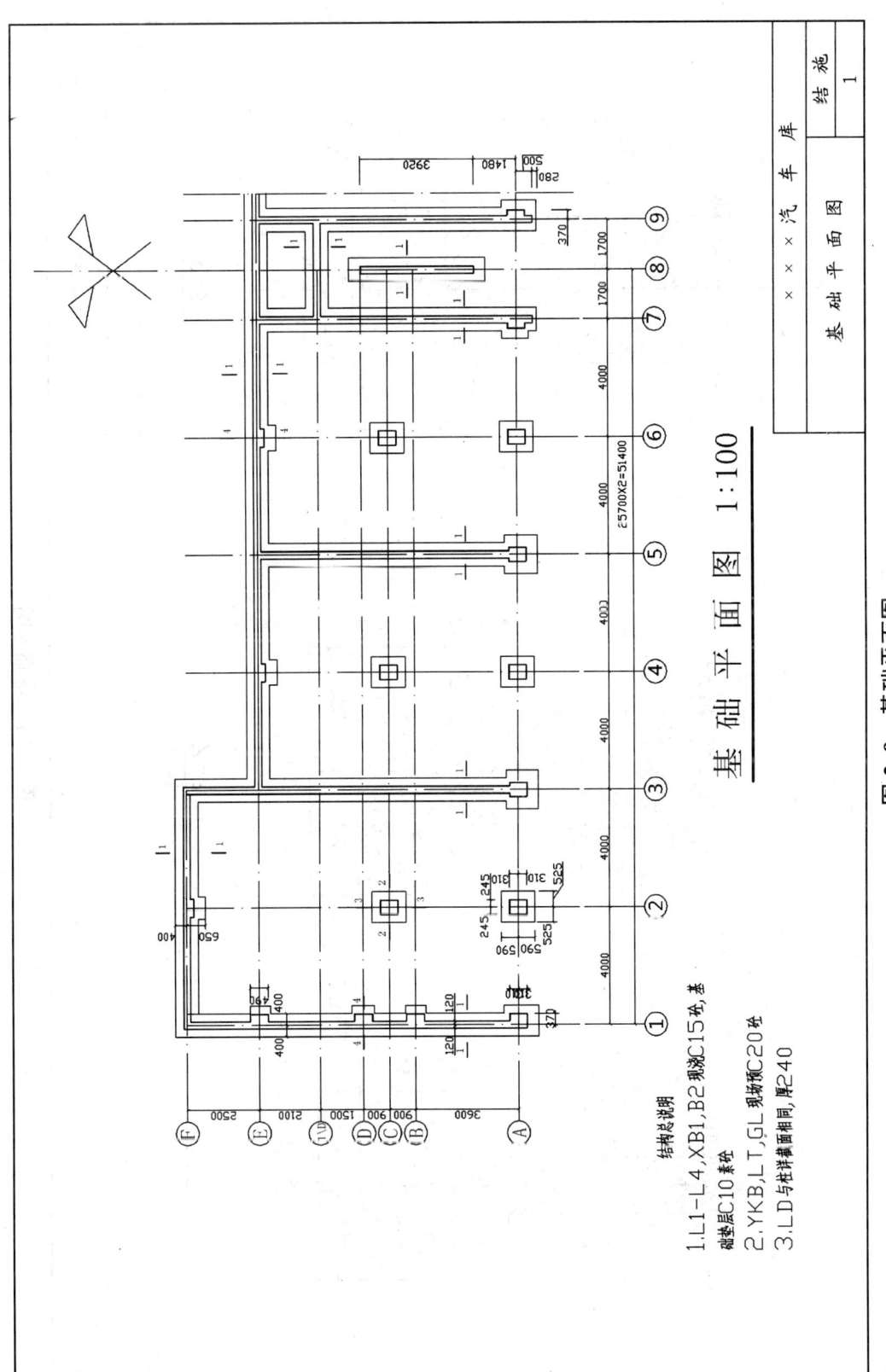

项目二 建筑工程工程量定额计价实训

图 2-9 基础平面图

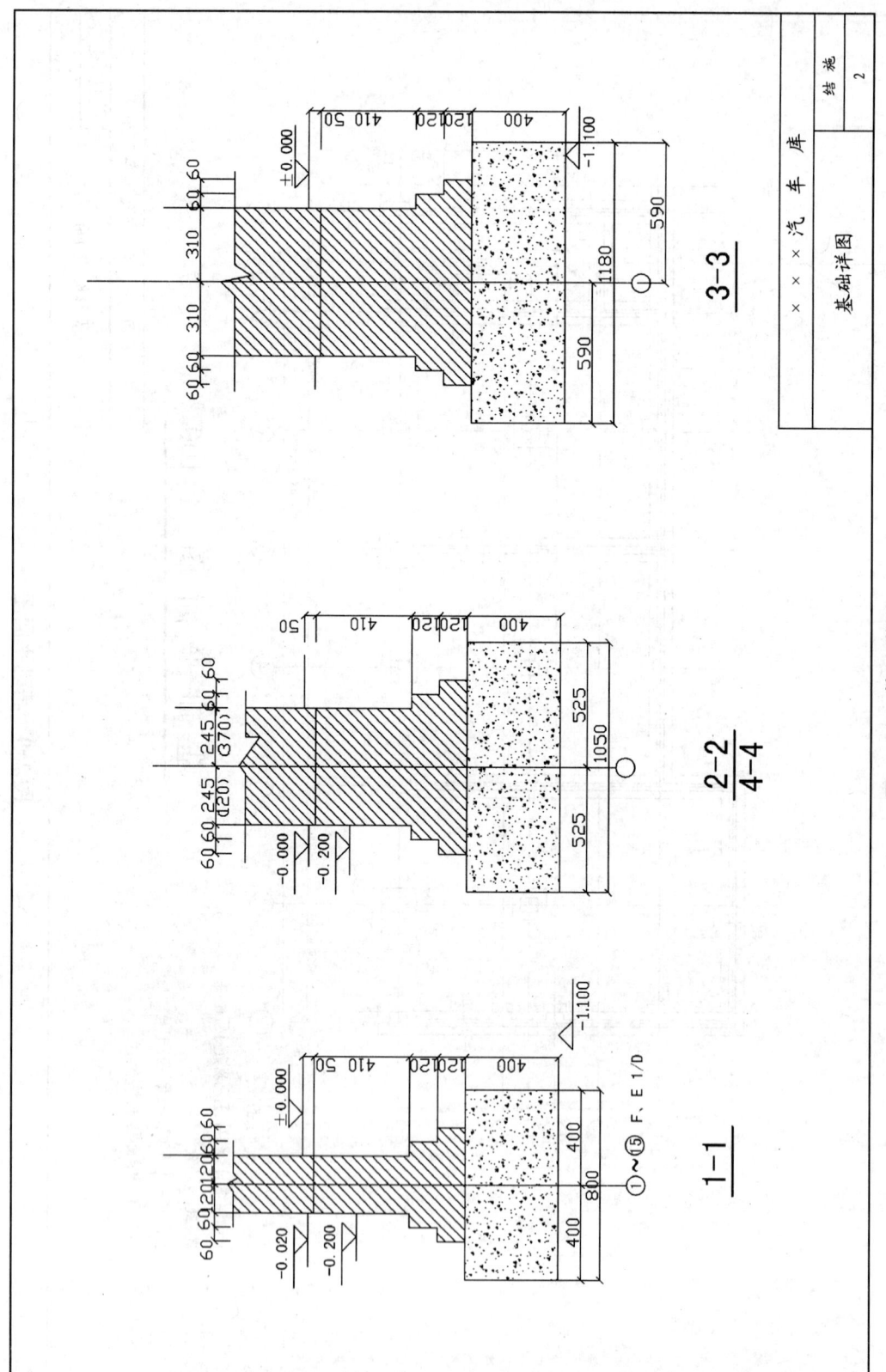

图 2-10 基础详图

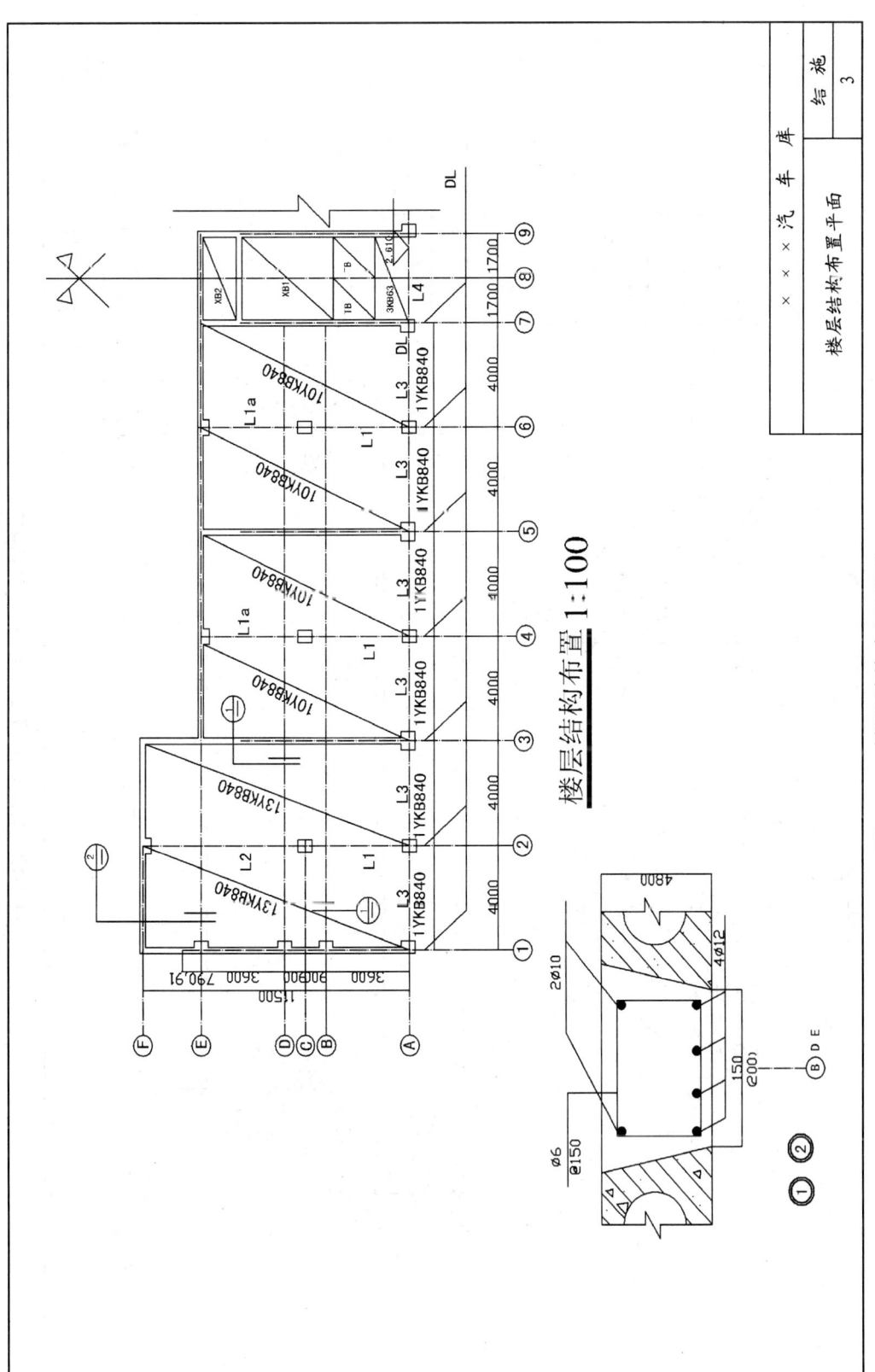

图 2-11 楼层结构布置平面

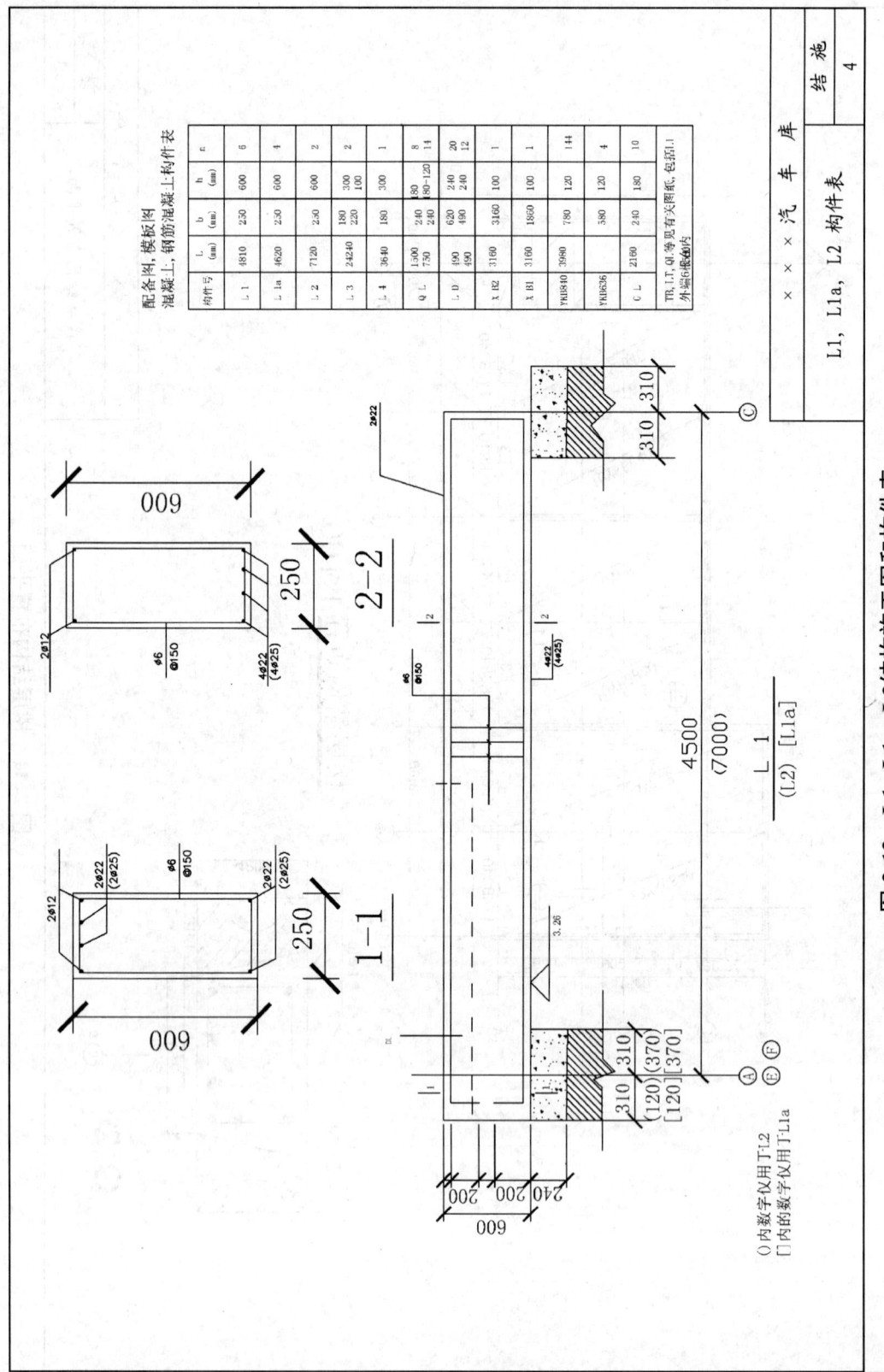

图 2-12 L1, L1a, L2结构施工图和构件表

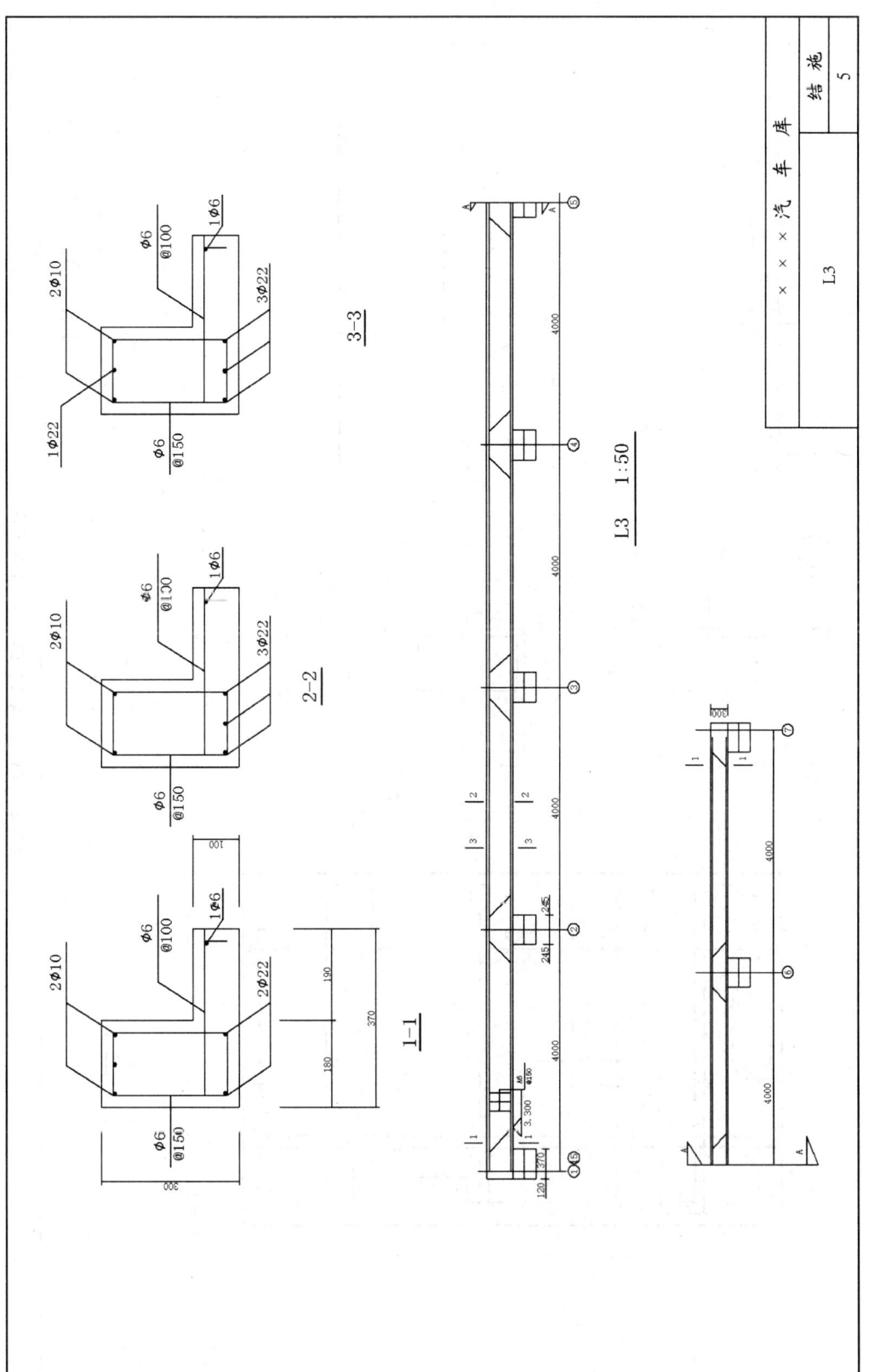

图 2-13　L3 结构施工图

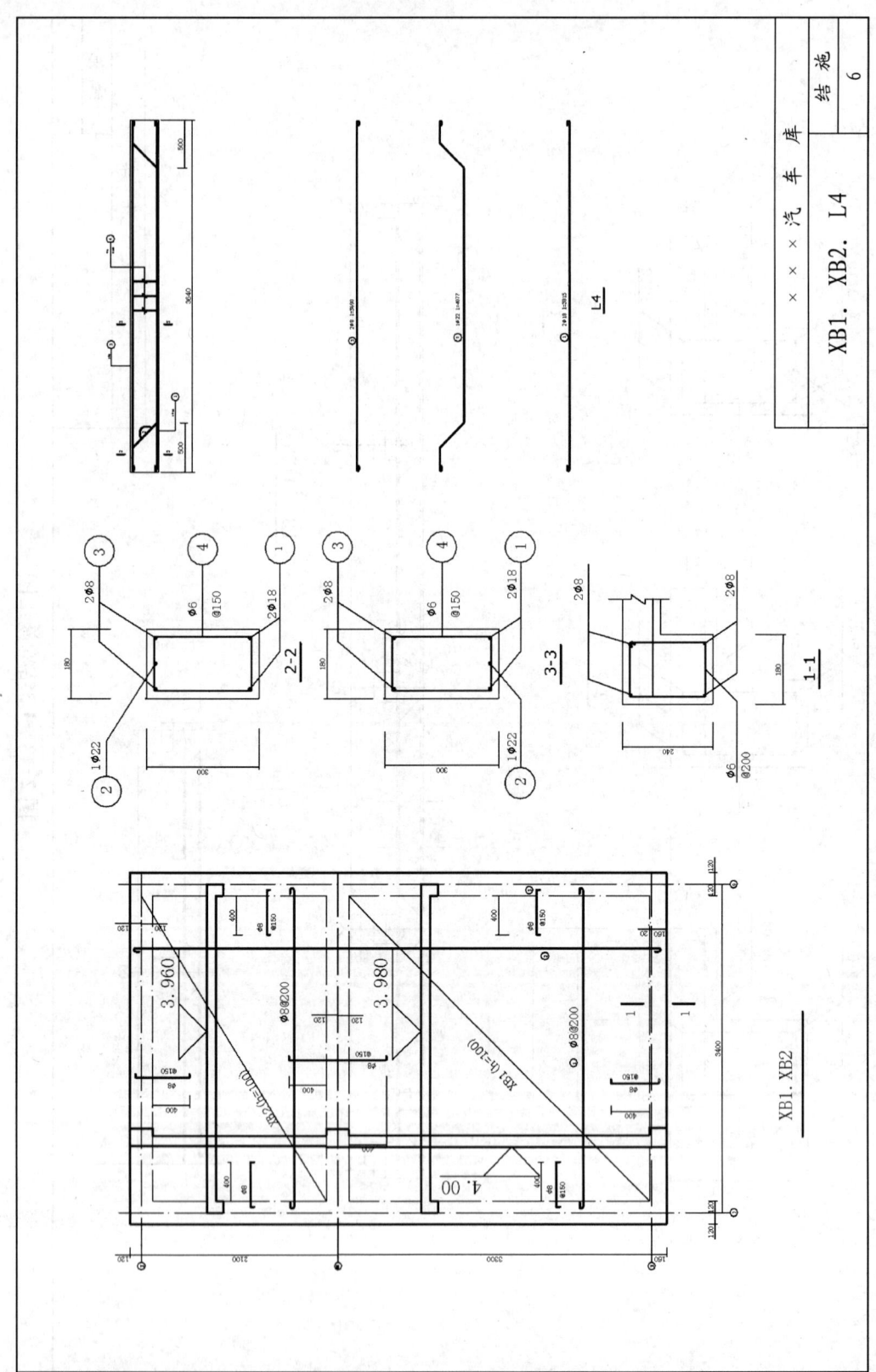

图 2-14 XB1、XB2和L4结构施工图

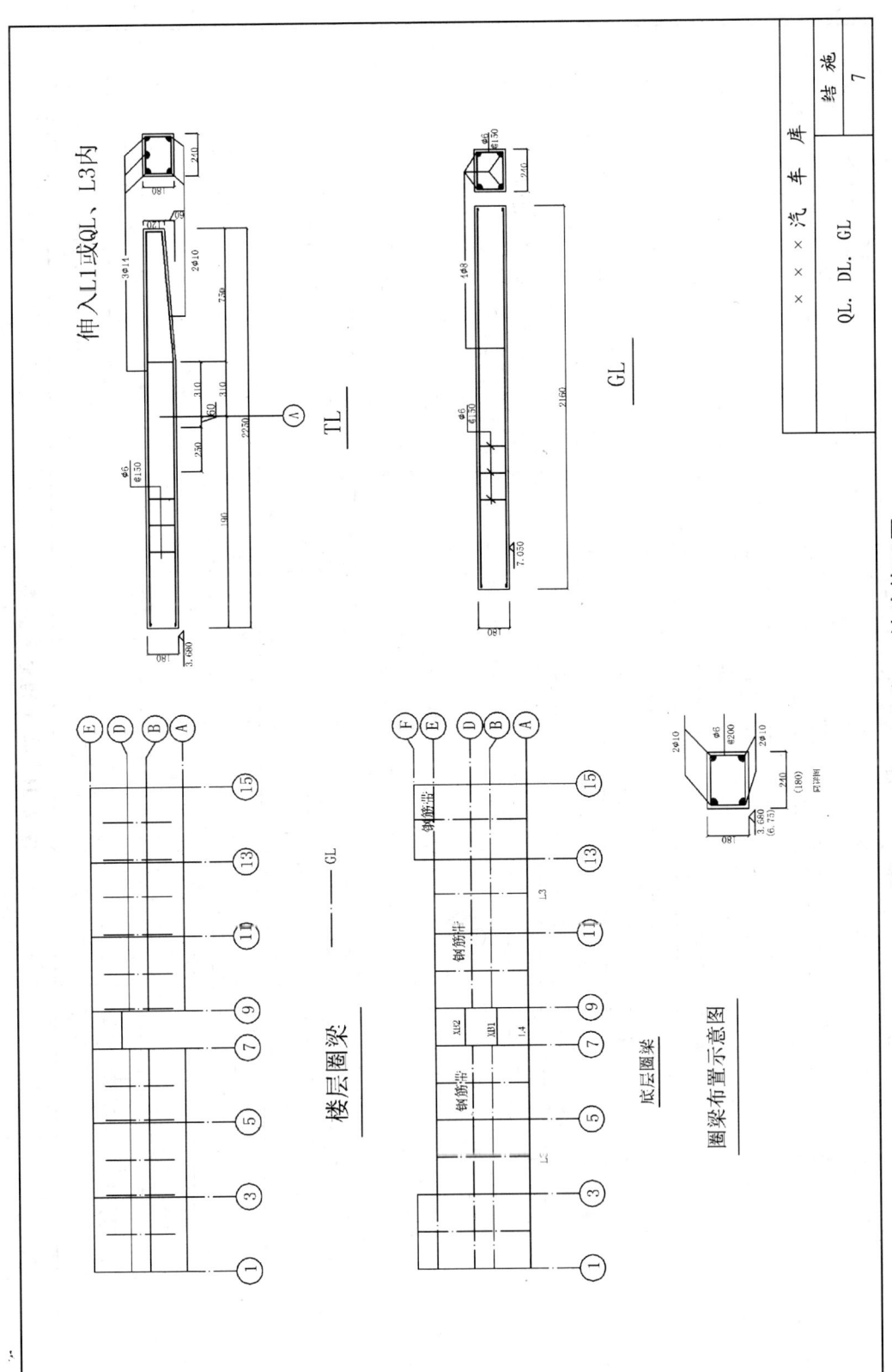

项目二 建筑工程工程量定额计价实训

图 2-15 QL、DL和GL结构施工图

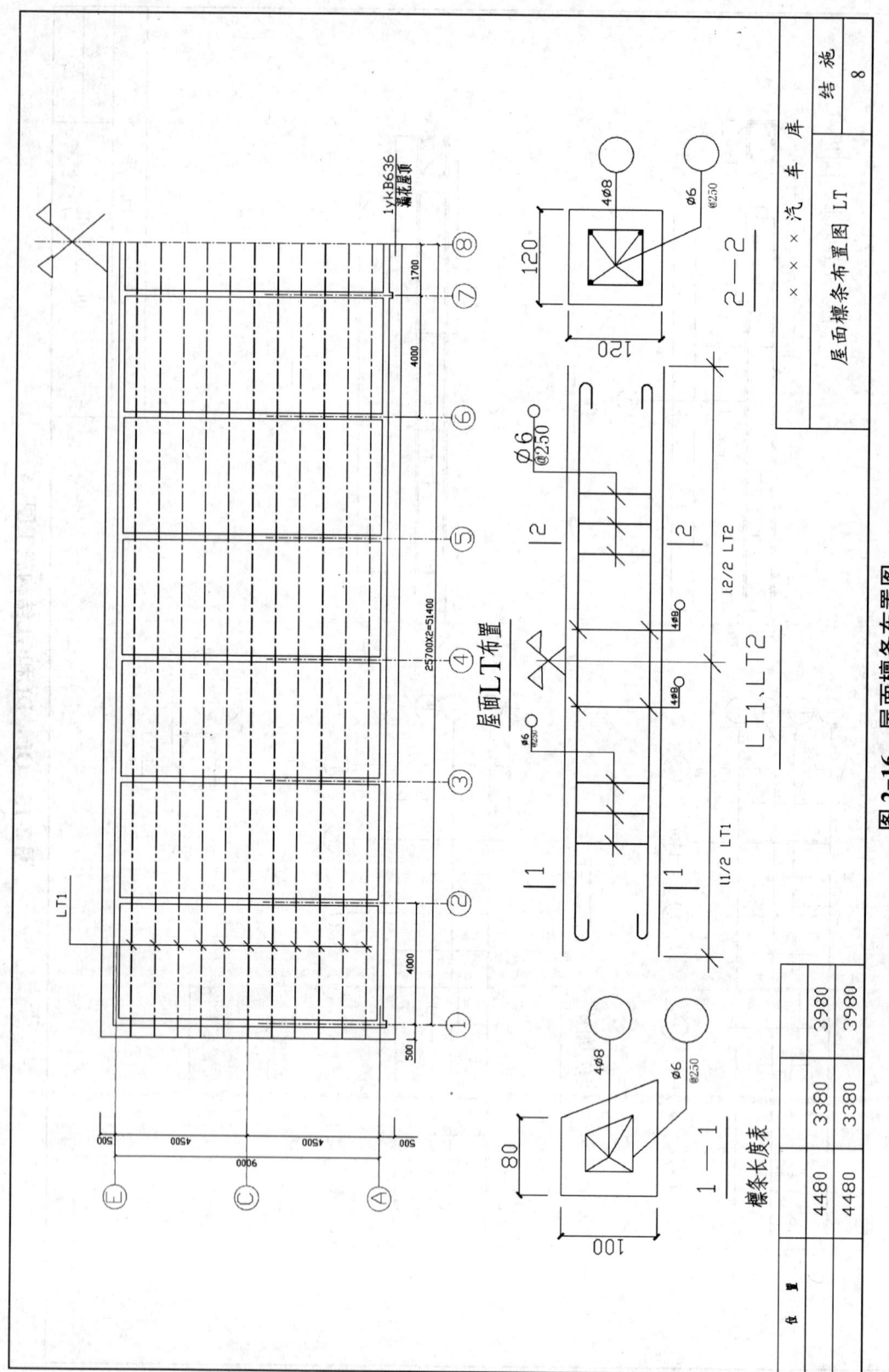

图 2-16 屋面檩条布置图

2.3.2 施工图预算书的编制

2.3.2.1 施工图工程量的基础数据

(1)"三线一面"计算。计算外墙外边线 $L_{外}$、外墙中心线 $L_{中}$、内墙净长线 $L_{内}$ 以及建筑面积 S。

① $L_{中}$(外墙中心线的长度)。

一层：

$L_{中}$ 240

1：A-6： $(11.5+0.31)\times2=23.62$
F：1-3： $8\times2=16$
3：E-F $2.5\times2=5$
E：3-8： $17.2\times2=35.4$
$\sum = 23.62+16+5+35.4=80.62$

二层：

$L_{中}$ 240

1/15：A-F： $(11.5+0.31)\times2=23.62$
E：1-3/13-15： $8\times2=16$
F：1-3/13-15： $8\times2=16$
$\sum = 23.62+16+16=55.62$

$L_{中}$ 180

E：3-15： $16\times2+1.7=33.7$
A：1-15： $51.4-1.7=49.7$
$\sum = 33.7+49.7=83.4$

② $L_{内}$(内墙净长线长度)。

一层：

$L_{内}$ 240

3/5/11/B：A-E $(9+0.31-0.12)\times4=36.76$
7/9：A-E $(9+0.31+0.19-0.12)\times2=18.76$
8： 3.92
(1/D)：7-9： $(3.4-0.12\times2)=3.16$
$\sum = 36.76+18.76+3.92+3.16=62.6$

二层：

$L_{内}$ 240

2/3/13/1：A-E： $(3.6-0.12-0.6+1.8-0.12+3.6-0.12)\times4=32.16$
4/5/6/7/9/10/11/12：A-E： $(3.6-0.12+1.8-0.12+3.66-0.2)\times8=68.48$
$\sum = 32.16+68.48=100.64$

$L_{内}$ 120

B：1-7/8-15： $[24-(0.12\times2)\times6]\times2=45.12$

D：1-7/8-1 $[24-(0.12\times2)\times6]\times2=45.12$

$\sum=45.12+45.12=90.24$

③ $L_{外}$（外墙外边线长度）。

一层：

$L_{外}$ 240

1/15：A-F $(11.5+0.3+0.12)\times2=23.86$

F：1-3：/13-15 $(0.12\times2+8)\times2=16.48$

3/13：F-E $2.5\times2=5$

E：3-13 $(1.6+1.7-0.12)\times2=35.16$

$\sum=23.86+16.48+5+35.16=80.5$

二层：

$L_{外}$ 240

1/15：A-F $(11.5+0.31+0.12)\times2=23.86$

F：1-3/13-15 $(8+0.12\times2)\times2=16.48$

3/13：A-F $2.5\times2=5$

E：1-3/13-15 $(8+0.12+0.12)\times2=16.48$

$\sum=23.68+16.48+5+16.48=61.82$

$L_{外}$ 180

A：1-15 $51.4+0.12\times2=51.64$

E：3-13 $36.4+0.12\times2=36.64$

$\sum=51.664+36.64=88.28$

（2）建筑面积计算（见表2-2）。

表 2-2　　　　　　　　　　面积工程量表

项目名称	工程量计算式	计量单位	工程量
建筑面积		m²	1009.9
一层	$(8.24\times2.5)\times2+(9.43\times51.64)+(3.64\times0.19)$	m²	528.86
二层	$(9.24\times51.64)+(0.19\times0.24)\times2$	m²	477.24

（3）门窗洞口计算（见表2-3）。

表 2-3　　　　　　　　　　　门窗洞口工程量表

类型	编号	门窗洞口尺寸(mm)	数量(樘)	面积(m²)	外墙 樘数	外墙 面积(m²)	内墙 樘数	内墙 面积(m²)
窗	C1	1400×800	12	1.12	12	13.44		
窗	C2	1100×1900	28	2.09	28	58.52		
门	M1	3510×3300	8	11.58	8	92.64		
门	M1a	3385×3300	4	11.17	4	44.68		
门	M2	920×240	28	2.21	2	4.42	26	57.46
门	M4	780×1900	2	1.48			2	2.96
合计			82	29.65	54	213.7	28	60.42

2.3.2.2 施工图分项工程划分

(1) 直接工程项目。

① 土石方工程。

1) 人工平整场地。

2) 人工挖基槽，一、二类土，深 0.9 米

3) 人工挖基坑，二类土，深 0.9 米

4) 原土打夯

5) 基底钎探

6) 人工回填土，夯填（天然密实土）

7) 人工运土，200 米

② 砌筑工程。

1) M5.0 水泥砌砖基础（墙基）

2) M5.0 水泥砂浆砌砖基础（柱基）

3) M2.5 混合砂浆 240 砖墙，混水墙

4) M2.5 水泥砂浆 180 砖墙，混水墙

5) M2.5 水泥砂浆砖 120 墙

6) M2.5 水泥砂浆砖 370 墙

③ 混凝土及钢筋混凝土工程

1) C20/40\32.5 现浇基础垫层

2) C20/40\32.5 现浇单梁，砼（L1）

3) C20/40\32.5 现浇单梁，A12 钢筋（L1）

4) C20/40\32.5 现浇单梁，A22 钢筋（L1

5) C20/40\32.5 现浇单梁，A6 钢筋（L1）

6) C20/40\32.5 现浇单梁，砼（L1a）

7) C20/40\32.5 现浇单梁，A12 钢筋（L1a）

8) C20/40\32.5 现浇单梁，A22 钢筋（L1a）

9）C20/40 \ 32.5 现浇单梁，A6 钢筋（L1a）
10）C20/40 \ 32.5 现浇单梁，砼（L2）
11）C20/40 \ 32.5 现浇单梁，A12 钢筋（L2）
12）C20/40 \ 32.5 现浇单梁，A25 钢筋（L2）
13）C20/40 \ 32.5 现浇单梁，A6 钢筋（L2）
14）C20/40 \ 32.5 现浇异形梁，砼（L3）
15）C20/40 \ 32.5 现浇异形梁，A10 钢筋（L3）
16）C20/40 \ 32.5 现浇异形梁，A22 钢筋（L3）
17）C20/40 \ 32.5 现浇异形梁，A6 钢筋（L3）
18）C20/40 \ 32.5 现浇单梁，砼（L4）
19）C20/40 \ 32.5 现浇单梁，A22 钢筋（L4）
20）C20/40 \ 32.5 现浇单梁，A18 钢筋（L4）
21）C20/40 \ 32.5 现浇单梁，A8 钢筋（L4）
22）C20/40 \ 32.5 现浇单梁，A6 钢筋（L4）
23）C20/40 \ 32.5 现浇挑梁，砼（TL）
24）C20/40 \ 32.5 现浇挑梁，A14 钢筋（TL）
25）C20/40 \ 32.5 现浇挑梁，A10 钢筋（TL）
26）C20/40 \ 32.5 现浇挑梁，A6 钢筋（TL）
27）C20/40 \ 32.5 现浇平板，砼（XB1、XB2）
28）C20/40 \ 32.5 现浇平板，A8 钢筋（XB1、XB2）
29）C20/40 \ 32.5 现浇圈梁，砼
30）C20/40 \ 32.5 现浇圈梁，A10 钢筋
31）C20/40 \ 32.5 现浇过梁，砼
32）C20/40 \ 32.5 现浇过梁，A8 钢筋
33）C20/40 \ 32.5 现浇过梁，A6 钢筋
34）C20/40 \ 32.5 加工厂预制 YKB840，砼
35）C20/40 \ 32.5 加工厂预制 YKB840，A10 钢筋
36）C20/40 \ 32.5 加工厂预制 YKB840，一类构件运输，运距 5KM
37）C20/40 \ 32.5 空心板 YKB840（不焊接）单体 $0.3m^3$ 内，构件安装
38）C20/40 \ 32.5 加工厂预制 YKB636，砼
39）C20/40 \ 32.5 加工厂预制 YKB636 钢筋 A10 钢筋
40）C20/40 \ 32.5 预制 YKB636 一类构件运输 运距 5KM
41）汽车式起重机安装 YKB636 构件
42）预制楼梯踏步板 砼
43）C20/40 \ 32.5 预制檩条 砼（LT1）
44）C20/40 \ 32.5 预制檩条 砼（LT2）
④厂库房大门、特种门、木结构工程。
1）60×120×1000 方檩木（挑檐木）
2）60×120 方檩木（木檐檩）

3）50×100方檩木（对开弥檩条）

4）钉屋面板，油毡挂瓦条

5）封檐板

6）博风板

7）全板平开钢大门，门扇制作（M-1，M-1a）

8）全板平开钢大门，门扇安装（M-1，M-1a）

9）平开钢大门五金

⑤屋面工程。

1）屋面板上铺料粘土平瓦屋面

2）20厚1:2水泥防水砂浆平面防潮

3）冷底子油一道，二毡三油卷材屋面

4）铁皮天沟

5）铁皮落水管

⑥装饰工程。

- 楼地面工程

1）100厚C10整体面层

2）50厚C10整体面层

3）5厚1:2.5水泥砂浆楼地面层

4）15厚1:2.5水泥砂浆楼地面层

5）楼梯间：水泥砂浆抹楼梯面（面层）

6）二楼：20厚1:2水泥砂浆 h=100mm

7）楼梯：20厚1:2水泥砂浆 h=150mm

8）一楼：20厚1:2水泥砂浆 h=150mm

9）栏杆

10）扶手

11）硬木弯头

- 墙柱面工程

1）16厚1:3:9石灰砂浆抹外墙面

2）14+6水泥砂浆抹内墙面

- 天棚工程

1）一层预制板底抹灰天棚

2）二层100×100×55预制板底抹灰天棚

3）二层100×100×55木格栅天棚檐口

- 门窗工程

1）M1、M1a：铁大门安玻璃

2）M2：单扇带亮无纱胶合板门，门框制作

3）M2：单扇带亮无纱胶合板门，门框安装

4）M2：单扇带亮无纱胶合板门，门扇制作

5）M2：单扇带亮无纱胶合板门，门扇安装

6）M2：单扇带亮无纱胶合板门五金
7）M3：单扇无亮无纱胶合板门，门框制作
8）M3：单扇无亮无纱胶合板门，门框安装
9）M3：单扇无亮无纱胶合板门，门扇制作
10）M3：单扇无亮无纱胶合板门，门扇安装
11）M3：单扇无亮无纱胶合板门五金
12）C1：中悬窗，窗框制作
13）C1：中悬窗，窗框安装
14）C1：中悬窗，窗扇制作
15）C1：中悬窗，窗扇安装
16）C1：中悬窗五金
17）C2：双扇带亮一玻一纱窗，窗框制作
18）C2：双扇带亮一玻一纱窗，窗框安装
19）C2：双扇带亮一玻一纱窗，窗扇制作
20）C2：双扇带亮一玻一纱窗，窗扇安装
21）C2：双扇带亮一玻一纱窗五金

- 油漆工程

1）M1、M1a：金属面油漆
2）所有木门的油漆
3）所有木窗的油漆

(2) 施工技术措施项目

① 砼，钢筋混凝土模板及支撑工程
1）单梁，木模，木撑（L1）
2）单梁，木模，木撑（L1a）
3）单梁，木模，木撑（L2）
4）异形梁，木模，木撑（L3）
5）单梁，木模，木撑（L4）
6）TL，木模
7）现浇平板木模，木撑

② 脚手架工程
1）15m 内单排外墙脚手架
2）15m 内单排内墙脚手架
3）首层砖柱，15m 内双排外脚手架
4）单连梁脚手架，15m 双排外脚手架

③ 垂直运输工程
1）垂直运输（6层以下）卷扬机施工

④ 装饰工程

- 装饰装修脚手架

1）15m 内单排外脚手架

2）15m 内单排内脚手架
- 垂直运输
1）机械垂直运输费（多层）

2.3.2.3 工程量计算表（见表 2-4）

表 2-4　　　　　　　　机械垂直运输费工程量计算表

序号	项目名称	计算公式	单位	工程量	备注
1	人工平整场地	$S_{底}+2L_{外}+16=528.86+80.5+16=705.86$	m^2	705.86	
2	人工挖基槽，一、二类土，深 0.9 米	$V=132\times0.8\times0.9+2.835+1.062+0.6165=99.554$	m^3	99.554	
3	人工挖基坑，二类土，深 0.9 米	$V=(1.05\times1.18\times0.9)\times12=13.381$	m^3	13.381	
4	原土打夯	$S=99.554/0.9+13.381/0.9=125.48$	m^2	125.48	
5	基底钎探	$S=99.554/0.9+13.381/0.9=125.48$	m^2	125.48	
6	人工回填土，夯填（天然密实土）	$V_{回填土}=V_{槽回填土}+V_{坑回填土}+V_{室内回填土}=31.2+4.932+54.363=90.495$	m^3	90.495	
7	人工运土，200 米	$V=V_{挖土(天然密实土)}-V_{10}\times1.15=8.866$	m^3	8.866	
8	M5.0 水泥砂浆砌砖基础（墙基）	$V=142.62\times0.24\times(0.7+0.197)+2.144+0.127+0.508+0.25+0.019=33.751$	m^3	33.751	
9	M10 水泥砂浆砌砖基础（柱基）	$V=[0.49\times0.62\times0.46+(0.49+0.12)\times(0.62+0.12)\times0.12+(0.49+0.24)\times(0.62+0.24)\times0.12]\times12=3.231$	m^3	3.231	
10	M2.5 混合砂浆 240 砖墙，混水墙	$V=V_{首层}+V_{二层}=134.03+113.421=247.424$	m^3	247.424	
11	M2.5 水泥砂浆 180 砖墙，混水墙	$V=b\times h\times l-V_{扣窗}-V_{扣门}-V_{洞}=0.18\times3.5\times61-7.9-0.267-1.991=28.272$	m^3	28.272	
12	M2.5 水泥砂浆砖 120 墙	$V=b\times h\times l-V_{门}-V_{洞}=0.12\times3.5\times102.32-6.359-2.654=33.961$	m^3	33.961	
13	M2.5 水泥砂浆砖 370 墙	$V=[(0.7-0.1)\times0.37\times0.62]-(0.18\times0.2\times0.62)=0.115$	m^3	0.115	
14	C20/40\32.5 现浇基础垫层	$S=125.48\times0.4=50.192$	m^2	50.192	

续表

序号	项目名称	计算公式	单位	工程量	备注
15	C20/40\32.5 现浇单梁,砼(L1)	$V = V_1 + V_{梁垫} = 4.329 + 0.875 = 5.204$	m³	5.204	
16	C20/40\32.5 现浇单梁,A12 钢筋(L1)	$63.024 \times 0.00617 \times 12^2/1000 = 0.056$	吨	0.056	
17	C20/40\32.5 现浇单梁,A22 钢筋(L1)	$131.194 \times 0.00617 \times 22^2/1000 = 0.3918$	吨	0.3918	
18	C20/40\32.5 现浇单梁,A6 钢筋(L1)	$299.136 \times 0.00617 \times 6^2/1000 = 0.0664$	吨	0.664	
19	C20/40\32.5 现浇单梁,砼(L1a)	$V = V_1 + V_{垫层} = 2.772 + 0.461 = 3.233$	m³	3.233	
20	C20/40\32.5 现浇单梁,A12 钢筋(L1a)	$40.496 \times 0.00617 \times 12^2/1000 = 0.036$	吨	0.036	
21	C20/40\32.5 现浇单梁,A22 钢筋(L1a)	$84.496 \times 0.00617 \times 22^2/1000 = 0.252$	吨	0.252	
22	C20/40\32.5 现浇单梁,A6 钢筋(L1a)	$195.672 \times 0.00617 \times 6^2/1000 = 0.0435$	吨	0.0435	
23	C20/40\32.5 现浇单梁,砼(L2)	$V = V_1 + V_{垫层} = 2.136 + 0.23 = 2.366$	m³	2.366	
24	C20/40\32.5 现浇单梁,A12 钢筋(L2)	$30.248 \times 0.00617 \times 12^2/1000 = 0.0269$	吨	0.0269	
25	C20/40\32.5 现浇单梁,A25 钢筋(L2)	$62.64 \times 0.00617 \times 25^2/1000 = 0.242$	吨	0.242	
26	C20/40\32.5 现浇单梁,A6 钢筋(L2)	$149.568 \times 0.00617 \times 6^2/1000 = 0.0332$	吨	0.0332	
27	C20/40\32.5 现浇异形梁,砼(L3)	$V = V_1 + V_{垫层} = 3.43 + 0.807 = 4.237$	m³	4.237	
28	C20/40\32.5 现浇异形梁,A10 钢筋(L3)	$96.72 \times 0.00617 \times 10^2/1000 = 0.0597$	吨	0.0597	
29	C20/40\32.5 现浇异形梁,A22 钢筋(L3)	$2407.807 \times 0.00617 \times 22^2/1000 = 7.19$	吨	7.19	

续表

序号	项目名称	计算公式	单位	工程量	备注
30	C20/40\32.5 现浇异形梁，A6 钢筋(L3)	$363.608 \times 0.00617 \times 6^2 / 1000 = 0.0808$	吨	0.0808	
31	C20/40\32.5 现浇单梁，砼(L4)	$V = 3.64 \times 0.18 \times 0.3 = 0.197$	m³	0.197	
32	C20/40\32.5 现浇单梁，A22 钢筋(L4)	$4.077 \times 0.00617 \times 22^2 / 1000 = 0.0122$	吨	0.0122	
33	C20/40\32.5 现浇单梁，A18 钢筋(L4)	$7.63 \times 0.00617 \times 18^2 / 1000 = 0.0153$	吨	0.0153	
34	C20/40\32.5 现浇单梁，A8 钢筋(L4)	$7.218 \times 0.00617 \times 8^2 / 1000 = 0.00285$	吨	0.00285	
35	C20/40\32.5 现浇单梁，A6 钢筋(L4)	$19.632 \times 0.00617 \times 6^2 / 1000 = 0.00436$	吨	0.00436	
36	C20/40\32.5 现浇挑梁，砼(TL)	$V = [(0.75 \times 0.24 \times 0.18) - (0.75 \times 0.24 \times 0.06)] \times 14 = 0.303$	m³	0.303	
37	C20/40\32.5 现浇挑梁，A14 钢筋(TL)	$7.013 \times 0.00617 \times 14^2 / 1000 = 0.00848$	吨	0.00848	
38	C20/40\32.5 现浇挑梁，A10 钢筋(TL)	$4.504 \times 0.00617 \times 10^2 / 1000 = 0.00278$	吨	0.00278	
39	C20/40\32.5 现浇挑梁，A6 钢筋(TL)	$12.01 \times 0.00617 \times 6^2 / 1000 = 0.00267$	吨	0.00267	
40	C20/40\32.5 现浇平板，砼(XB1、XB2)	$V = V_1 + V_2 = 3.16 \times 3.16 \times 0.1 + (0.24 \times 3.16 \times 0.02) \times 2 + 3.16 \times 1.86 \times 0.1 = 1.029 + 0.588 = 1.617$	m³	1.617	
41	C20/40\32.5 现浇平板，钢筋(XB1、XB2)	X 向的板底筋：A8 = $89.6 \times 0.00617 \times 8^2$ = 35.381 Y 向的板面筋：A8 = $87.5 \times 0.00617 \times 8^2$ = 34.552 边支座负筋：B:7~9:A8 = 5.639 9:B~1/D:A8 = 15.163 E:7~9:A8 = 6.136 中间支座负筋：A8 = 9.619 分布筋：B\1/D\E:7~9:A6 = 4.86 7\9:B~E:A6 = 3.705	kg	底筋：A8:35.381 面筋：A8:34.552 负筋：A8:36.557 分布筋：A6:8.565	

续表

序号	项目名称	计算公式	单位	工程量	备注
42	C20/40\32.5 现浇圈梁,砼	$V = V_1 + V_2 = 0.24 \times 0.18 \times [124.78 + 56.44 + (3.4 - 0.24) \times 2] + [0.24 \times 0.18 \times (124.78 - 1.6 \times 27 + 56.44)] = 14.064$	m³	14.064	
43	C20/40\32.5 现浇圈梁,A10 钢筋	$1072.543 \times 0.00617 \times 10^2 / 1000 = 0.662$	吨	0.662	
44	C20/40\32.5 现浇过梁,砼	$V = [(1.1 + 0.5) \times 0.24 \times 0.18] \times 27 = 1.866$	m³	1.866	
45	C20/40\32.5 现浇过梁,A8 钢筋	$88 \times 0.00617 \times 8^2 / 1000 = 0.03475$	吨	0.03475	
46	C20/40\32.5 现浇过梁,A6 钢筋	$295.488 \times 0.00617 \times 6^2 / 1000 = 0.0656$	吨	0.0656	
47	C20/40\32.5 加工厂预制 YKB840,砼	$V = (3.98 \times 0.78 \times 0.12) \times 144 = 53.644$	m³	53.644	
48	C20/40\32.5 加工厂预制 YKB840,A10 钢筋	$V = [(3.98 \times 0.78 \times 0.12) \times 144] \times 0.037 = 1.985$	吨	1.985	
49	C20/40\32.5 加工厂预制 YKB840,一类构件运输,运距 5KM	$V = (3.98 \times 0.78 \times 0.12) \times 144 = 53.644$	m³	53.644	
50	C20/40\32.5 空心板 YKB840(不焊接)单体 0.3m³内,构件安装	$V = (3.98 \times 0.78 \times 0.12) \times 144 = 53.644$	m³	53.644	
51	C20/40\32.5 加工厂预制 YKB636,砼	$V = (3.58 \times 3.58 \times 0.12) \times 4 = 0.997$	m³	0.997	
52	C20/40\32.5 加工厂预制 YKB636 钢筋 A10 钢筋	$V = [(3.58 \times 3.58 \times 0.12) \times 4] \times 0.037 = 0.037$	吨	0.037	
53	C20/40\32.5 预制 YKB636 一类构件运输 运距 5KM	$V = (3.58 \times 3.58 \times 0.12) \times 4 = 0.997$	m³	0.997	
54	汽车式起重机安装 YKB636 构件	$V = (3.58 \times 3.58 \times 0.12) \times 4 = 0.997$	m³	0.997	

续表

序号	项目名称	计算公式	单位	工程量	备注
55	预制楼梯踏步板 砼	$V = [1.7 \times (0.121 \times 0.04 + 0.035 \times 0.34)] \times 21 = 0.598$	m^3	0.598	
56	C20/40\32.5 预制檩条 砼（LT1）	$V = S_{截面} \times L$ $= \{[(0.08+0.12) \times 0.1]/2\} \times (4.48 \times 2 + 3.38 + 3.98 \times 10) \times 10 = 5.21$	m^3	5.21	
57	C20/40\32.5 预制檩条 砼（LT2）	$V = S_{截面} \times L$ $= (0.12 \times 0.12) \times (4.48 \times 2 + 3.38 + 3.98 \times 10) = 0.73$	m^3	0.73	
58	60×120×1000 方檩木（挑檐木）	$V = 0.06 \times 0.12 \times 14 \times 2 = 0.202$	m^3	0.202	
59	60×120 方檩木（木檐檩）	$V = 0.06 \times 0.12 \times 52.4 \times 2 = 0.755$	m^3	0.755	
60	50×100 方檩木（对开弥檩条）	$(0.05 \times 0.1)/2 \times 52.4 \times 2 = 0.262$	m^3	0.262	
61	钉屋面板，油毡挂瓦条	$S = 9.69 \times 52.4 \times 2 = 1015.51$	m^3	1015.51	
62	檩木上钉椽木	$S = 9.69 \times 52.4 \times 2 = 1015.51$	m^3	1015.51	
63	封檐板	$L = 52.4 \times 2 = 104.8$	m	104.8	
64	博风板	$L_2 = (19.69 + 0.5 \times 4) \times 2 = 23.38$	m	23.38	
65	全板平开钢大门，门扇制作（M-1,M-1a）	$S = (3.51 \times 3.71) \times 8 + (3.385 \times 3.3) \times 4 = 137.35$	m^2	137.35	
66	全板平开钢大门，门扇安装（M-1,M-1a）	$S = (3.51 \times 3.71) \times 8 + (3.385 \times 3.3) \times 4 = 137.35$	m^2	137.35	
67	平开钢大门五金	12	樘	12	
68	屋面板上铺料黏土平瓦屋面	$S = (51.4 + 0.2 \times 2) \times 5.39 \times 2 = 564.87$	m^2	564.87	
69	20厚1:2水泥防水砂浆平面防潮	$S = [(8 - 0.12 \times 2) \times (2.5 - 0.12 \times 2)] \times 2 = 35.08$	m^2	35.08	
70	冷底子油一道，二毡三油卷材屋面	$S = [(8 - 0.12 \times 2) \times (2.5 - 0.12 \times 2)] \times 2 = 35.08$	m^2	35.08	
71	铁皮天沟	$S = [(51.4 + 0.5 \times 2) \times 0.41] \times 2 = 42.97$	m^2	42.97	

续表

序号	项目名称	计算公式	单位	工程量	备注
72	铁皮落水管	S = [(0.17 + 0.44 + 2.24 + 1.14) × 4 + 7.4 × 4] × (0.06 × 2 + 0.08 × 2) = 12.76	m^2	12.76	
73	100 厚 C10 整体面层	S = [(11.5 + 0.31 - 0.12) × (8 - 0.24) + (9 + 0.31 - 0.12) × (8 - 0.24) × 2 - (0.62 × 0.49) × 3] × 2 + (3.4 - 0.24) × (2.1 - 0.24) = 470.74	m^2	470.74	
74	50 厚 C10 整体面层	S = (3.4 - 0.24) × (6.9 - 0.12 + 0.31 + 0.19) = 23.01	m^2	23.01	
75	5 厚 1:2.5 水泥砂浆楼地面层	S = [(8 - 0.24) × (2.5 - 0.24) + (4 - 0.24) × (3.6 - 0.12) × 12] × 2 + (51.4 - 0.24) × (1.8 - 0.12) + (2.1 - 0.24) × (3.4 - 0.24) = 440.95	m^2	440.95	
76	15 厚 1:2.5 水泥砂浆楼地面层	S = 440.95 - (3.4 - 0.24) × (2.1 - 0.24) = 435.07	m^2	435.07	
77	楼梯间,水泥砂浆抹楼梯面(面层)	S = (3.4 - 0.48) × (3.6 - 0.06 + 0.18 + 0.32) + (1.7 - 0.24) × 1.8 = 14.43	m^2	14.43	
78	一楼:20 厚 1:2 水泥砂浆踢脚线 h = 150mm	L = [(11.5 - 0.24) × 2 + (8 - 0.24)] × 2 + [(9 - 0.24) × 2 + (8 - 0.24)] × 4 + [(2.1 - 0.24) × 2 + (3.4 - 0.24) × 2] + [(6.9 - 0.24) × 2 + (3.4 - 0.24)] + 3.92 = 192.12	m	192.12	
79	楼梯:20 厚 1:2 水泥砂浆踢脚线 h = 150mm	L = 3.4 + 3.6 + 1.96 + 1.98 + 3.92 = 14.86	m	14.86	
80	二楼:20 厚 1:2 水泥砂浆踢脚线 h = 100mm	L = [(4 - 0.24 + 3.6 - 0.12) × 2] × 0 + [(51.4 - 0.24) + (3.6 - 0.12)] × 2 = 347.72	m	347.72	
81	栏杆	L = (0.2 + 0.65 + 0.15) × 23 = 23	m	23	
82	扶手	L = 1.96 + (1.7 - 0.12) + 1.8 = 5.34	m	5.34	
83	硬木弯头	3 个	个	3	

续表

序号	项目名称	计算公式	单位	工程量	备注
84	16厚1:3:9石灰砂浆抹外墙面	S = 807.73 - (1.4×0.8×12 + 1.1×1.9×28 + 0.92×2.4×2) + [(0.25×2 + 0.49)×12 + (0.25×2 + 0.62)×8]×3.88 = 812.21	m²	812.21	
85	14+6水泥砂浆抹内墙面	S = [(11.5-0.12+0.31)×4 + (8-0.24)×6 + (9-0.12+0.31)×8 + (3.4-0.24)×2 + (2.1-0.24)×2 + (6.9-0.12+0.5×2)]×3.88 + [(3.6-0.12)×48 + (4-0.24)×48 + 24×4 + (2.1-0.06-0.12)×2 + (3.4-0.24)×3 + 1.5×2 + (3.6+0.06+0.31)×2]×3 = 3542.31	m²	3542.31	
86	一层预制板底抹灰天棚	S = (11.5-0.12-0.31)×(8-0.24)×2 + (8-0.24)×(9-0.12-0.31×4) = 231.09	m²	231.09	
87	二层100×100×55预制板底抹灰天棚	S = (4-0.24)×(3.6-0.12)×24 + (1.8-0.12)×24×2 = 354.36	m²	354.36	
88	二层100×100×55木格栅天棚檐口	S = 0.5×52.4×2 = 52.4	m²	52.4	
89	M1、M1a:铁大门安玻璃	M-1:S1 = (1.65×0.9 + 1.65×0.725×2)×8 = 31.02 M-1a:S2 = (1.588×0.9 + 1.588×0.725×2)×4 = 14.93 S = S1 + S2 = 31.02 + 14.93 = 45.95	m²	45.95	
90	M2:单扇带亮无纱胶合板门,门框制作	S = 0.92×2.4×28 = 61.83	m²	61.83	
91	M2:单扇带亮无纱胶合板门,门框安装	S = 0.92×2.4×28 = 61.83	m²	61.83	
92	M2:单扇带亮无纱胶合板门,门扇制作	S = 0.92×2.4×28 = 61.83	m²	61.83	
93	M2:单扇带亮无纱胶合板门,门扇安装	S = 0.92×2.4×28 = 61.83	m²	61.83	

续表

序号	项目名称	计算公式	单位	工程量	备注
94	M2:单扇带亮无纱胶合板门五金	28	樘	28	
95	M3:单扇无亮无纱胶合板门,门框制作	$S=0.78\times1.91\times2=2.98$	m²	2.98	
96	M3:单扇无亮无纱胶合板门,门框安装	$S=0.78\times1.91\times2=2.98$	m²	2.98	
97	M3:单扇无亮无纱胶合板门,门扇制作	$S=0.78\times1.91\times2=2.98$	m²	2.98	
98	M3:单扇无亮无纱胶合板门,门扇安装	$S=0.78\times1.91\times2=2.98$	m²	2.98	
99	M3:单扇无亮无纱胶合板门五金	2	樘	2	
100	C1:中悬窗,窗框制作	$S=1.4\times0.8\times12=13.44$	m²	13.44	
101	C1:中悬窗,窗框安装	$S=1.4\times0.8\times12=13.44$	m²	13.44	
102	C1:中悬窗,窗扇制作	$S=1.4\times0.8\times12=13.44$	m²	13.44	
103	C1:中悬窗,窗扇安装	$S=1.4\times0.8\times12=13.44$	m²	13.44	
104	C1:中悬窗五金	12	樘	12	
105	C2:双扇带亮一玻一纱窗,窗框制作	$S=1.1\times1.9\times28=58.52$	m²	58.52	
106	C2:双扇带亮一玻一纱窗,窗框安装	$S=1.1\times1.9\times28=58.52$	m²	58.52	
107	C2:双扇带亮一玻一纱窗,窗扇制作	$S=1.1\times1.9\times28=58.52$	m²	58.52	
108	C2:双扇带亮一玻一纱窗,窗扇安装	$S=1.1\times1.9\times28=58.52$	m²	58.52	
109	C2:双扇带亮一玻一纱窗五金	28	樘	28	
110	M1、M1a 金属面油漆	$S=3.51\times3.3\times8+3.385\times3.3\times4=137.35$	m²	137.35	
111	所有木门的油漆	$S=61.83+2.98=64.81$	m²	64.81	
112	所有木窗的油漆	$S=13.44+58.52=71.96$	m²	71.96	

续表

序号	项目名称	计算公式	单位	工程量	备注
113	单梁,木模,木撑(L1)	S=[4.81×0.25+(4.81×0.6)×2+0.25×0.6)×2=42.75	m²	42.75	
114	单梁,木模,木撑(L1a)	S=[4.62×0.25+(4.62×0.6)×2+0.25×0.6]×4=27.40	m²	27.40	
115	单梁,木模,木撑(L2)	[7.12×0.25+(7.12×0.6)×2+0.25×0.6]×2=20.95	m²	20.95	
116	异形梁,木模,木撑(L3)	S=4.237×8.89=37.67	m²	37.67	
117	单梁,木模,木撑(L4)	S=4.237×8.89=1.75	m²	1.75	
118	TL,木模	S=0.8208×8.89=7.3	m²	7.3	
119	现浇平板木模,木撑	S=1.62×8.9=14.42	m²	14.42	
120	15m内单排外墙脚手架	S=[(9+0.31+0.12)×2+(51.4+0.12×2)]×[7.5-(-0.2)]+(2.5×2+8.24)×0.9×2+(9.43×1.8×0.5)×2+(51.4+0.12×2)×(7.5-4)=626.83	m²	626.83	
121	15m内单排内墙脚手架	S=[(9+0.31-0.12)×4+(9+0.31+0.19-0.12)×2+3.92+(3.4-0.24)]×7.7=482.02	m²	482.02	
122	首层砖柱,15m内双排外脚手架	S=[(0.62+0.49)×2×12+3.6]×7.4=223.78	m²	223.78	
123	单连梁脚手架,15m双排外脚手架	S=(4.2-0.12)×(51.4-0.12×2)=208.73	m²	208.73	
124	垂直运输(6层以下)卷扬机施工	S=1007.39	m²	1007.39	
125	15m内单排外墙脚手架	S=[(9+0.31+0.12)×2+(51.4+0.12×2)]×[7.5-(-0.2)]+(2.5×2+8.24)×0.9×2+(9.43×1.8×0.5)×2+(51.4+0.12×2)×(7.5-4)=626.83	m²	626.83	
126	15m内单排内墙脚手架	S=[(9+0.31-0.12)×4+(9+0.31+0.19-0.12)×2+3.92+(3.4-0.24)]×7.7=482.02	m²	482.02	
127	垂直运输(6层以下)	S=1007.39	m²	1007.39	

2.3.2.4 钢筋计算表（见表2-5和表2-6）

表2-5　　　　　　　　　　　　板钢筋计算明细表

筋号	级别	直径	钢筋图形	计算公式	根数	总根数	单长(m)	总长(m)	总重(kg)
楼层名称:									
构件名称:XB1、XB2				构件数量:1			本构件钢筋重:115.819		
构件位置:<7~9> ~ <B~E>									
底筋	A	8	⌐⌐	3400 - 120 - 120 + 120×2 + 6.25d×2	25	25	3.5	87.5	34.552
面筋	A	8	⌐⌐	3300 + 2100 - 20 - 120 + 120×2 + 6.25d×2	16	16	5.6	89.6	35.381
边支座负筋									
B:7~9	A	8	⌐⌐	400 + 20 + 160 - 20 + (100 - 2×20)×2	21	21	0.68	14.28	5.639
9:B~1/D	A	8	⌐⌐	400 + (120 - 20) + (100 - 2×20)×2	64	64	0.6	38.4	15.163
E:7~9	A	8	⌐⌐	400 + 120 + 120 - 20 + (100 - 20×2)×2	21	21	0.74	15.54	6.136
中间支座负筋	A	8	⌐⌐	400 + 120 + 120 + 400 + (100 - 20×2)×2	21	21	1.16	24.36	9.619
分布筋									
B\1/D\E:7~9	A	6	⌐⌐	3400 - 400 - 400 - 120 - 120 + (150 + 6.25d)×2	8	8	2.735	21.88	4.86
7\9:B~E	A	6	⌐⌐	3300 - 400 - 400 - 20 - 120 + (150 + 6.25d)×2 + 2100 - 400 - 400 - 120 - 120 + (150 + 6.25d)×2	4	4	4.17	16.68	3.705

表 2-6　　　　　　　　　　　　　　　梁钢筋明细表

筋号	级别	直径	钢筋图形	计算公式	根数	总根数	单长（m）	总长（m）	总重（kg）
楼层名称：									
构件名称：L1、L1a、L2、L3				构件数量：			本构件钢筋重：		
构件位置：									
L1 上部筋	A	12	⌐⌐	4500+310−2×30+200×2+6.25d×2−2×2d=5252	2	12	5.252	63.024	56
L1 弯起筋	A	22	⌐⌒⌐	4500+310−2×30+200×2+(600−2×30)×tan(45/2)°+6.25d×2−4×0.5d=5604.28	2	12	5.60428	67.15	200.53
L1 下部筋	A	22	⌐⌐	4500+310−2×30+200×2+6.25d×−2×2d=5337	2	12	5.337	64.044	191.253
L1 箍筋	A	6	□	(600+250)×2−8×30+8d+50=1558	32	192	1.558	299.136	66.444
L1a 上部筋	A	12	⌐⌐	4620−2×30+200×2+6.25d×2−2×2d=5062	2	8	5.062	40.496	35.98
L1a 弯起筋	A	22	⌐⌒⌐	4620−2×30+2×200+(600−2×30)×tan(45/2)+6.25d×2−4×0.5d=5414.68	2	8	5.41468	43.32	129.366
L1a 下部筋	A	22	⌐⌐	4620−2×30+200×2+6.25d×2−2×2d=5147	2	8	5.147	41.176	122.963
L1a 箍筋	A	6	□	(600+250)×2−8×30+8d+50=1558	31	124	1.578	195.672	43.463
L2 上部筋	A	12	⌐⌐	7120−2×30+200×2+6.25d×2−2×2d=7562	2	4	7.562	30.248	26.875
L2 弯起筋	A	25	⌐⌒⌐	7120−2×30+200×2+(600−2×30)×tan(45/2)°+6.25d×2−4×0.5d=7926.18	2	4	7.94618	31.78	122.55
L2 下部筋	A	25	⌐⌐	4620−2×30+200×2+6.25d×2−2×2d=7722.5	2	4	7.7225	30.89	119.12

续表

筋号	级别	直径	钢筋图形	计算公式	根数	总根数	单长（m）	总长（m）	总重（kg）
楼层名称：									
构件名称：L1、L1a、L2、L3				构件数量：			本构件钢筋重：		
构件位置：									
L2 箍筋	A	6		$(600+250)\times2-8\times30+8d+50=1558$	48	96	1.558	149.568	32.556
L3 上部筋	A	10		$24240-2\times30=24180$	2	4	24.18	96.72	59.676
L3 弯起筋1	A	22		$4000+(300-2\times30)\times\tan(45/2)°\cdot1500\times2+6.25d\times2=7224.36$	2	4	7.22436	28.897	86.294
L3 弯起筋2	A	22		$4000+(300-2\times30)\times\tan(45/2)°\cdot1500\times2+6.25d\times2-2d=7204.36$	4	8	7.20436	57.63	172.1
L3 下部筋	A	22		$24240-2\times30=24180$	2	4	24.18	96.72	59.676
L3 箍筋	A	6		$(300+190)\times2-8\times30+8d+50+370-2\times30+(100-2\times30)\times2-2\times2d=1204$	151	302	1.204	363.608	80.765
L4 上部筋	A	8		3609	2	2	3.609	7.218	2.85
L4 弯起筋	A	22		4077	1	1	4.077	4.077	12.175
L4 下部筋	A	18		3815	2	2	3.815	7.63	15.253
L4 箍筋	A	6		$(300+180)\times2-8\times30+8d+50=818$	24	24	0.818	19.632	4.361
GL 通长筋	A	8		$2160-60+2\times6.25d=2200$	4	40	2.2	88	34.749
GL 箍筋	A	6		$(240+180)\times2-8\times30+8d+(1.9d+\max(75,10d)\times2)=820.8$	36	360	0.8208	295.488	65.634

续表

筋号	级别	直径	钢筋图形	计算公式	根数	总根数	单长（m）	总长（m）	总重（kg）
构件名称：L1、L1a、L2、L3				构件数量：			本构件钢筋重：		
构件位置：									
TL 上部筋	A	14		$6.25d + 2250 - 2 \times 30 + 120 - 2 \times 30 = 2337.5$	3	3	2.3375	7.013	8.481
TL 下部筋	A	10		$6.25d + 1500 - 30 + [(750-30)^2 + (60-30)^2]^{1/2} = 2251.87$	2	2	2.25187	4.504	2.779
TL 箍筋	A	6		$(170+240) \times 2 - 8 \times 30 + 8d + (1.9d+75) \times 2 = 800.8$	15	15	0.8008	12.012	2.668
一层 QL 外侧	A	10		$(11500+120)+(51400+240)+(2500 \times 2)-8 \times 30+(180-2 \times 30)=68140$	1	1	68.14	68.14	42.042
一层 QL 内侧 1~3	A	10		$2 \times (11500-120)+(8000-240)-6 \times 30+(180-2 \times 30) \times 2+4la = 31780$	2	2	31.78	63.56	39.217
一层 QL 内侧 3~5	A	10		$2 \times (9000-120)+(8000-240)-6 \times 30+(180-2 \times 30) \times 2+4la = 26780$	4	4	26.78	107.12	66.093
一层 QL 内侧 7~9	A	10		$2 \times (2100-240)+2 \times (3300-240)+2 \times (3600-240)+5 \times (3400-240)+20la-2 \times 30+(180-2 \times 30) \times 2 = 38540$	12	12	38.54	462.48	285.35
二层 QL 外侧	A	10		$(11500+180) \times 2+(51400+180) \times 2+9000 \times 2-12 \times 30=144160$	2	2	144.16	288.32	177.893
二层 QL 内侧	A	10		$[(3600-180)+(8000-180)] \times 2 - 8 \times 30+8la+[(8000 \times 3-180)+(1800-180)] \times 2-8 \times 30+8la+[(3400-180)+(2100-180)] \times 2-8 \times 30+8la=82920.76$	1	1	82.923	82.923	51.163

2.3.2.5 工程量汇总表（见表2-7）

表2-7　　　　　　　　　　　　　工程量汇总表

序号	定额编号	项目名称	单位	工程量	备注
1	A1-1	人工平整场地	m²	705.86	
2	A1-15	人工挖基槽	m³	99.554	一、二类土，深0.9米
3	A1-24	人工挖基坑	m³	13.381	二类土，深0.9米
4	A1-182	原土打夯	m²	125.48	
5	A1-183	基底钎探	m²	125.48	
6	A1-181	人工回填土夯填(天然密实土)	m³	90.495	夯填(天然密实土)
7	A1-191	人工运土	m³	8.866	运距按200米计
8	A3-1	M5.0水泥砂浆砌砖基础(墙基)	m³	33.751	
9	A3-1换	M10水泥砂浆砌砖基础(柱基)	m³	3.231	
10	A3-10	M2.5混合砂浆240砖墙,混水墙	m³	247.424	
11	A3-3	M2.5水泥砂浆180砖墙,混水墙	m³	28.272	
12	A3-2	M2.5水泥砂浆砖120墙	m³	33.961	
13	A3-5	M2.5水泥砂浆砖370墙	m³	0.115	
14	A4-13换（系数）	C20/40\32.5现浇基础垫层	m³	50.192	
15	A4-33	C20/40\32.5现浇单梁,砼(L1)	m³	5.204	
16	A4-446	C20/40\32.5现浇单梁,A12钢筋(L1)	吨	0.056	
17	A4-446	C20/40\32.5现浇单梁,A22钢筋(L1)	吨	0.3918	
18	A4-445	C20/40\32.5现浇单梁,A6钢筋(L1)	吨	0.664	
19	A4-33	C20/40\32.5现浇单梁,砼(L1a)	m³	3.233	
20	A4-446	C20/40\32.5现浇单梁,A12钢筋(L1a)	吨	0.036	
21	A4-446	C20/40\32.5现浇单梁,A22钢筋(L1a)	吨	0.252	
22	A4-445	C20/40\32.5现浇单梁,A6钢筋(L1a)	吨	0.0435	
23	A4-33	C20/40\32.5现浇单梁,砼(L2)	m³	2.366	
24	A4-446	C20/40\32.5现浇单梁,A12钢筋(L2)	吨	0.0269	

项目二 建筑工程工程量定额计价实训

续表

序号	定额编号	项目名称	单位	工程量	备注
25	A4-446	C20/40\32.5现浇单梁,A25钢筋(L2)	吨	0.242	
26	A4-445	C20/40\32.5现浇单梁,A6钢筋(L2)	吨	0.0332	
27	A4-34	C20/40\32.5现浇异形梁,砼(L3)	m³	4.237	
28	A4-445	C20/40\32.5现浇异形梁,A10钢筋(L3)	吨	0.0597	
29	A4-446	C20/40\32.5现浇异形梁,A22钢筋(L3)	吨	7.19	
30	A4-445	C20/40\32.5现浇异形梁,A6钢筋(L3)	吨	0.0808	
31	A4-33	C20/40\32.5现浇单梁,砼(L4)	m³	0.197	
32	A4-446	C20/40\32.5现浇单梁,A22钢筋(L4)	吨	0.0122	
33	A4-446	C20/40\32.5现浇单梁,A18钢筋(L4)	吨	0.0153	
34	A4-445	C20/40\32.5现浇单梁,A8钢筋(L4)	吨	0.00285	
35	A4-445	C20/40\32.5现浇单梁,A6钢筋(L4)	吨	0.00436	
36	A4-33	C20/40\32.5现浇挑梁,砼(TL)	m³	0.303	
37	A4-446	C20/40\32.5现浇挑梁,A14钢筋(TL)	吨	0.00848	
38	A4-445	C20/40\32.5现浇挑梁,A10钢筋(TL)	吨	0.00278	
39	A4-445	C20/40\32.5现浇挑梁,A6钢筋(TL)	吨	0.00267	
40	A4-45换	C20/40\32.5现浇平板,砼(XB1、XB2)	m³	1.617	
41	A4-445	C20/40\32.5现浇平板,钢筋(XB1、XB2)	吨	0.1151	
42	A4-35	C20/40\32.5现浇圈梁,砼	m³	14.064	
43	A4-445	C20/40\32.5现浇圈梁,A10钢筋	吨	0.662	
44	A4-36	C20/40\32.5现浇过梁,砼	m³	1.866	
45	A4-445	C20/40\32.5现浇过梁,A8钢筋	吨	0.03475	
46	A4-445	C20/40\32.5现浇过梁,A6钢筋	吨	0.0656	
47	A4-85换	C20/40\32.5加工厂预制YKB840,砼	m³	53.644	
48	A4-462	C20/40\32.5加工厂预制YKB840,A10钢筋	吨	1.985	
49	A4-177	C20/40\32.5加工厂预制YKB840,一类构件运输,运距5KM	m³	53.644	
50	A4-406	C20/40\32.5空心板YKB840(不焊接)单体0.3m³内,构件安装	m³	53.644	
51	A4-85换	C20/40\32.5加工厂预制YKB636,砼	m³	0.997	

续表

序号	定额编号	项目名称	单位	工程量	备注
52	A4-462	C20/40\32.5 加工厂预制 YKB636 钢筋 A10 钢筋		0.037	
53	A4-177	C20/40\32.5 预制 YKB636 一类构件运输 运距5KM	m³	0.997	
54	A4-406	汽车式起重机安装 YKB636 构件	m³	0.997	
55	A4-102	预制楼梯踏步板 砼	m³	0.598	
56	A4-97	C20/40\32.5 预制檩条 砼（LT1）	m³	5.21	
57	A4-97	C20/40\32.5 预制檩条 砼（LT2）	m³	0.73	
58	A5-66	60×120×1000 方檩木（挑檐木）	m³	0.202	
59	A5-66	60×120 方檩木（木檐檩）	m³	0.755	
60	A5-66	50×100 方檩木（对开弥檩条）	m³	0.262	
61	A5-74	钉屋面板,油毡挂瓦条	m³	1015.51	
62	A5-76	檩木上钉椽木	m³	1015.51	
63	A5-77	封檐板	m	104.8	
64	A5-78	博风板	m	23.38	
65	A5-13	全板平开钢大门,门扇制作（M-1,M-1a）	m²	137.35	
66	A5-14	全板平开钢大门,门扇安装（M-1,M-1a）	m²	137.35	
67	A5-46	平开钢大门五金	樘	12	
68	A7-2	屋面板上铺料粘土平瓦屋面	m²	564.87	
69	A7-88	20厚1:2水泥防水砂浆平面防潮	m²	35.08	
70	A7-22+7-25	冷底子油一道,二毡三油卷材屋面	m²	35.08	
71	A7-74	铁皮天沟	m²	42.97	
72	A7-73	铁皮落水管	m²	12.76	
73	B1-20	100厚C10整体面层	m²	470.74	
74	B1-20	50厚C10整体面层	m²	23.01	
75	B1-6	5厚1:2.5水泥砂浆楼地面层	m²	440.95	
76	B1-1+B1-3	15厚1:2.5水泥砂浆楼地面层	m²	435.07	
77	B1-7	楼梯间,水泥砂浆抹楼梯面（面层）	m²	14.43	
78	B1-10	一楼:20厚1:2水泥砂浆踢脚线 h=150mm	m	192.12	
79	B1-10	楼梯:20厚1:2水泥砂浆踢脚线 h=150mm	m	14.86	

续表

序号	定额编号	项目名称	单位	工程量	备注
80	B1-10	二楼:20厚1:2水泥砂浆踢脚线 h=100mm	m	347.72	
81	B1-225	栏杆	m	23	
82	B1-238	扶手	m	4.53	
83	B1-259	硬木弯头	个	3	
84	B2-19	16厚1:3:9石灰砂浆抹外墙面	m²	812.21	
85	B2-22	14+6水泥砂浆抹内墙面	m²	3542.31	
86	B3-4	一层预制板底抹灰天棚	m²	231.09	
87	B3-247	二层100×100×55预制板底抹灰天棚	m²	354.36	
88	B3-243	二层100×100×55木格栅天棚檐口	m²	52.4	
89	B4-219	M1、M1a:铁大门安玻璃	m²	45.95	
90	B4-49	M2:单扇带亮无纱胶合板门,门框制作	m²	61.83	
91	B4-50	M2:单扇带亮无纱胶合板门,门框安装	m²	61.83	
92	B4-51	M2:单扇带亮无纱胶合板门,门扇制作	m²	61.83	
93	B4-52	M2:单扇带亮无纱胶合板门,门扇安装	m²	61.83	
94	B4-337	M2:单扇带亮无纱胶合板门五金	樘	28	
95	B4-57	M3:单扇无亮无纱胶合板门,门框制作	m²	2.98	
96	B4-58	M3:单扇无亮无纱胶合板门,门框安装	m²	2.98	
97	B4-59	M3:单扇无亮无纱胶合板门,门扇制作	m²	2.98	
98	B4-60	M3:单扇无亮无纱胶合板门,门扇安装	m²	2.98	
99	B4-339	M3:单扇无亮无纱胶合板门五金	樘	2	
100	B4-189	C1:中悬窗,窗框制作	m²	13.44	
101	B4-190	C1:中悬窗,窗框安装	m²	13.44	
102	B4-191	C1:中悬窗,窗扇制作	m²	13.44	
103	B4-192	C1:中悬窗,窗扇安装	m²	13.44	
104	B4-355	C1:中悬窗五金	樘	12	
105	B4-165	C2:双扇带亮一玻一纱窗,窗框制作	m²	58.52	
106	B4-166	C2:双扇带亮一玻一纱窗,窗框安装	m²	58.52	
107	B4-167	C2:双扇带亮一玻一纱窗,窗扇制作	m²	58.52	
108	B4-168	C2:双扇带亮一玻一纱窗,窗扇安装	m²	58.52	
109	B4-362	C2:双扇带亮一玻一纱窗五金	樘	28	
110	B5-238	M1、M1a金属面油漆	m²	137.35	

续表

序号	定额编号	项目名称	单位	工程量	备注
111	B5-1	所有木门的油漆	m²	64.81	
112	B5-2	所有木窗的油漆	m²	71.96	
113	A10-71	单梁,木模,木撑(L1)	m²	42.75	
114	A10-71	单梁,木模,木撑(L1a)	m²	27.40	
115	A10-71	单梁,木模,木撑(L2)	m²	20.95	
116	A10-77	异形梁,木模,木撑(L3)	m²	37.67	
117	A10-71	单梁,木模,木撑(L4)	m²	1.75	
118	A10-77	TL,木模	m²	7.30	
119	A10-109	现浇平板木模,木撑	m²	14.42	
120	A11-4	15m内单排外墙脚手架	m²	626.83	
121	A11-13	15m内单排内墙脚手架	m²	482.02	
122	A11-5	首层砖柱,15m内双排外脚手架	m²	223.78	
123	A11-5	单连梁脚手架,15m双排外脚手架	m²	208.73	
124	A12-3	垂直运输(6层以下)卷扬机施工	m²	1007.39	
125	B9-4	15m内单排外墙脚手架	m²	626.83	
126	B9-15	15m内单排内墙脚手架	m²	482.02	
127	B10-37	垂直运输(6层以下)	m²	1007.39	

2.3.2.6 单位工程预算表（见表2-8和表2-9）

表2-8　　　　　　　　　　定额基价换算表

换算定额编号	定额基价(元)				换算要求	换算计算式	换算后定额基价(元)			
	基价	人工费	材料费	机械费			基价	人工费	材料费	机械费
A3-1换	1729.71	301.74	1409.82	18.15	水泥砂浆标号换为M10	1729.71	1729.71	301.74	1409.82	18.15
A4-13换（系数）	1754.06	309.26	1348.15	96.65	混凝土标号换为C20 人工乘以系数1.2	309.26×1.2+1348.15+160.26-132.49)×10.1+96.65	2096.39	371.11	1628.63	96.65
A4-45	2156.64	341.22	1746.75	68.67	砼中卵石的粒径换为40	2156.64+158.12-167.97)×10.15	2056.66	341.22	1646.77	68.67

续表

换算定额编号	定额基价/元 基价	定额基价/元 人工费	定额基价/元 材料费	定额基价/元 机械费	换算要求	换算计算式	换算后定额基价/元 基价	换算后定额基价/元 人工费	换算后定额基价/元 材料费	换算后定额基价/元 机械费
A4-85	2716.12	387.05	2142.06	187.01	砼中卵石的粒径换为40	2716.12+152.76-203.10)×10.15	2205.17	387.05	1631.11	187.01
A7-22+A7-25	1524.51	82.02	1442.49	0	将一毡一油换为三毡一油	1524.51+666.5	2191.01	130.9	2060.11	0
B1-1+B1-3	665.18	280.73	368.62	15.83	将砂浆厚度换为15厚	665.18-[(20-15)/5]×135	530.18	230.14	288.4	11.64

表2-9　　　　　　　　　　　　　单位工程预算表

序号	编号	分部分项工程名称	单位	工程量	单价(元)	合价(元)	其中 人工合价(元)	其中 材料合价(元)	其中 机械合价(元)
		建筑工程							
	一	土石方工程							
1	A1-1	人工平整场地	m²	705.86	238.53	168368.79	168368.79	0	0
2	A1-15	人工挖基槽	m³	99.554	835.19	83138.15	83138.15	0	0
3	A1-24	人工挖基坑	m³	13.381	924.49	12370.6	12370.6	0	0
4	A1-182	原土打夯	m²	125.48	63.86	8013.15	6340.5	0	1672.65
5	A1-183	基底钎探	m²	125.48	169.2	20101.9	20101.9	0	0
6	A1-181	人工回填土夯填(天然密实土)	m³	90.495	832.96	75378.72	58184.67	0	17194.05
7	A1-191	人工运土	m³	8.866	518.88	4600.39	4600.39	0	0
		分部小计				371971.7	353105	0	18866.7
	二	砌筑工程							
8	A3-1	M5.0水泥砂浆砌砖基础(墙基)	m³	33.751	1729.71	58379.44	10184.03	47582.83	31394.24
9	A3-1换	M10水泥砂浆砌砖基础(柱基)	m³	3.231	1729.71	5588.69	974.92	4555.13	58.64

续表

序号	编号	分部分项工程名称	单位	工程量	单价(元)	合价(元)	人工合价(元)	材料合价(元)	机械合价(元)
10	A3-3	M2.5 水泥砂浆 240 砖墙,混水墙	m³	247.424	1975.93	488892.5	132629.16	352232.81	4030.54
11	A3-3	M2.5 水泥砂浆 180 砖墙,混水墙	m³	28.272	1975.93	55863.49	15154.92	40248.02	460.55
12	A3-2	M2.5 水泥砂浆砖 120 墙	m³	33.961	1991.87	67645.9	18491.76	48326.84	521.64
13	A3-5	M2.5 水泥砂浆砖 370 墙	m³	0.115	1867.47	214.76	50.81	161.81	2.14
		分部小计				676584.8	177485.6	493107.4	36467.75
	三	钢筋及混凝土工程							
14	A4-13 换(系数)	C20/40\32.5 现浇基础垫层	m³	50.192	1754.06	88039.78	15522.38	67666.34	4851.06
15	A4-33	C20/40\32.5 现浇单梁,砼(L1)	m³	5.204	2090.97	10881.41	2038.67	8493.03	348.77
16	A4-446	C20/40\32.5 现浇单梁,A12 钢筋(L1)	吨	0.056	3393.00	190.01	11.29	173.73	4.98
17	A4-446	C20/40\32.5 现浇单梁,A22 钢筋(L1)	吨	0.3918	3393.00	1329.38	78.99	1215.51	34.87
18	A4-445	C20/40\32.5 现浇单梁,A6 钢筋(L1)	吨	0.001846	3532.42	6.52	0.69	5.75	0.08
19	A4-33	C20/40\32.5 现浇单梁,砼(L1a)	m³	3.233	2090.97	6760.1	1266.53	5276.32	217.26
20	A4-33	C20/40\32.5 现浇单梁,A12 钢筋(L1a)	吨	0.036	2090.97	75.27	14.1	58.75	2.42
21	A4-33	C20/40\32.5 现浇单梁,A22 钢筋(L1a)	吨	0.252	2090.97	526.92	98.72	411.27	16.93
22	A4-33	C20/40\32.5 现浇单梁,A6 钢筋(L1a)	吨	2.366	2090.97	4946.59	926.88	3861.36	158.99

续表

序号	编号	分部分项工程名称	单位	工程量	单价(元)	合价(元)	其中 人工合价(元)	材料合价(元)	机械合价(元)
23	A4-33	C20/40\32.5 现浇单梁,砼(L2)	m³	2.366	2090.97	4947.24	926.88	312.36	178.75
24	A4-446	C20/40\32.5 现浇单梁,A12 钢筋(L2)	吨	0.0269.	3393.00	91.27	5.42	83.45	2.39
25	A4-448	C20/40\32.5 现浇单梁,A25 钢筋(L2)	吨	0.242	3288.91	795.92	30.37	748.71	16.84
26	A4-445	C20/40\32.5 现浇单梁,A6 钢筋(L2)	吨	0.0332	3532.42	117.28	12.42	103.49	1.36
27	A4-34	C20/40\32.5 现浇异形梁,砼(L3)	m³	4.237	2108.77	8934.86	1734.49	6913.64	284.73
28	A4-445	C20/40\32.5 现浇异形梁,A10 钢筋(L3)	吨	0.0597	3532.42	210.89	22.33	180.09	2.45
29	A4-446	C20/40\32.5 现浇异形梁,A22 钢筋(L3)	吨	7.19	3393.00	24395.67	1449.72	22306.11	639.24
30	A4-445	C20/40\32.5 现浇异形梁,A6 钢筋(L3)	吨	0.0808	3532.42	285.42	30.23	251.87	3.32
31	A4-33	C20/40\32.5 现浇单梁,砼(L4)	m³	0.197	2090.97	411.92	9.82	321.5	13.20
32	A4-446	C20/40\32.5 现浇单梁,A22 钢筋(L4)	吨	0.0122	3393.00	41.39	2.46	37.85	1.09
33	A4-446	C20/40\32.5 现浇单梁,A18 钢筋(L4)	吨	0.0153	3393.00	51.91	3.08	47.47	1.36
34	A4-445	C20/40\32.5 现浇单梁,A8 钢筋(L4)	吨	0.00285	3532.42	10.07	1.06	8.88	0.12
35	A4-445	C20/40\32.5 现浇单梁,A6 钢筋(L4)	吨	0.00436	3532.42	15.4	1.63	14.43	0.19
36	A4-33	C20/40\32.5 现浇挑梁,砼(TL)	m³	0.303	2090.97	63.37	11.87	49.45	2.04

续表

序号	编号	分部分项工程名称	单位	工程量	单价(元)	合价(元)	人工合价(元)	材料合价(元)	机械合价(元)
37	A4-446	C20/40\32.5 现浇挑梁,A14 钢筋(TL)	吨	0.00848	3393.00	28.77	1.71	26.31	0.75
38	A4-445	C20/40\32.5 现浇挑梁,A10 钢筋(TL)	吨	0.00278	3532.42	9.82	1.04	8.67	0.14
39	A4-445	C20/40\32.5 现浇挑梁,A6 钢筋(TL)	吨	0.00267	3532.42	9.43	0.54	8.28	0.24
40	A4-45	C20/40\32.5 现浇平板,砼(XB1、XB2)	m³	1.617	2056.66	332.56	55.18	266.28	11.1
41	A4-445	C20/40\32.5 现浇平板,钢筋(XB1、XB2)	吨	0.1151	3532.42	406.58	43.06	358.79	4.73
42	A4-35	C20/40\32.5 现浇圈梁,砼	m³	14.064	2309.78	32484.75	8560.05	22979.59	945.1
43	A4-445	C20/40\32.5 现浇圈梁,A10 钢筋	吨	0.662	3532.42	2338.46	247.67	2063.6	27.2
44	A4-36	C20/40\32.5 现浇过梁,砼	m³	1.866	2378.38	443.81	122.96	308.31	12.54
45	A4-445	C20/40\32.5 现浇过梁,A8 钢筋	吨	0.03475	3532.42	122.75	13	108.32	1.43
46	A4-445	C20/40\32.5 现浇过梁,A6 钢筋	吨	0.0656	3532.42	231.73	24.54	204.49	2.7
47	A4-85换	C20/40\32.5 加工厂预制 YKB840,砼	m³	53.644	2205.17	11829.41	2076.29	8749.93	1002.99
48	A4-462	C20/40\32.5 加工厂预制 YKB840,A10 钢筋	吨	1.985	3922.45	7786.06	383.92	7134.65	247.49
49	A4-177	C20/40\32.5 加工厂预制 YKB840,一类构件运输,运距5KM	m³	53.644	1327.68	7122.07	721.08	79.30	79.29

续表

序号	编号	分部分项工程名称	单位	工程量	单价(元)	合价(元)	其中 人工合价(元)	其中 材料合价(元)	其中 机械合价(元)
50	A4－406	C20/40\32.5 空心板 YKB840(不焊接)单体 0.3m³内,构件安装	m³	53.644	826.18	4421.23	937.91	59.71	3423.61
51	A4－85换	C20/40\32.5 加工厂预制 YKB636,砼	m³	0.997	2205.17	219.86	38.59	162.62	18.65
52	A4－462	C20/40\32.5 加工厂预制 YKB636 钢筋 A10 钢筋	吨	0.037	3922.45	145.13	7.16	132.98	4.99
53	A4－177	C20/40\32.5 预制 YKB636 一类构件运输 运距5KM	m³	0.997	1327.68	132.37	13.41	1.47	117.49
54	A4－406	汽车式起重机安装 YKB636 构件	m³	0.997	824.18		17.43	1.11	63.63
55	A4－102	预制楼梯踏步板 砼	m³	0.598	2406.14	143.89	25.58	107.19	11.12
56	A4－97	C20/40\32.5 预制檩条 砼(LT1)	m³	5.21	2345.8	1222.16	162.59	962.71	96.87
57	A4－97	C20/40\32.5 预制檩条 砼(LT2)	m³	0.73	2345.8	171.24	22.78	134.89	13.57
		分部小计				222730.7	37465.57	162400.6	12868.07
	四	厂库房大门、特种门、木结构工程							
58	A5－66	60×120×1000 方檩木(挑檐木)	m³	0.202	1088.66	219.91	16	203.91	0
59	A5－66	60×120 方檩木(木檐檩)	m³	0.755	1088.66	821.94	59.8	762.14	0
60	A5－66	50×100 方檩木(对开弥檩条)	m³	0.262	1088.66	285.23	20.75	264.48	0

续表

序号	编号	分部分项工程名称	单位	工程量	单价(元)	合价(元)	其中 人工合价(元)	材料合价(元)	机械合价(元)
61	A5-74	钉屋面板,油毡挂瓦条	m³	1015.51	2672.03	27134.73	1408	25726.73	0
62	A5-76	檩木上钉椽木	m³	1015.51	1019.77	1035586.63	72314.47	963272.17	0
63	A5-77	封檐板	m	104.8	642.92	673.78	129.05	544.73	0
64	A5-78	博风板	m	23.38	950.68	413.36	74.49	338.87	0
65	A5-13	全板平开钢大门,门扇制作(M-1,M-1a)	m²	137.35	16436.72	22575.83	4392.62	15388.31	2794.9
66	A5-14	全板平开钢大门,门扇安装(M-1,M-1a)	m²	137.35	1395.61	1916.87	550	1001.68	365.19
67	A5-46	平开钢大门五金	樘	12	235.72	2828.64	0	2828.64	0
		分部小计				1092457	78965.18	1010332	3160.09
	五	屋面工程							
68	A7-2	屋面板上铺料粘土平瓦屋面	m²	564.87	740.93	418529.13	94514.05	324015.08	0
69	A7-88	20厚1:2水泥防水砂浆平面防潮	m²	35.08	729.85	25603.14	8161.36	16886.46	555.32
70	A7-22+A7-25	冷底子油一道,二毡三油卷材屋面	m²	35.08	1524.51	53479.81	2877.26	60602.55	0
71	A7-74	铁皮天沟	m²	42.97	2526.46	108561.99	10744.22	97817.77	0
72	A7-73	铁皮落水管	m²	12.76	3173.19	40492.46	8833.88	30737.31	0
		分部小计				646666.5	125130.8	530059.2	555.32
		合计				3010410.7			
		装饰工程							
	(一)	楼地面工程							

续表

序号	编号	分部分项工程名称	单位	工程量	单价(元)	合价(元)	人工合价(元)	材料合价(元)	机械合价(元)
73	B1-20	100厚C10整体面层	m²	470.74	1383.99	651499.45	303726.16	342293.88	5479.41
74	B1-20	50厚C10整体面层	m²	23.01	1383.99	31845.61	14846.28	16731.49	267.84
75	B1-6	5厚1:2.5水泥砂浆楼地面层	m²	440.95	839.21	3700.5	1629.35	2001.34	69.8
76	B1-1+B1-3	15厚1:2.5水泥砂浆楼地面层	m²	435.07	800.18	3481.34	1441.47	1952.77	87.1
77	B1-7	楼梯间,水泥砂浆抹楼梯面(面层)	m²	14.43	2049.82	29578.9	20578.62	8697.97	302.31
78	B1-10	一楼:20厚1:2水泥砂浆踢脚线 h=150mm	m	192.12	233.76	44909.97	42053.42	12045.65	447.64
79	B1-10	楼梯:20厚1:2水泥砂浆踢脚线 h=150mm	m	14.86	233.76	3473.67	2673.31	765.74	34.62
80	B1-10	二楼:20厚1:2水泥砂浆踢脚线 h=100mm	m	347.72	233.76	81283.03	62554.83	17918.01	810.19
81	B1-225	栏杆	m	23	6637.34	152658.821	29433.1	123225.72	0
82	B1-238	扶手	m	4.53	3393.15	15370.97	2595.01	12775.96	0
83	B1-259	硬木弯头	个	3	68.36	205.08	23.13	181.95	0
		分部小计				1018007.3	481554.7	538590.5	5479.41
	(二)	墙柱面工程							
84	B2-19	16厚1:3:9石灰砂浆抹外墙面	m²	812.21	527.14	428148.38	324063.67	59946.36	69.8
85	B2-22	14+6水泥砂浆抹内墙面	m²	3542.31	926.17	32807.81	18476.69	13688.19	87.1
		分部小计				460956.2	342540.4	73634.55	302.31
	(三)	天棚工程							447.64

续表

序号	编号	分部分项工程名称	单位	工程量	单价(元)	合价(元)	人工合价(元)	材料合价(元)	机械合价(元)
86	B3-4	一层预制板底抹灰天棚	m²	231.09	1060.63	2451.01	1472.44	941.99	34.62
87	B3-247	二层100×100×55预制板底抹灰天棚	m²	354.36	3984.16	14118.27	3680.03	10383.53	810.19
88	B3-243	二层100×100×55木格栅天棚檐口	m²	52.4	4396.85	2303.95	860.15	1435.2	8.6
		分部小计				18873.23	6012.62	12760.72	99.89
	(四)	门窗工程							
89	B4-219	M1、M1a:铁大门安玻璃	m²	45.95	2532	1163.45	151.93	1011.52	0
90	B4-49	M2:单扇带亮无纱胶合板门,门框制作	m²	61.83	1937.48	1197.83	179.57	976.13	42.13
91	B4-50	M2:单扇带亮无纱胶合板门,门框安装	m²	61.83	1006.83	622.46	322.26	299.23	0.97
92	B4-51	M2:单扇带亮无纱胶合板门,门扇制作	m²	61.83	3549.64	2194.53	497.48	1525.25	171.8
93	B4-52	M2:单扇带亮无纱胶合板门,门扇安装	m²	61.83	724.12	447.68	335.52	112.16	0
94	B4-337	M2:单扇带亮无纱胶合板门五金	樘	28	11.43	320.04	0	320.04	0
95	B4-57	M3:单扇无亮无纱胶合板门,门框制作	m²	2.98	1985.45	59.17	8.49	48.79	1.89
96	B4-58	M3:单扇无亮无纱胶合板门,门框安装	m²	2.98	1107.37	33	18.14	18.14	0.05
97	B4-59	M3:单扇无亮无纱胶合板门,门扇制作	m²	2.98	3932.83	117.2	27.93	79.34	9.93
98	B4-60	M3:单扇无亮无纱胶合板门,门扇安装	m²	2.98	342.71	10.16	10.16	0	0

续表

序号	编号	分部分项工程名称	单位	工程量	单价(元)	合价(元)	人工合价(元)	材料合价(元)	机械合价(元)
99	B4-339	M3:单扇无亮无纱胶合板门五金	樘	2	5.48	10.96	0	320.04	0
100	B4-189	C1:中悬窗,窗框制作	m²	13.44	2399.28	322.46	69.20	240.69	12.57
101	B4-190	C1:中悬窗,窗框安装	m²	13.44	593.65	78.79	48.45	31.24	0.1
102	B4-191	C1:中悬窗,窗扇制作	m²	13.44	1542.66	207.25	41.27	152.89	12.49
103	B4-192	C1:中悬窗,窗扇安装	m²	13.44	1633.21	219.5	83.29	136.21	0
104	B4-355	C1:中悬窗五金	樘	12	5.15	61.8	0	61.8	0
105	B4-165	C2:双扇带亮一玻一纱窗,窗框制作	m²	58.52	3254.43	1904.49	283.48	1566.38	54.63
106	B4-166	C2:双扇带亮一玻一纱窗,窗框安装	m²	58.52	998.42	584.28	318.96	264.41	0.91
107	B4-167	C2:双扇带亮一玻一纱窗,窗扇制作	m²	58.52	3873.08	2266.53	579.41	1542.56	149.56
108	B4-168	C2:双扇带亮一玻一纱窗,窗扇安装	m²	58.52	2786.18	1630.47	963.34	666.92	0
109	B4-362	C2:双扇带亮一玻一纱窗五金	樘	28	21.02	588.26	0	588.26	0
		分部小计				14040.31	3938.88	9962	457.03
	(五)	油漆、涂料、裱糊工程							
110	B5-238	M1、M1a金属面油漆	m²	137.35	510.51	701.19	467.03	234.16	0
111	B5-1	所有木门的油漆	m²	64.81	1086.19	703.96	404.05	299.91	0
112	B5-2	所有木窗的油漆	m²	71.96	1009.24	726.25	448.63	277.62	0
		分部小计				2131.4	1319.71	811.69	0
		合计				1514008.44	401967.08	635759.46	6338.64
		施工技术措施项目(建筑工程)							

续表

序号	编号	分部分项工程名称	单位	工程量	单价(元)	合价(元)	人工合价(元)	材料合价(元)	机械合价(元)
113	A10-71	单梁,木模,木撑(L1)	m²	42.75	2566.26	1097	446.42	606.28	44.3
114	A10-71	单梁,木模,木撑(L1a)	m²	27.40	2566.26	703.05	286.11	388.55	28.39
115	A10-71	单梁,木模,木撑(L2)	m²	20.95	2566.26	537.58	218.77	297.1	21.71
116	A10-77	异形梁,木模,木撑(L3)	m²	37.67	3041	1145.54	499.9	600.42	45.22
117	A10-71	单梁,木模,木撑(L4)	m²	1.75	2566.26	44.91	18.28	24.82	1.81
118	A10-77	TL,木模	m²	7.30	3041	221.99	96.87	163.36	8.76
119	A10-109	现浇平板木模,木撑	m²	14.42	2012.36	290.18	115.666	163.3	11.22
120	A11-4	15m内单排外墙脚手架	m²	626.83	503.15	3153.9	1060.6	1901.3	192
121	A11-13	15m内单排内墙脚手架	m²	482.02	113.94	610.37	458.23	118.66	33.48
122	A11-5	首层砖柱,15m内双排外脚手架	m²	223.78	639.41	156.27	48.3	97.27	10.7
123	A11-5	单连梁脚手架,15m双排外脚手架	m²	208.73	639.41	6270.31	1938.14	3903.05	429.13
124	A12-3	垂直运输(6层以下)卷扬机施工	m²	1007.39	794.98	8008.55	0	0	8008.55
		分部小计				22239.65	5187.286	8264.11	8835.27
		合计				4546658.79			
		施工技术措施项目(装饰工程)							
125	B9-4	15m内单排外墙脚手架	m²	626.83	422.02	2645.35	1287.26	1260.18	97.97
126	B9-15	15m内单排内墙脚手架	m²	482.02	103.05	496.72	387.54	79.05	30.13
127	B10-37	垂直运输(6层以下)	m²	1007.39	386.4	3892.55	0	0	3892.55
		合计				7034.62	1674.8	1339.23	4020.65

2.3.2.7 单位工程取费表（见表2-10）

表2-10 单位工程取费表

序号	费用名称	计算基础	费率(%)	费用金额(元)
一	直接工程费			3010410.7
二	技术措施费			22239.65
三	组织措施费			164369.65
	3.1 安全文明施工费	"一"+"二"	1.2	36391.81
	3.2 临时设施费		2.47	74906.46
	3.3 检验试验费		1.75	53071.38
四	价差			0
五	企业管理费	"一"+"二"+"三"	8.03	13198.89
六	利润	"一"+"二"+"三"+"五"	6.5	11541.96
七	规费			191546.33
	7.1 社会保障费 住房公积金 危险作业意外伤害保险 工程排污	"一"+"二"+"三"+"五"+"六"	5.35	172364.21
	7.2 上级（行业）管理费	"一"+"二"+"三"	0.6	19182.12
八	税金	"一"+"二"+"三"+"四" "五"+"六"+"七"	3.413	116496.17
九	工程费用	"一"+"二"+"三"+"四" "五"+"六"+"七"+"八"		3529803.35

2.3.2.8 编制说明

（1）编制依据。

① 本工程为××工程建筑装饰工程预算，该工程建筑面积为1007.39m²，二层建筑，设计标高±0.000相当于绝对标高40.80。

② 本预算依据××工程建筑、结构施工图纸编制。

③ 本预算采用《江西省建筑工程消耗量定额及统一基价表》（2004年）编制。

④ 本预算采用《江西省建筑工程费用定额》及造价管理部门颁布的费率系数进行取费。

⑤ 建筑工程按Ⅰ类工程计取费用；装饰工程按Ⅱ类工程计取费用。

⑥ 本预算 ±0.000 以上砌墙用 75 号红砖，25 号混合砂浆砌筑，砖柱用 100 号红砖，100 号混合砂浆砌筑，±0.000 以下用 $50^\#$ 水泥砂浆砌墙基，$100^\#$ 水泥砂浆砌柱基。

（2）其他需说明的问题。

① 未考虑设计变更或图纸会审记录的内容。

② 未按照材料市场价格进行材料差价调整。

③ 未考虑屋面排水，按照无组织排水编制。

④ 建筑、装饰人工工日单价未作调整。

2.3.2.9 封面（见图2-17）

建筑工程预算书

工程名称：<u>某工程预算</u>　　　　　工程地点：江西省九江市区

建筑面积：1007.39 m²　　　　　结构类型：砖混结构

工程造价：5505684.61 元　　　　单方造价：

建设单位：江西财经职业学院　　　施工单位：

审批部门：　　　　　　　　　　　编制人：

　　　年　月　日　　　　　　　　　　年　月　日

图 2-17　封面

2.4 任务操作

请根据以下图纸进行定额计价实训操作（见图 2-18 至图 2-38）。

建筑设计说明

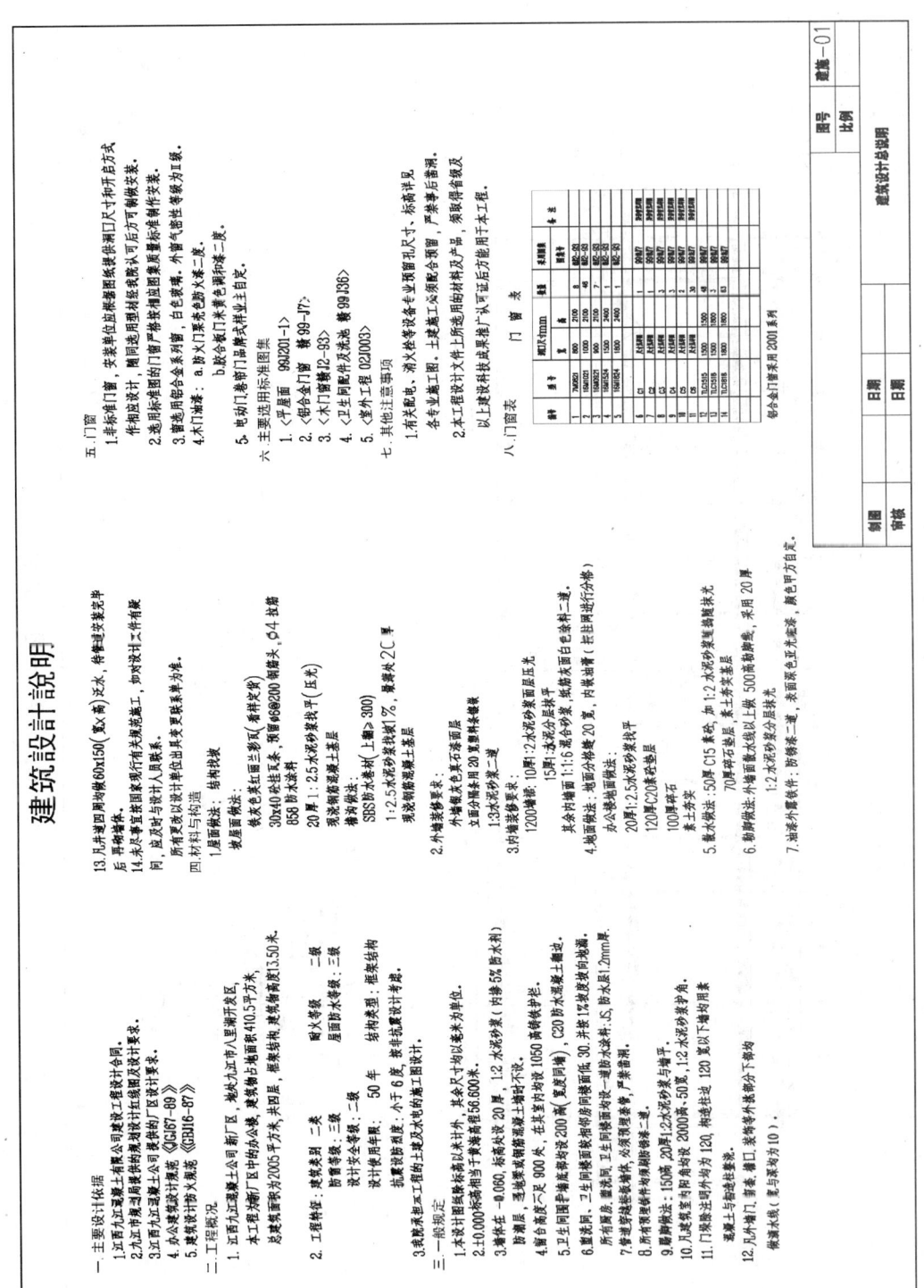

一、主要设计依据
1. 江西九正混凝土有限公司建设工程合同。
2. 本公司规划部建设规划许可证图及设计要求。
3. 江西省建筑工程设计文件编制深度规定及设计要求。
4. 办公建筑设计规范《QGJ67-89》
5. 建筑设计防火规范《GBJ16-87》

二、工程概况
1. 江西九正混凝土公司新厂区，地处九正大道湖开发区，木工区湘厂区中的办公楼，建筑物占地面积410.5平方米，总建筑面积为2005年方米，共四层，建筑檐高13.50米。
2. 工程特征：
   - 建筑类别：二类
   - 耐火等级：二级
   - 设计使用年限：50年
   - 屋面防水等级：三级
   - 结构类型：框架结构
   抗震设防烈度：小于6度，按建成设计不设计。
3. 装修等级要求本工程以及本次使用的施工图设计。

三、一般规定
1. 本设计图除标尺以米计外，其余尺寸均以毫米为单位。
2. ±0.000标高相当于黄海高程56.600米。
3. 墙体柱：标准层标高20厘，梁底标高C30商品混凝土浇注不同。
4. 窗台高度不足900处，1:2水泥砂浆，内掺5%水不粉。
5. 卫生间、盥洗间、卫生间等有水房间地面做防水层处理后再浇注混凝土，洗水并做大理石压边。
6. 所有建筑物外墙转角和阳外露位置均做二道。
7. 墙砌体：150厚、200厚C20水泥砂浆。
8. 墙脚做法：2000厚-50厚，1:2水泥砂浆护角。
9. 几部未表明内部为120，构造柱为120复合下部均做混凝土与窗户角。
12. 凡外墙门、窗自、窗口、混凝土水底部下部均做饰成块石灰(复与表面为10)。

13. 凡井道周围做60x150(复×高)泛水，修建过梁支撑后再做墙体。
14. 未尽事宜本国家现行有关建筑施工，安装设计文件之件规范。
所有更改设计时具有更新事宜应。

四、材料与构造
1. 屋面做法：
   - 坡屋面做法（着样瓷）
   - 线条色葡萄红面兰莫瓦（着样瓷）
   - 30x40方木挂上钉天沟，列成每6@200钢筋末，φ4拉筋
   - 858 防水涂料
   - 20厚1:2.5水泥砂浆找平层(压光)
   - 现浇钢筋混凝土基层
   - 平屋面做法
   - SBS防水卷材(上翻≥300)
   - 20厚1:2.5水泥砂浆找平层
   - 现浇钢筋混凝土基层
2. 外墙装饰要求：
   外墙面做法见示意图，
   立面造型做20色漆粉外墙涂料一遍
   1:3水泥砂浆一遍
3. 内墙装饰要求：
   1200砖墙做法：10厚1:2水泥砂浆面层压光
   其他内墙面：10厚1:1:6混合砂浆底，纸筋灰粉面白色漆末上
4. 地面做法：地面水泥砂浆20厚，办公室地面
   20厚1:2.5水泥砂浆层
   120厚C20水泥砂浆层
   100厚碎石
   素土夯实
5. 散水做法：50厚C15素土，加1:2水泥砂浆抹平
   70厚碎石垫层，上土夯实主底
6. 勒脚做法：外墙勒贴石涂上做500商砂粉面，末用20厚
   1:2水泥砂浆垫层
7. 油漆和涂料：防锈漆一道，本采采正步油漆，颜色甲方自定。

五、门窗
1. 半封闭门窗，安装单位应按照图纸核对预留开口的尺寸和开启方式。
2. 门框选用，随同建筑用图样提供供核对认可方可制作安装。
3. 选用标准图的门窗按标准图集要准制作安装。
4. 窗选用铝合金系列窗，白色玻璃，外窗气密性等级为2级。
5. 木门油漆：a. 防火门类杂色防火涂料。
   b. 胶合板门类素色调和漆二度。
6. 电动门卷门，安装单位应按照图纸核对预留开口尺寸和开启方式。

六、主要选用标准图集
1. 《平屋面》99J201-1
2. 《铝合金门窗》赣99-J7
3. 《木门窗豫12-93》
4. 《卫生间配件及洗池》赣99J36
5. 《建外工程》02J1003

七、其他注意事项
1. 有关水电、消火栓等设备各专业图孔尺寸、标号详见有关专业施工图。士建施工必须与各专项，严禁事后凿孔。
2. 本工程设计文件所选用的材料材质及产品，须满足规范，以上建筑材料如果反之须经建设方认可方可使用于本工程。

八、门窗表

编号	名称	洞口尺寸/mm	数量	备注
1		宽 高	一 二 三 四	
2	76GM52I	900 2100	8	胶合板门
3	16GM32FI	1000 2100	46	胶合板门
4	15GM54FI	1500 2100	4	胶合板门
5	16GM54F4	1800 2400	1	胶合板门
6	C1	1500 1500	1	塑钢窗
7	C2	1800 1500	1	塑钢窗
8	C3	1500 1500	30	塑钢窗
9	C4	1800 1500	6	塑钢窗
10	C5	1800 1500	3	塑钢窗
11	TLC515			塑钢窗
12	TLC518			塑钢窗
13	TLC618			塑钢窗

铝合金门窗采用2001系列

制图		日期			图号	建施-01
审核		日期		建筑设计总说明	比例	

图2-18 建筑设计说明

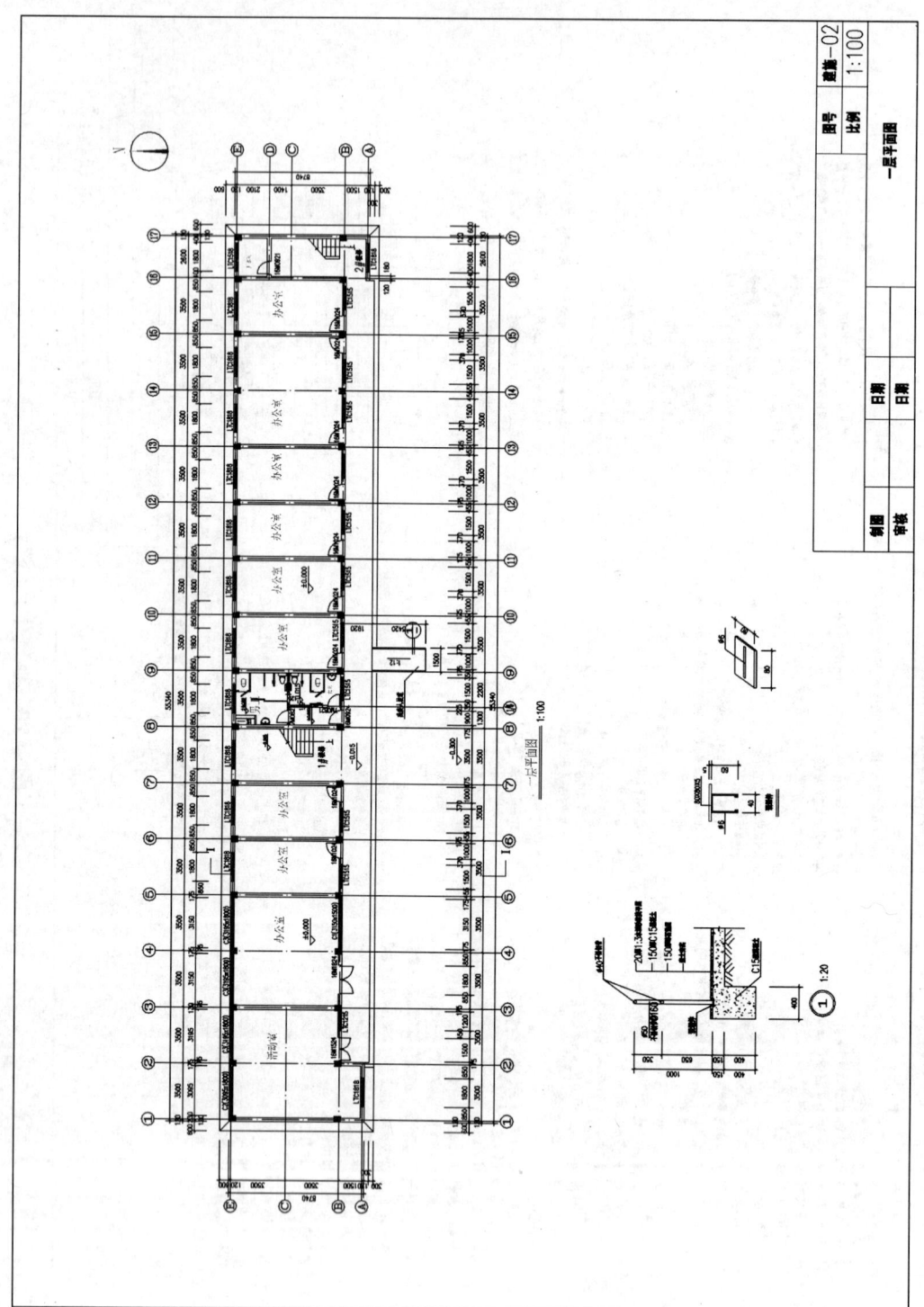

图 2-19 一层平面图

项目二 建筑工程工程量定额计价实训

二层平面图 1:100

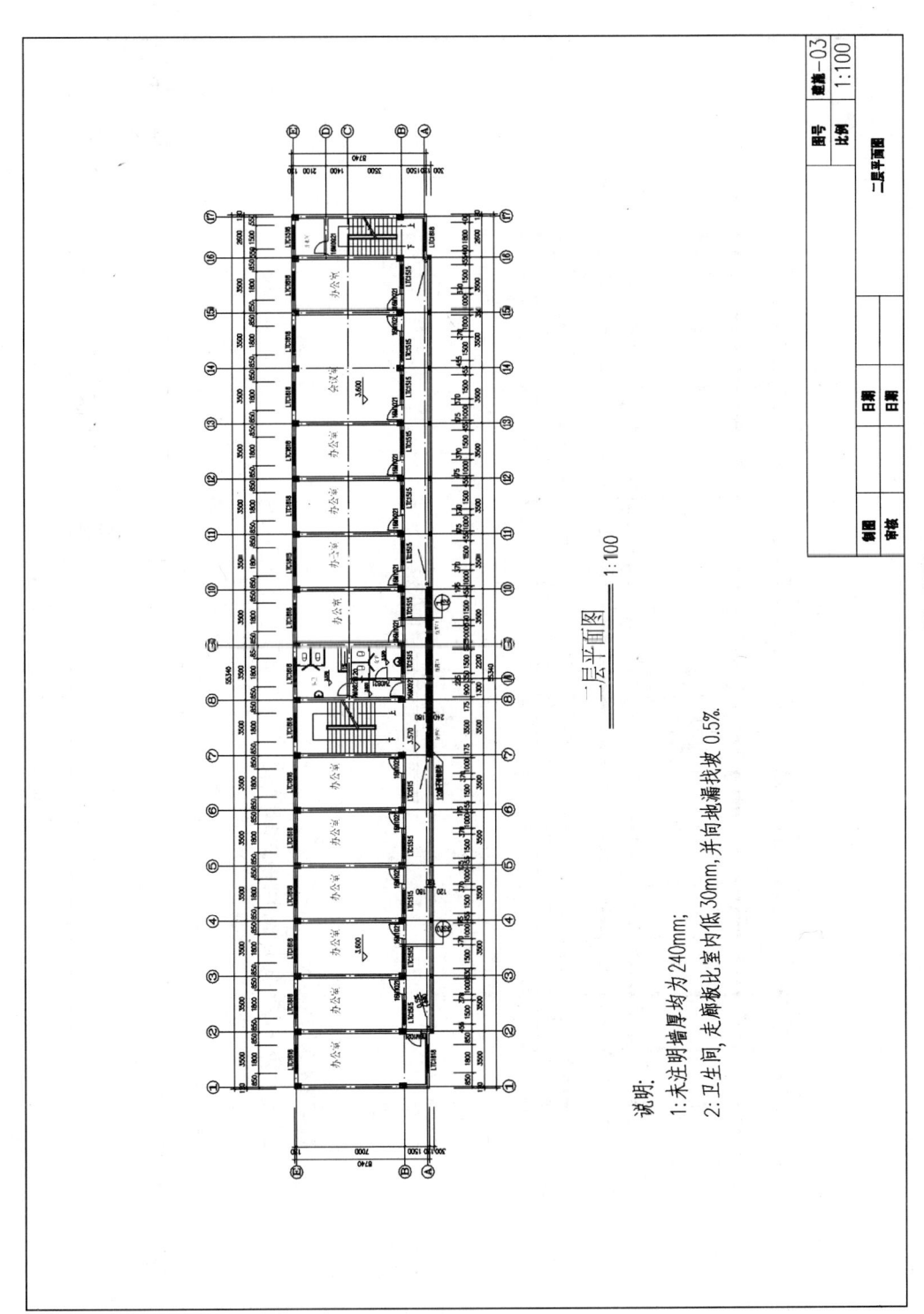

说明:
1. 未注明墙厚均为240mm;
2. 卫生间、走廊板比室内室低30mm,并向地漏找坡0.5%。

图 2-20 二层平面图

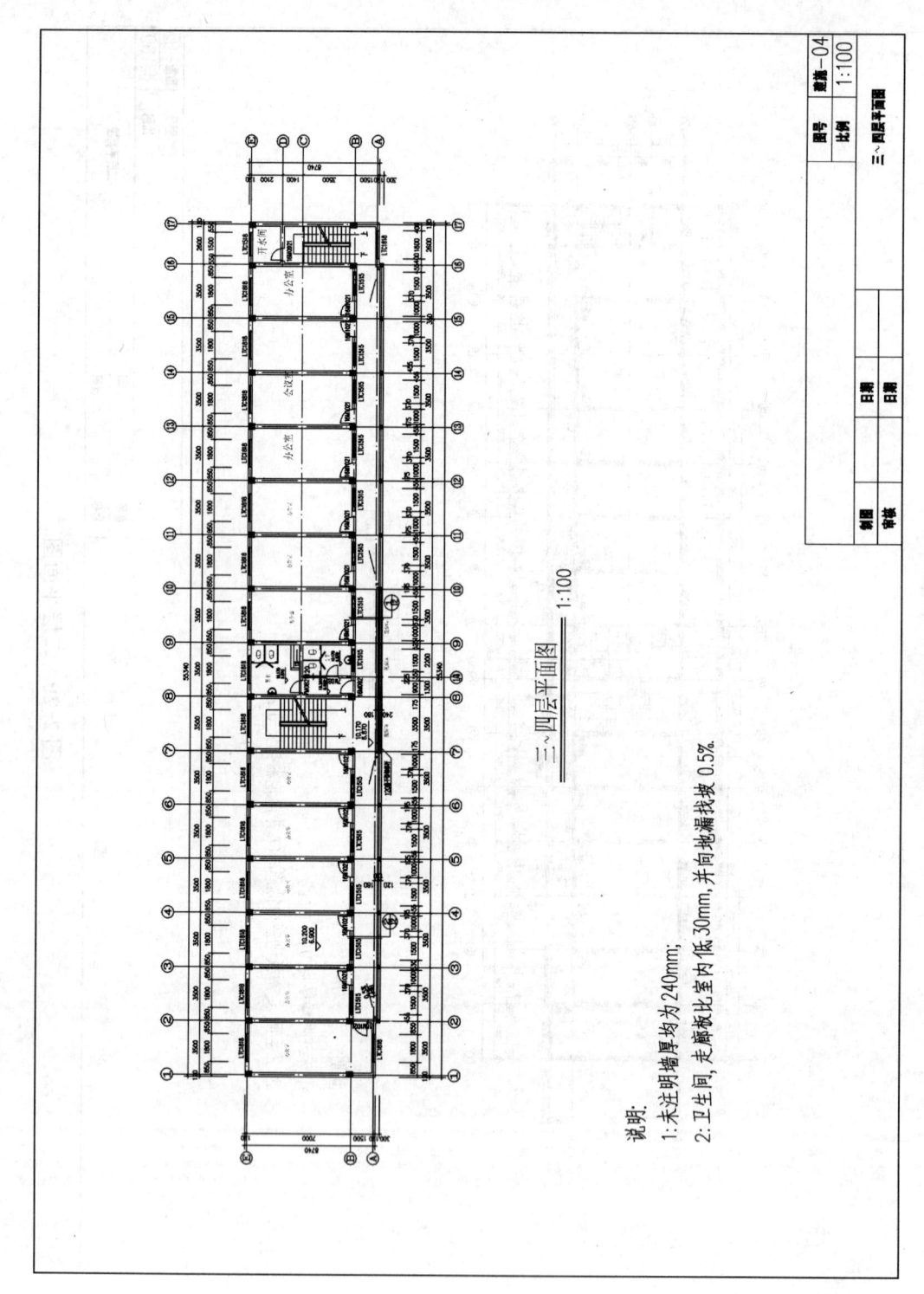

图 2-21 三~四层平面图

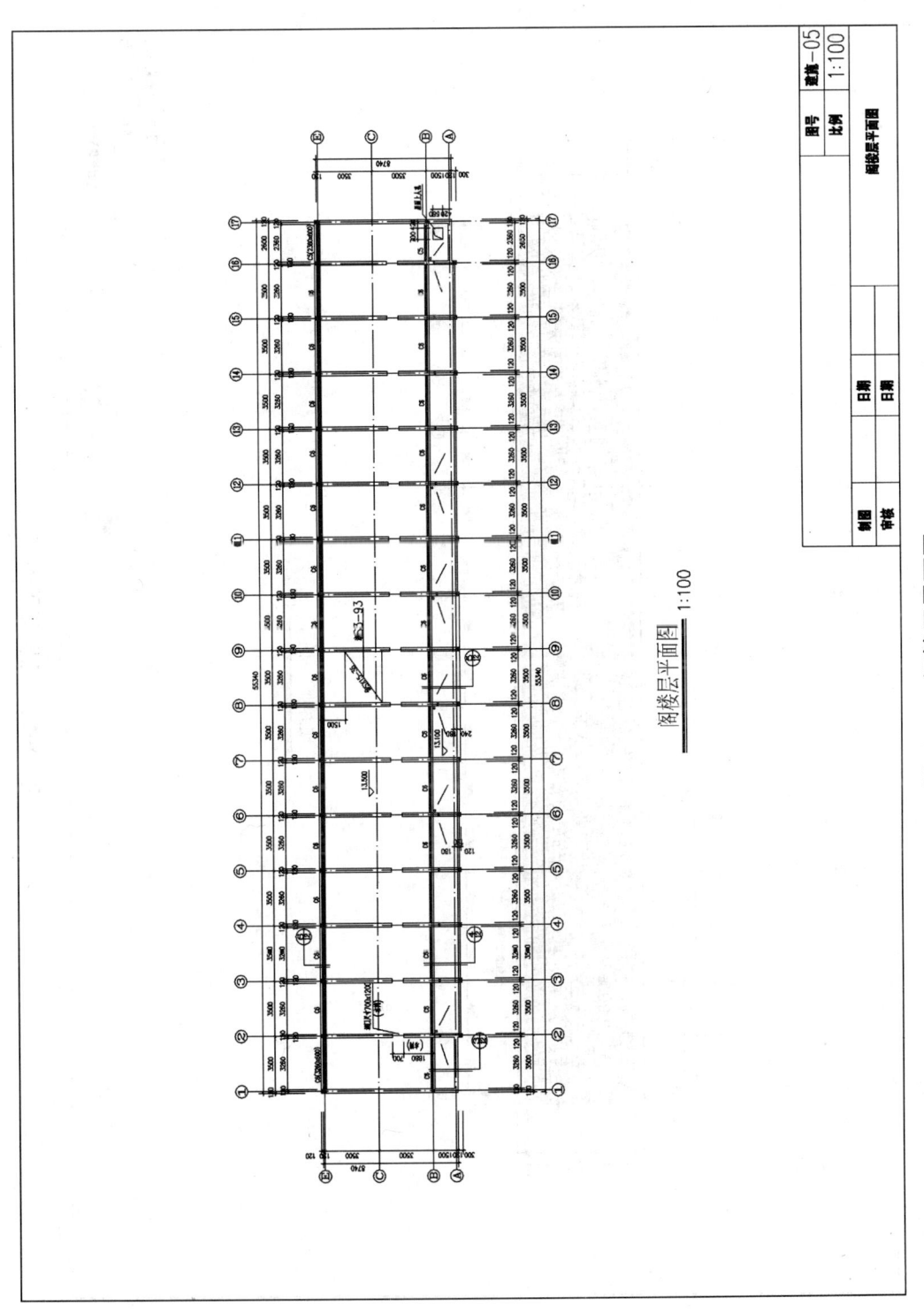

图 2-22 阁楼层平面图

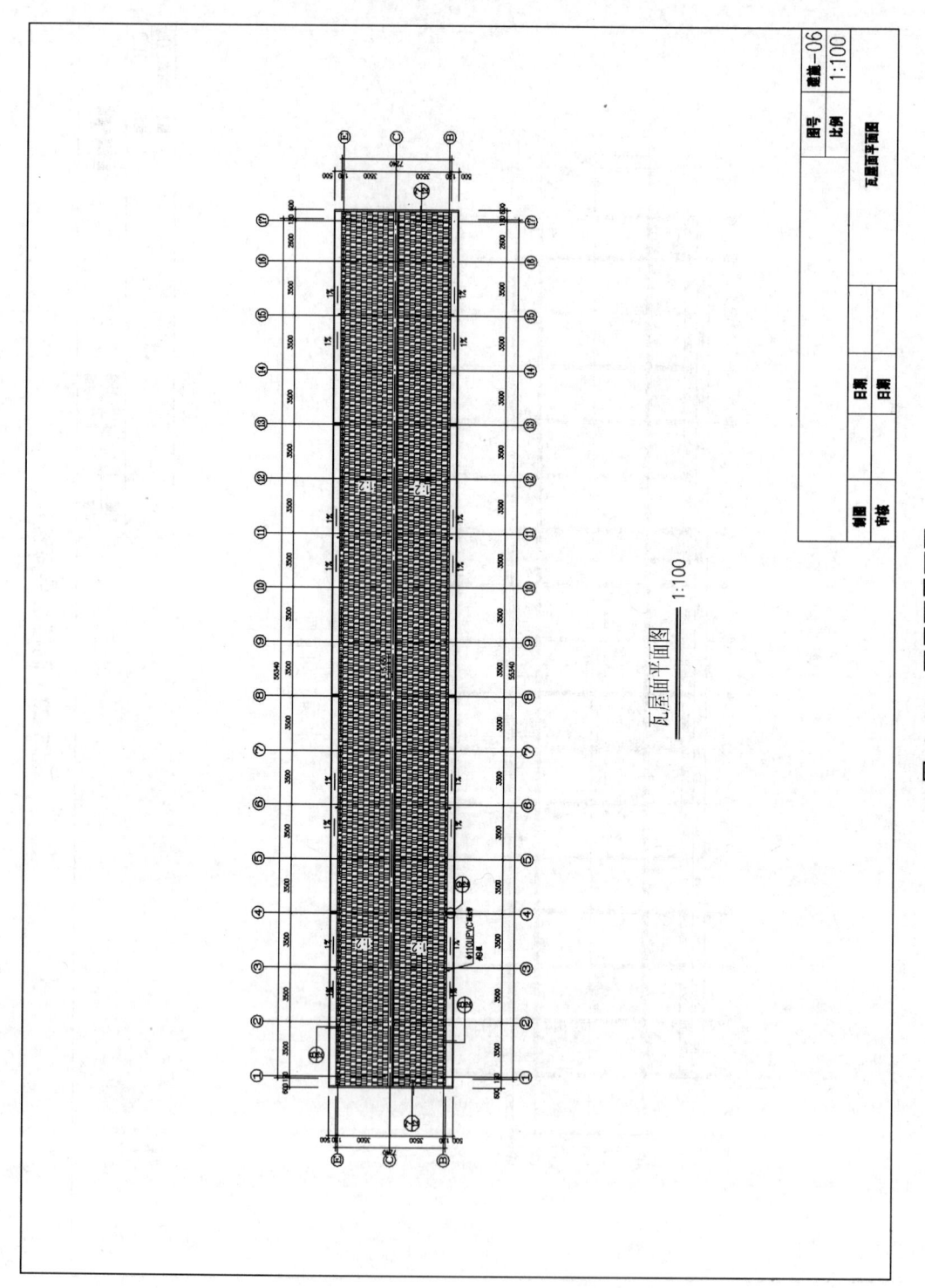

图 2-23 瓦屋面平面图

项目二 建筑工程工程量定额计价实训

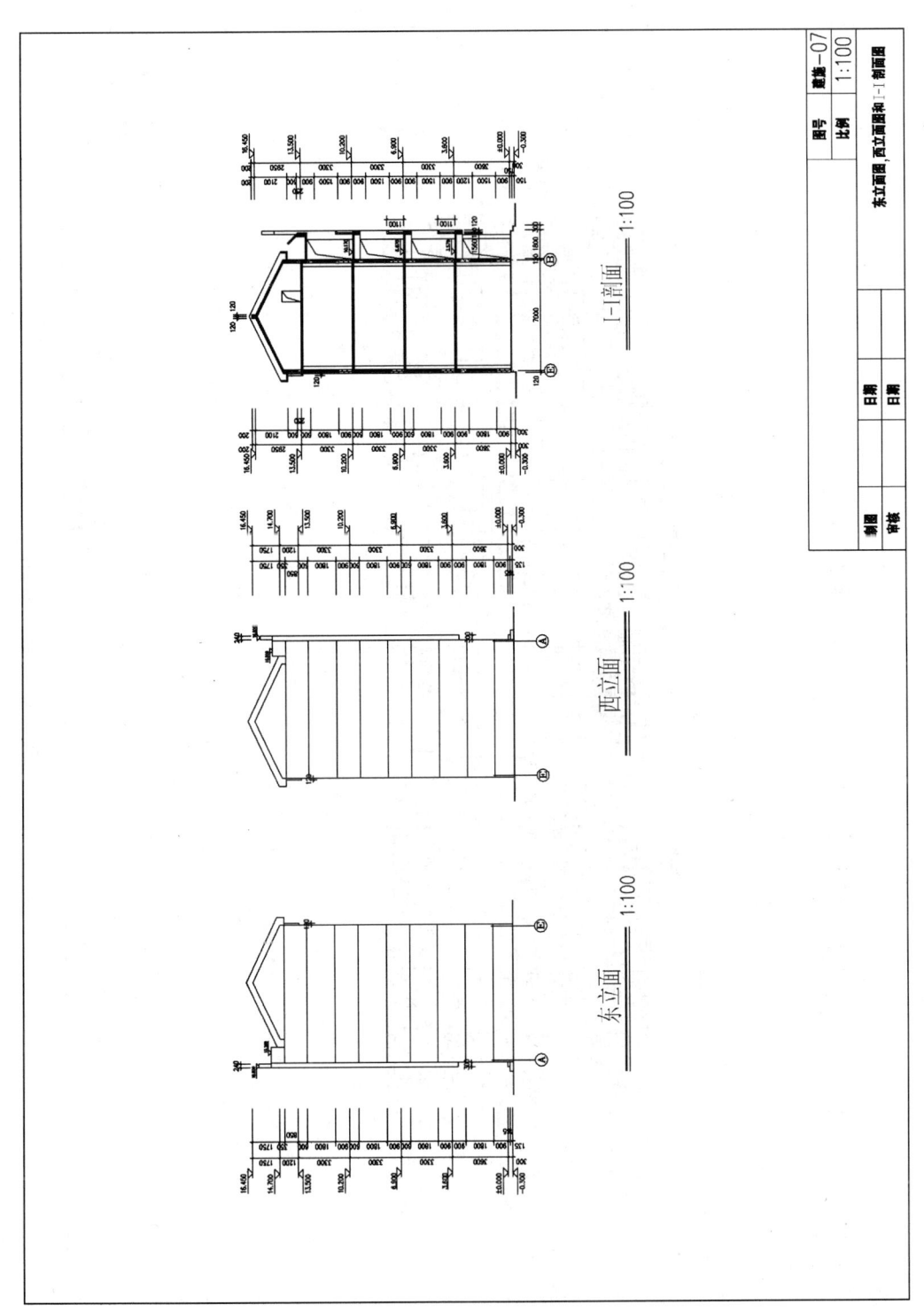

图 2-24 东立面、西立面和I-I剖面图

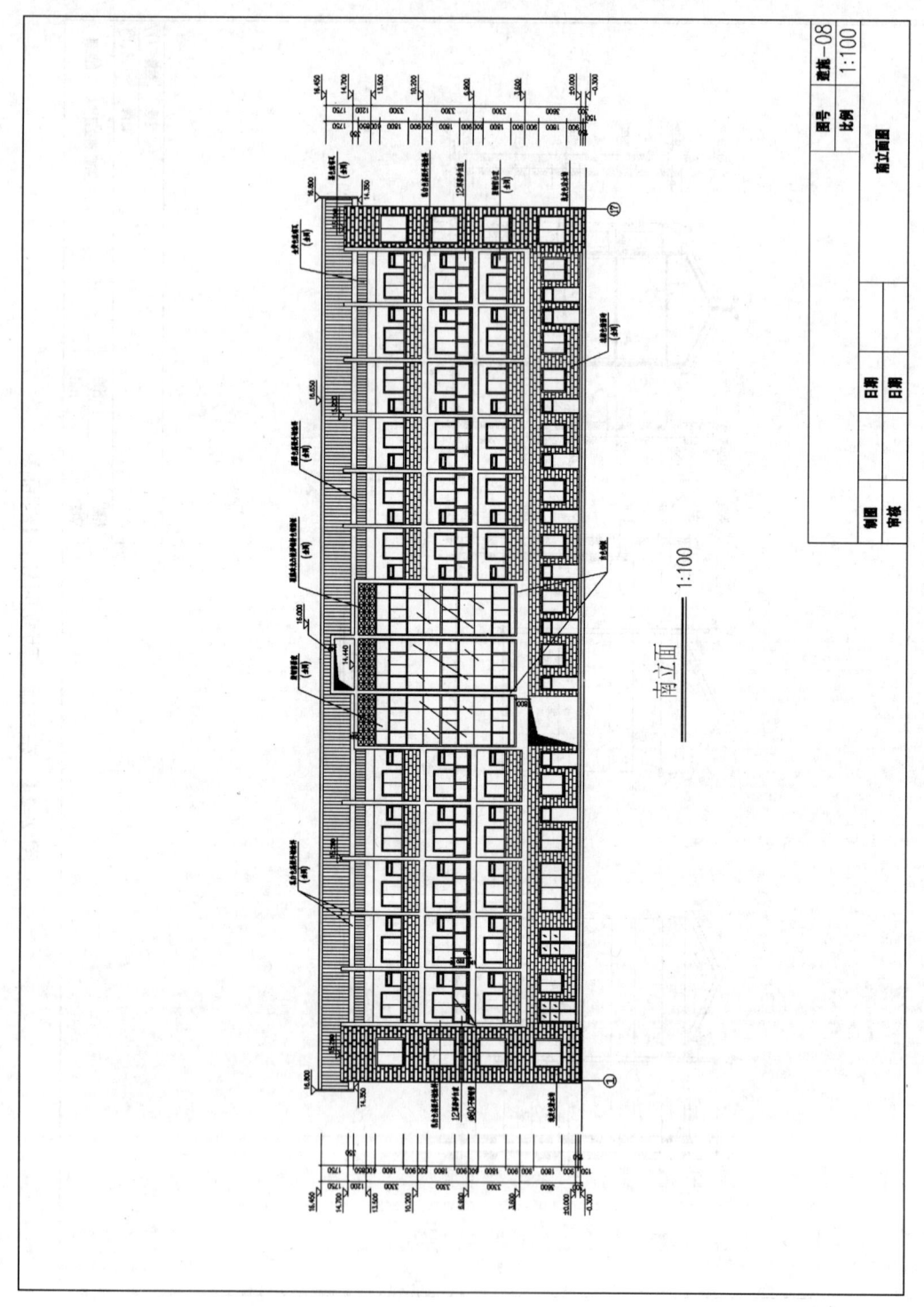

图 2-25 南立面图

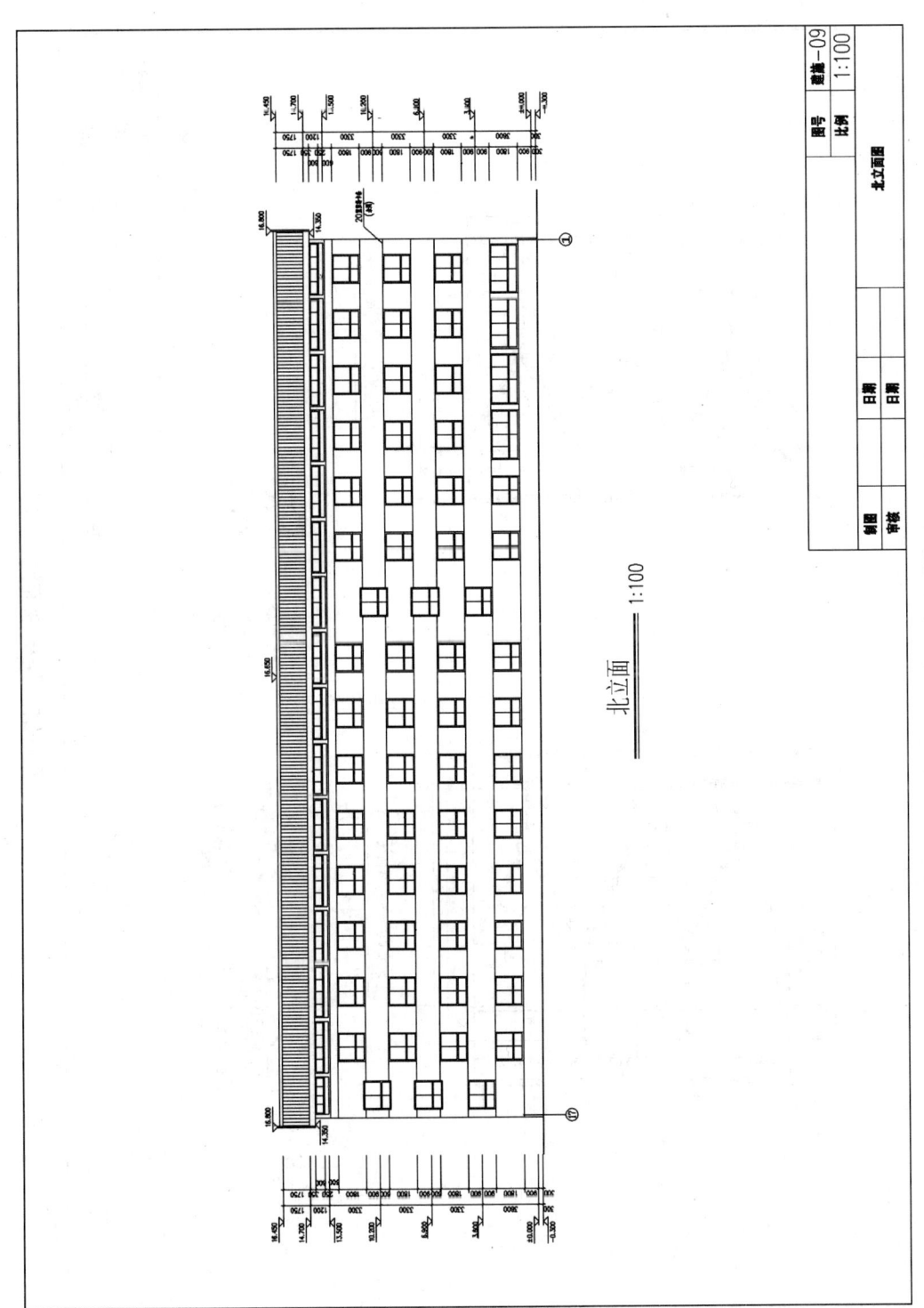

图 2-26 北立面图

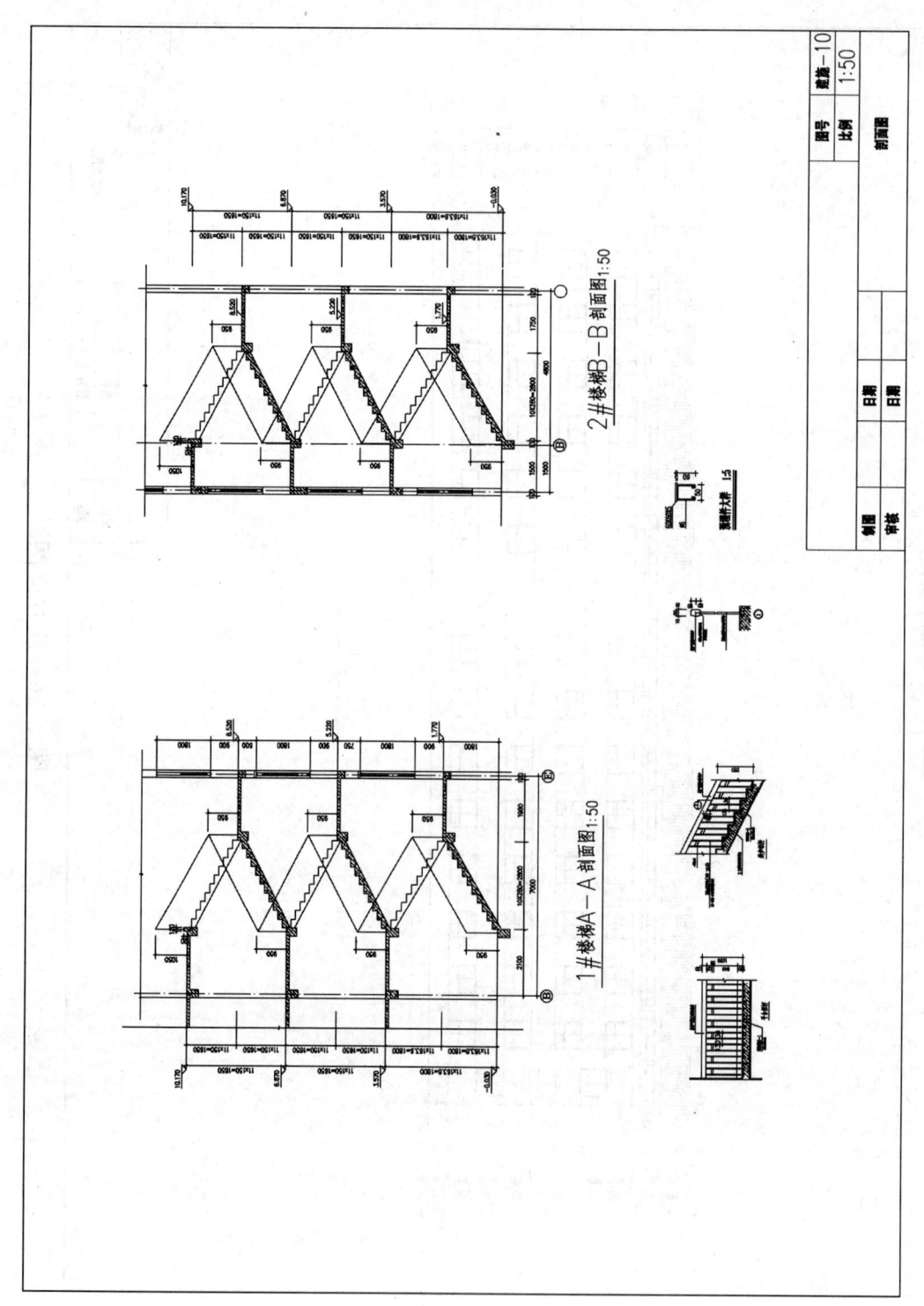

图 2-27 楼梯剖面图

项目二　建筑工程工程量定额计价实训

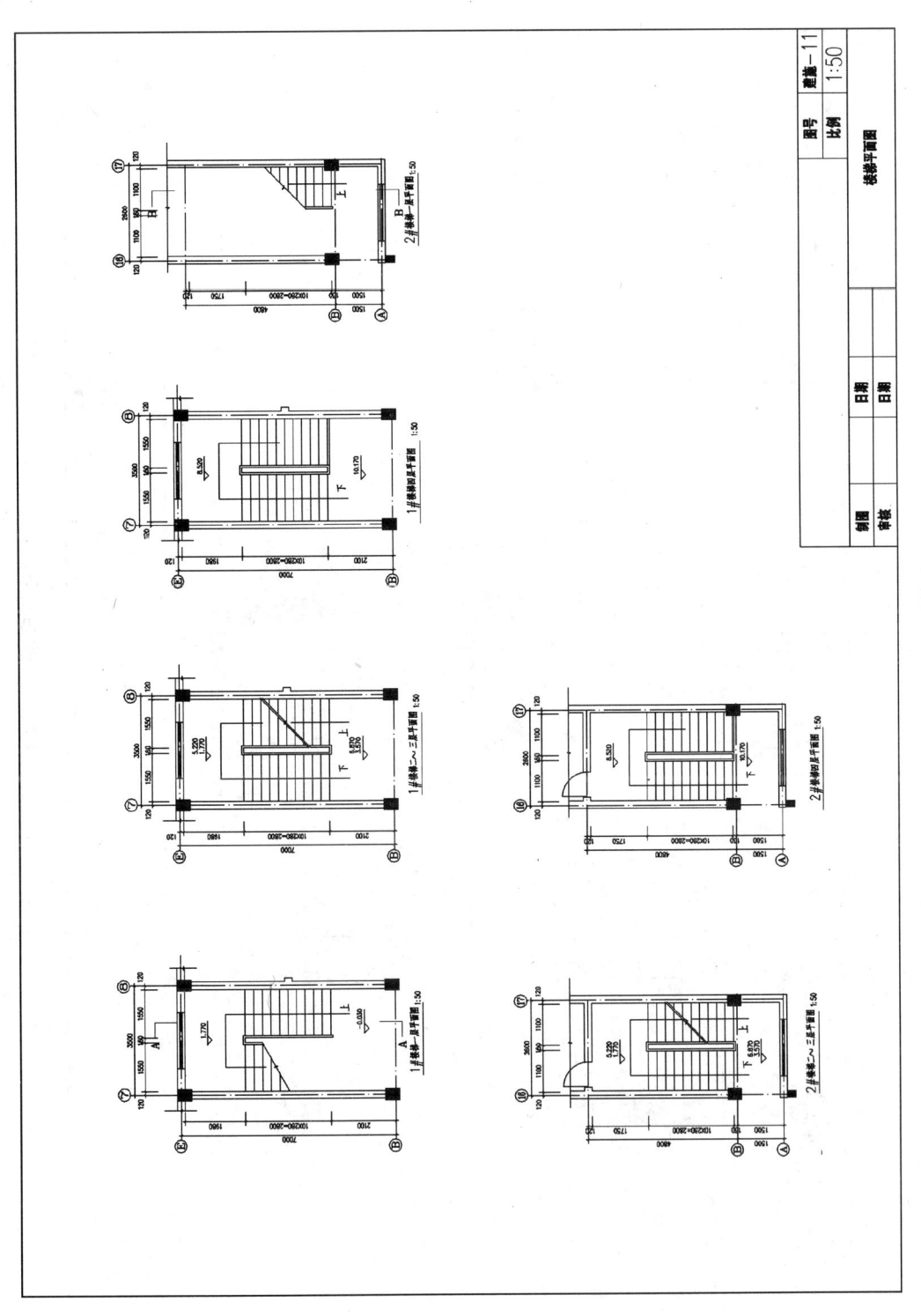

图 2-28　楼梯平面图

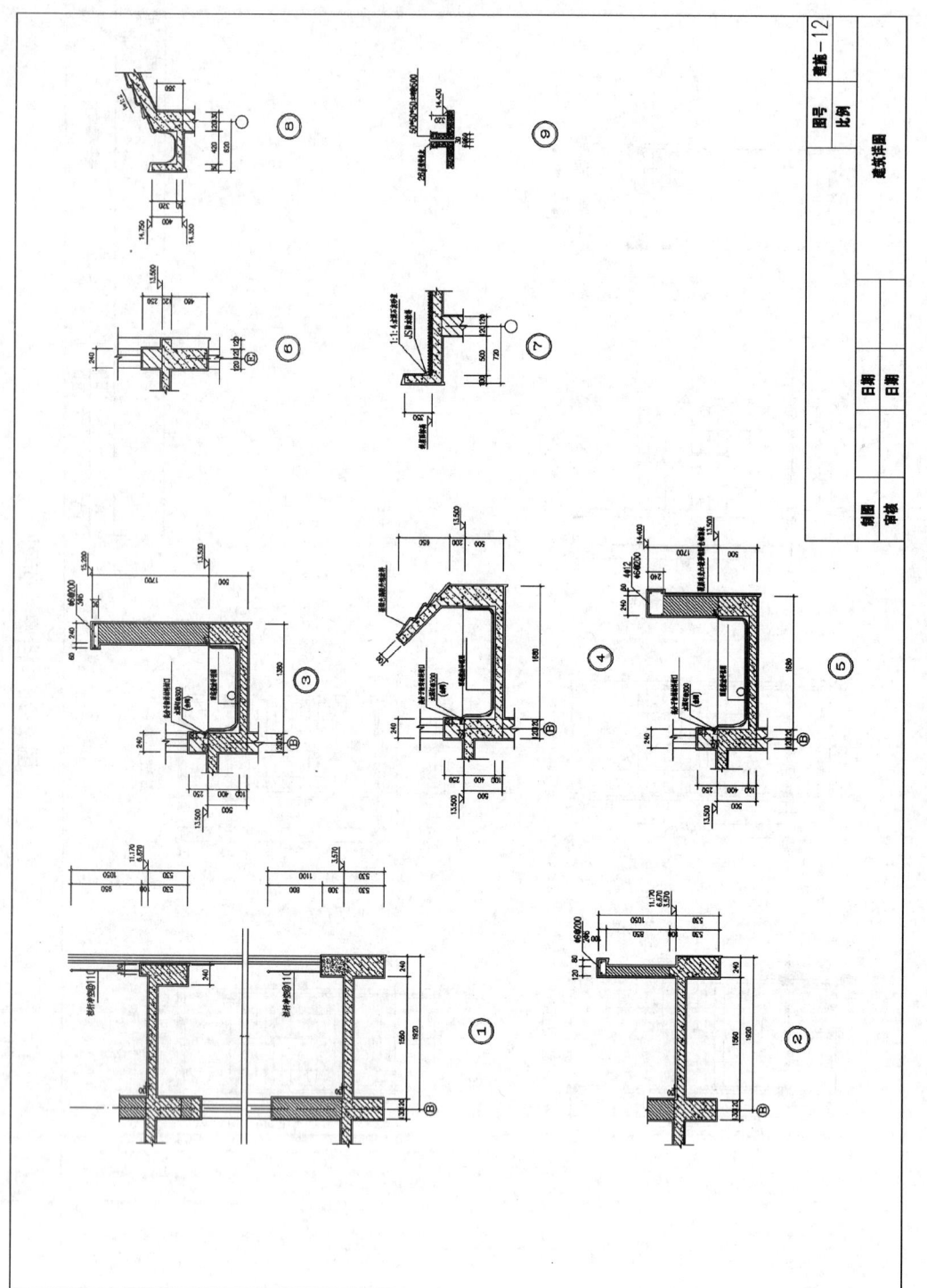

图 2-29 建筑详图

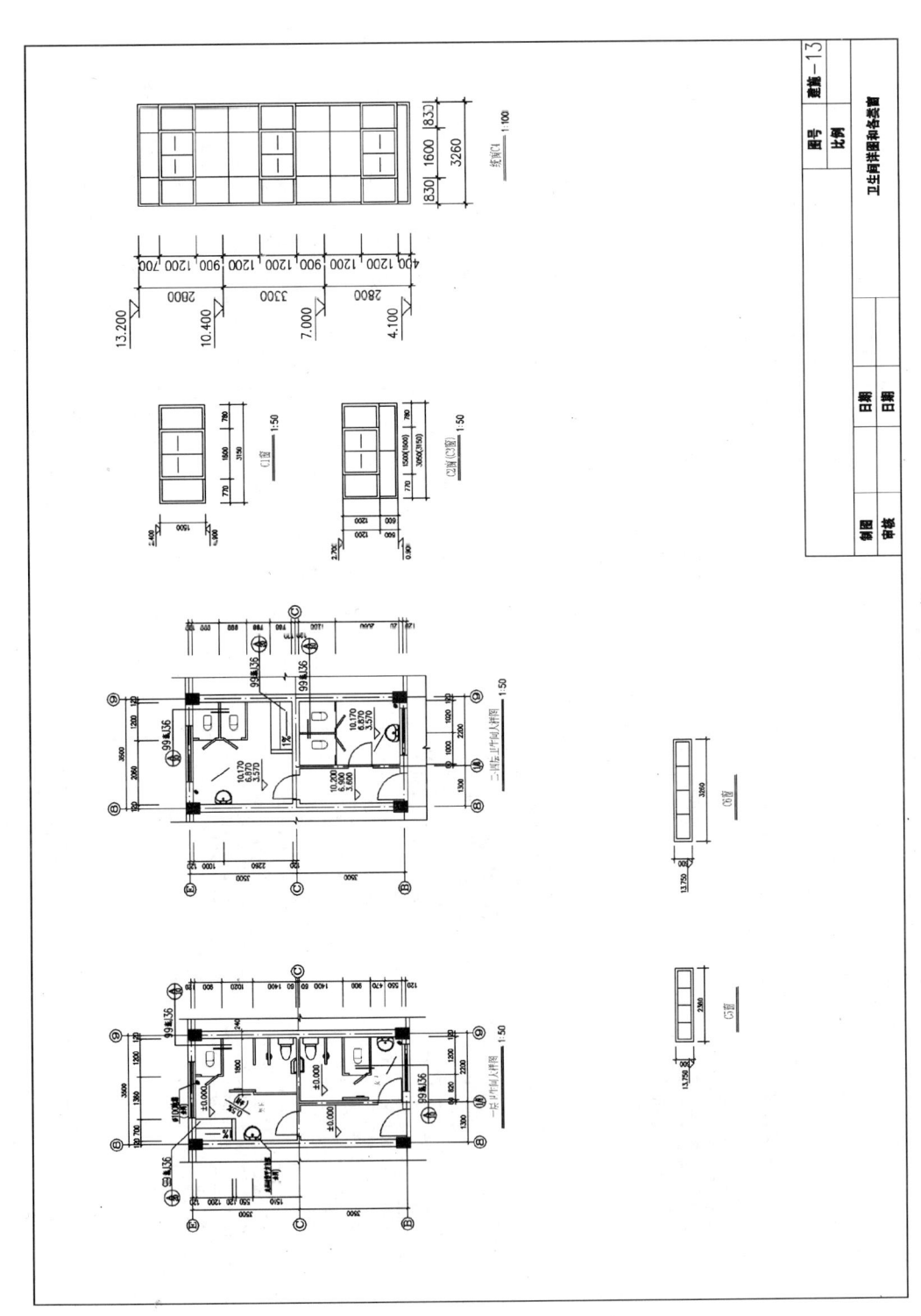

图 2-30　卫生间详图和各类窗

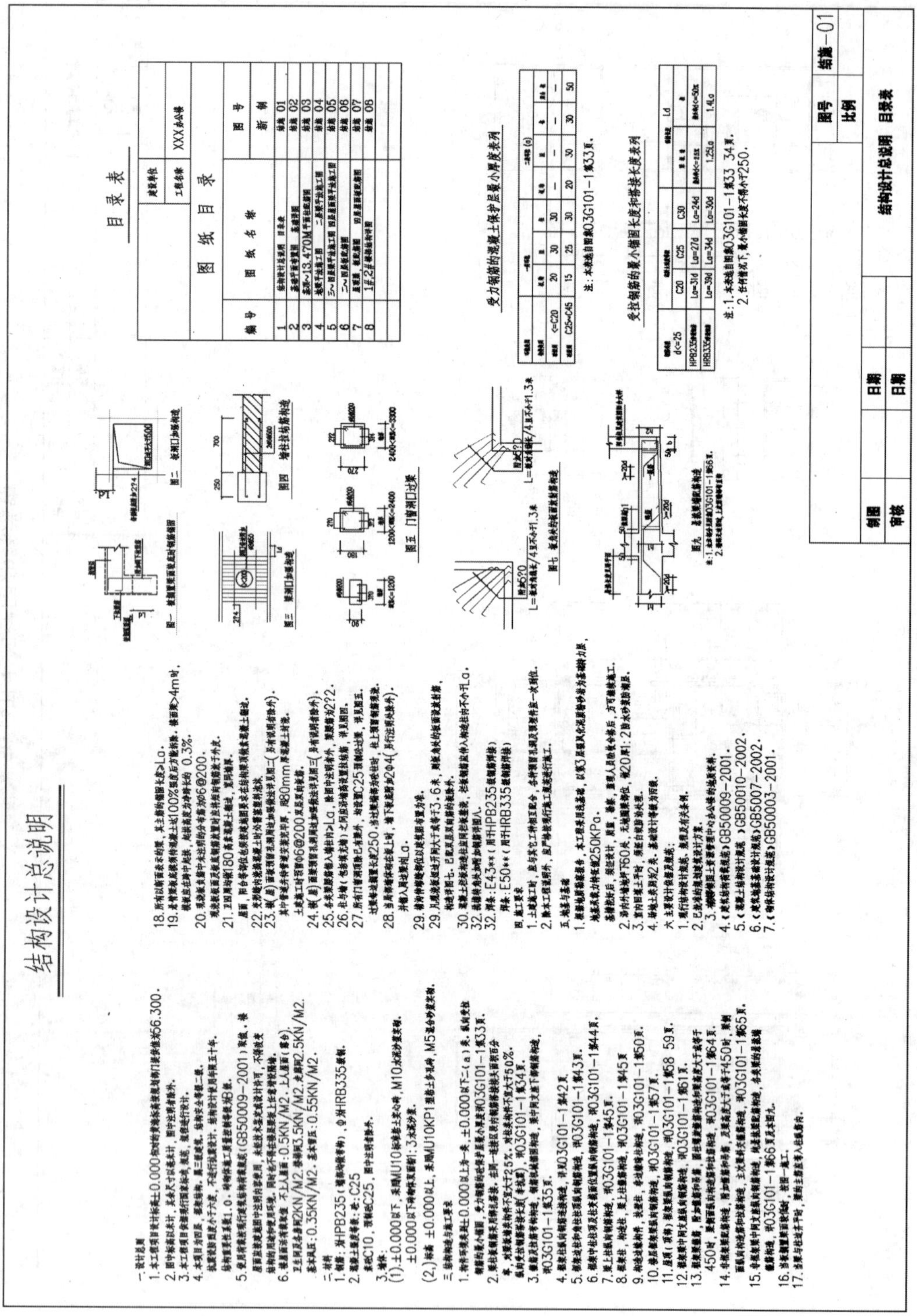

图 2-31 结构设计总说明和目录表

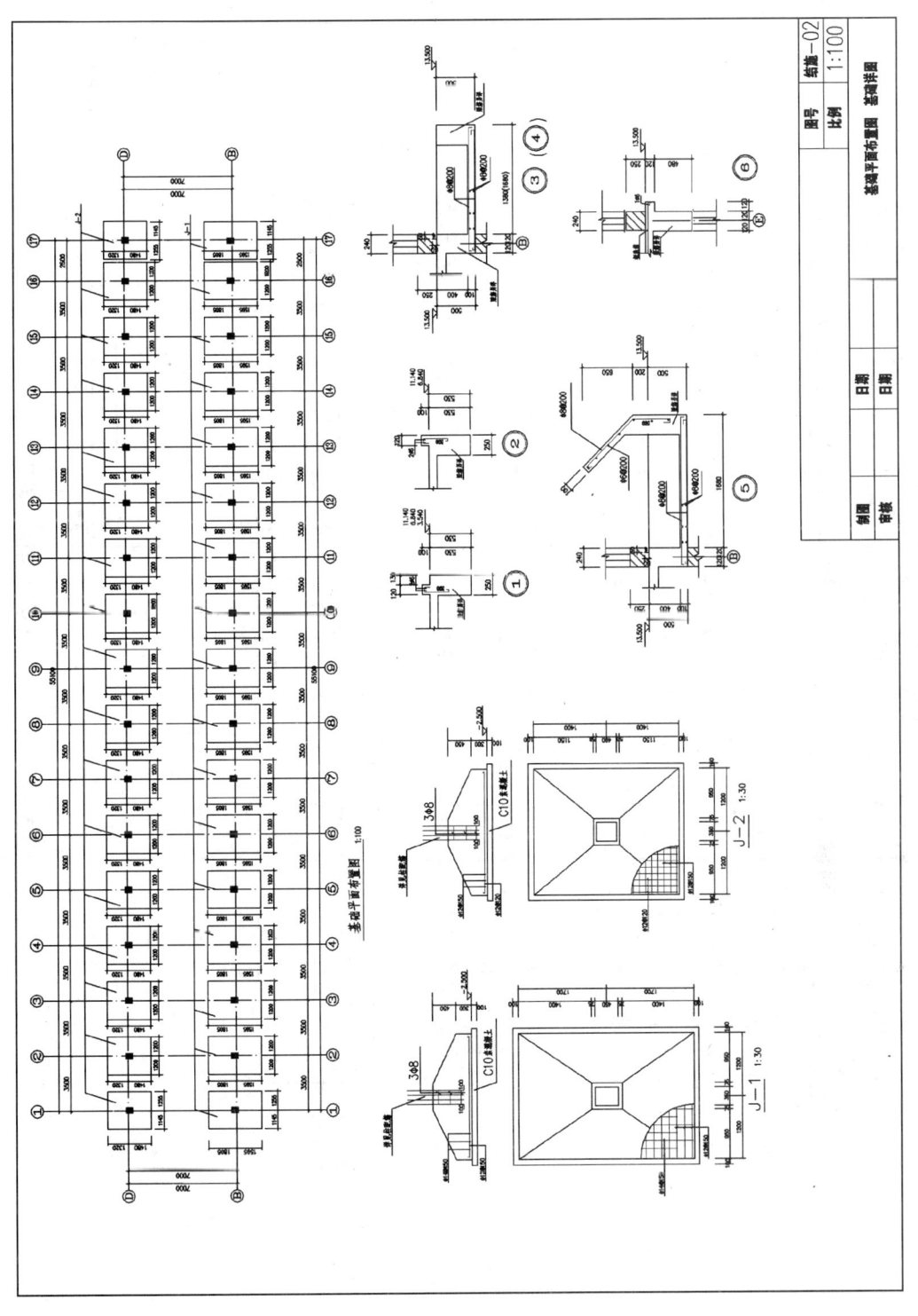

图 2-32 基础平面布置图和基础详图

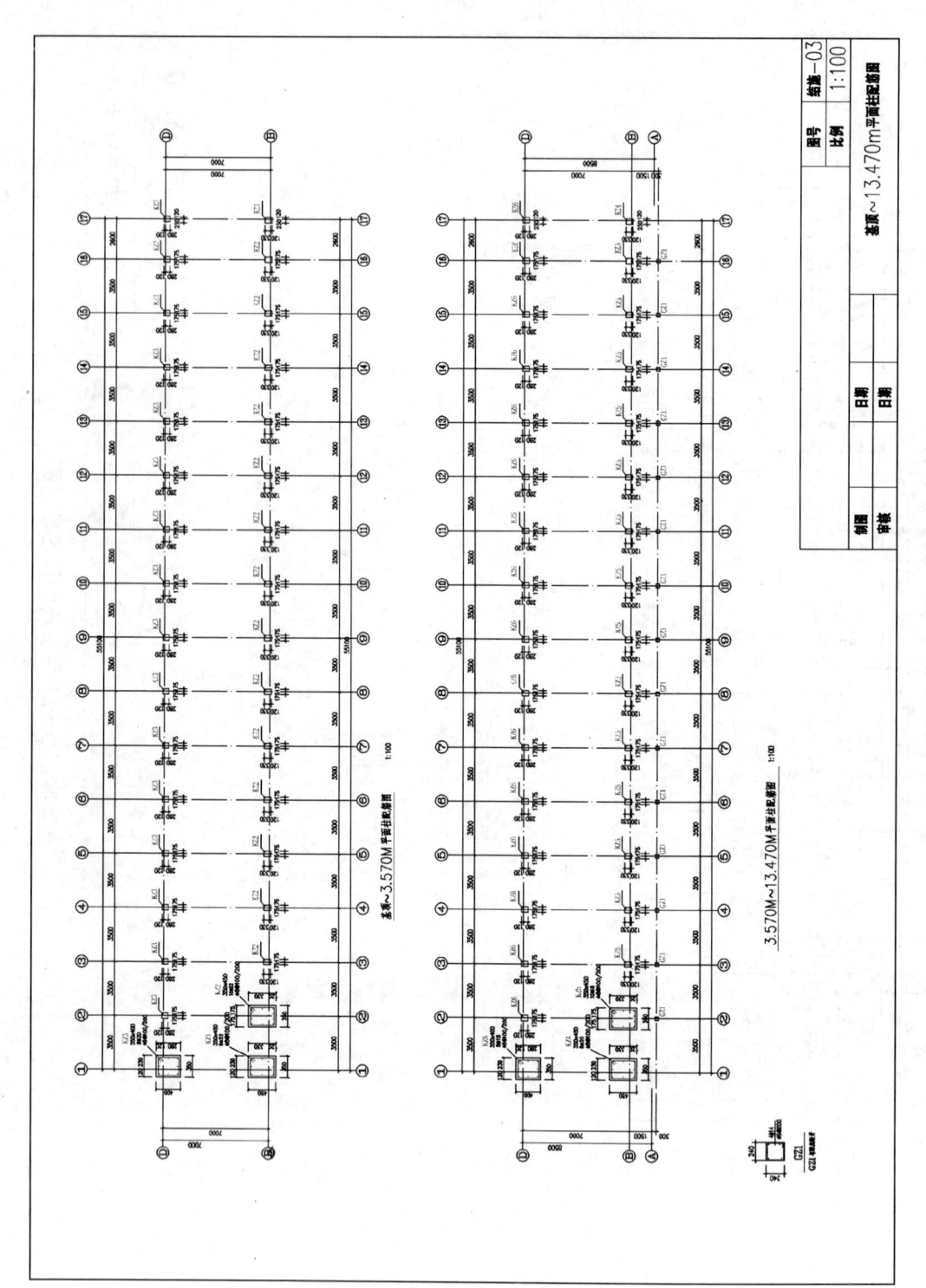

图 2-33　基顶~13.470m 平面柱配筋图

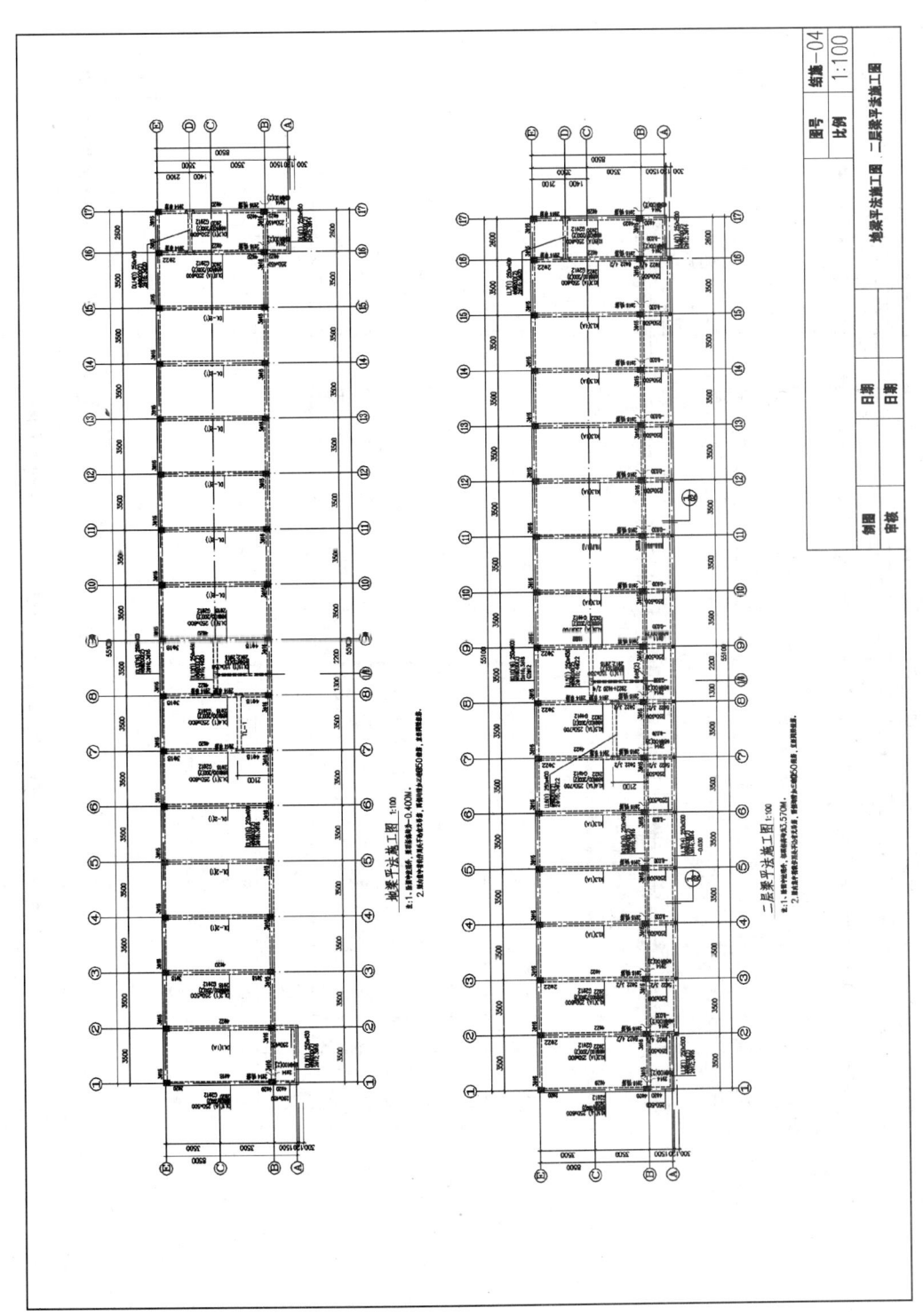

图 2-34 地梁、二层梁平法施工图

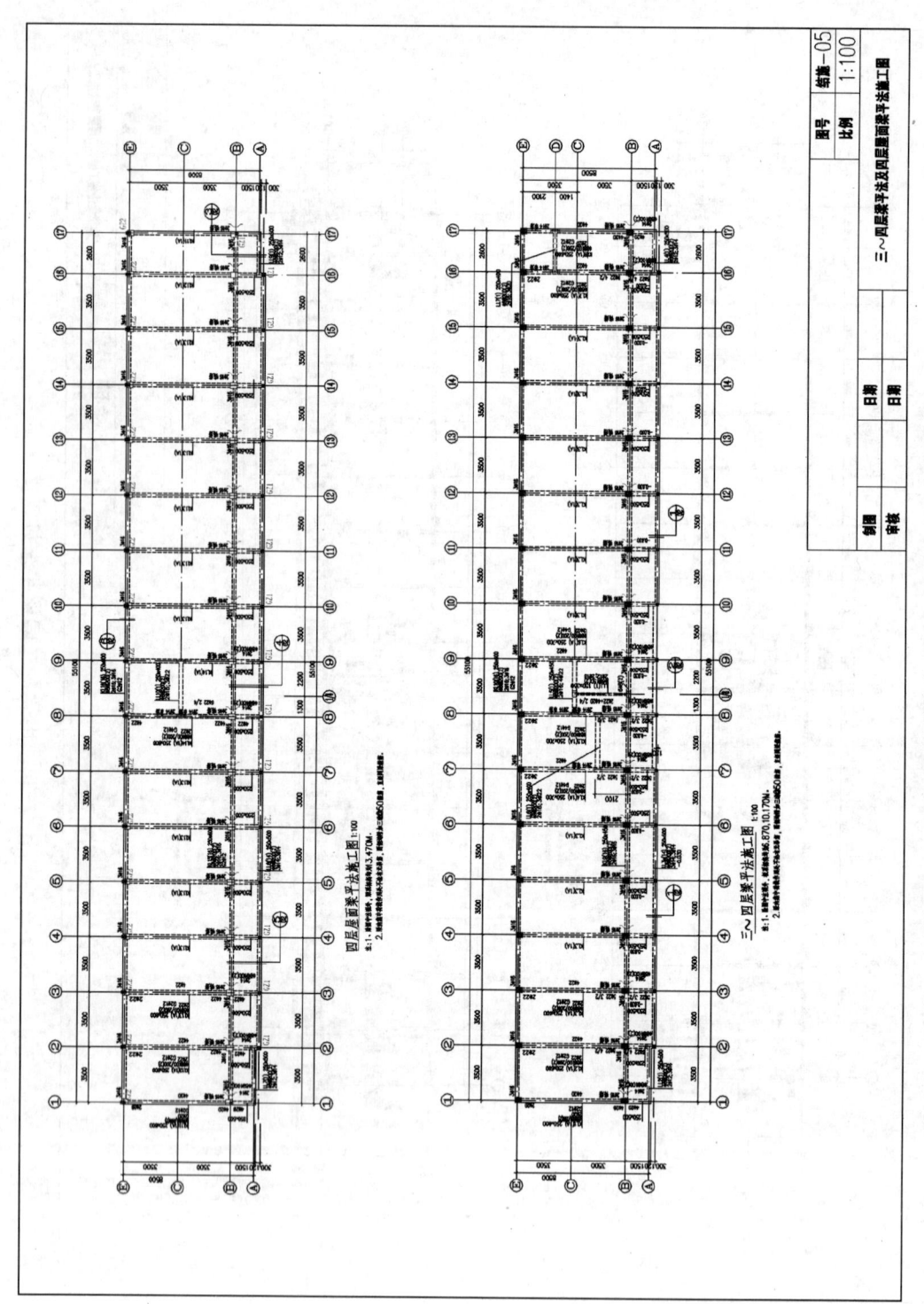

图 2-35 三~四层梁平法及四层屋面梁平法施工图

项目二 建筑工程工程量定额计价实训

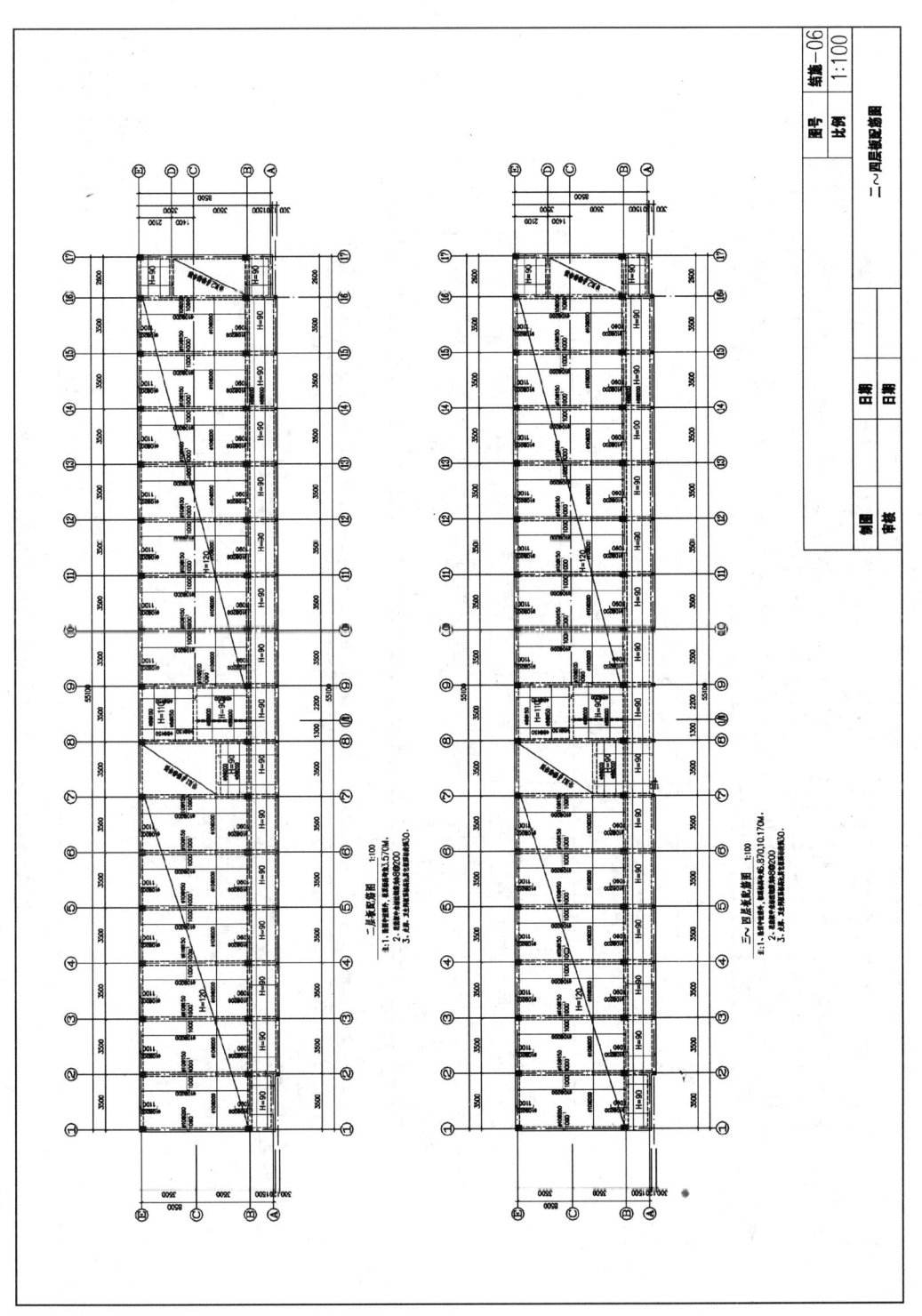

图 2-36 二~四层板配筋图

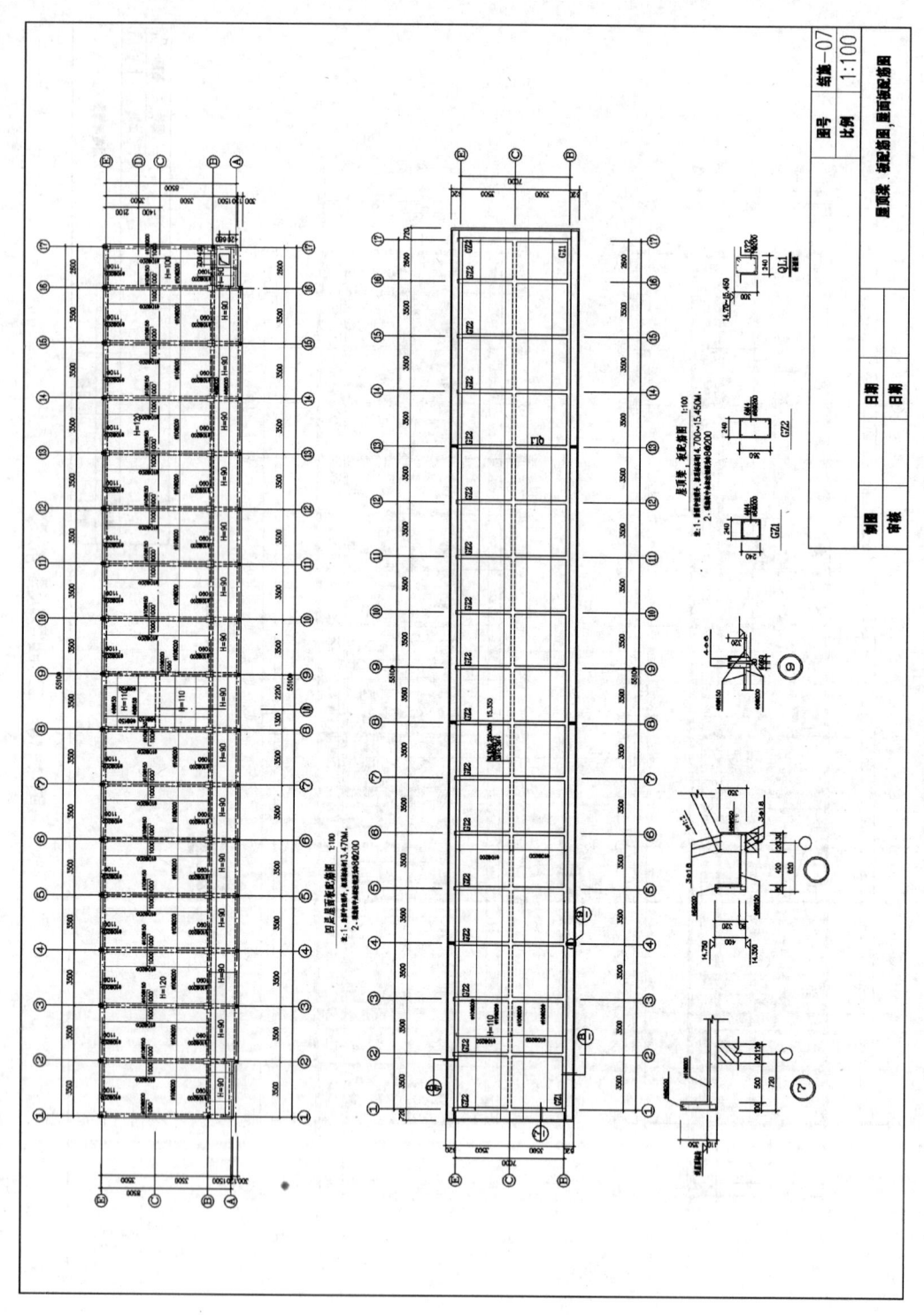

图 2-37 屋顶梁、板配筋图和屋面板配筋图

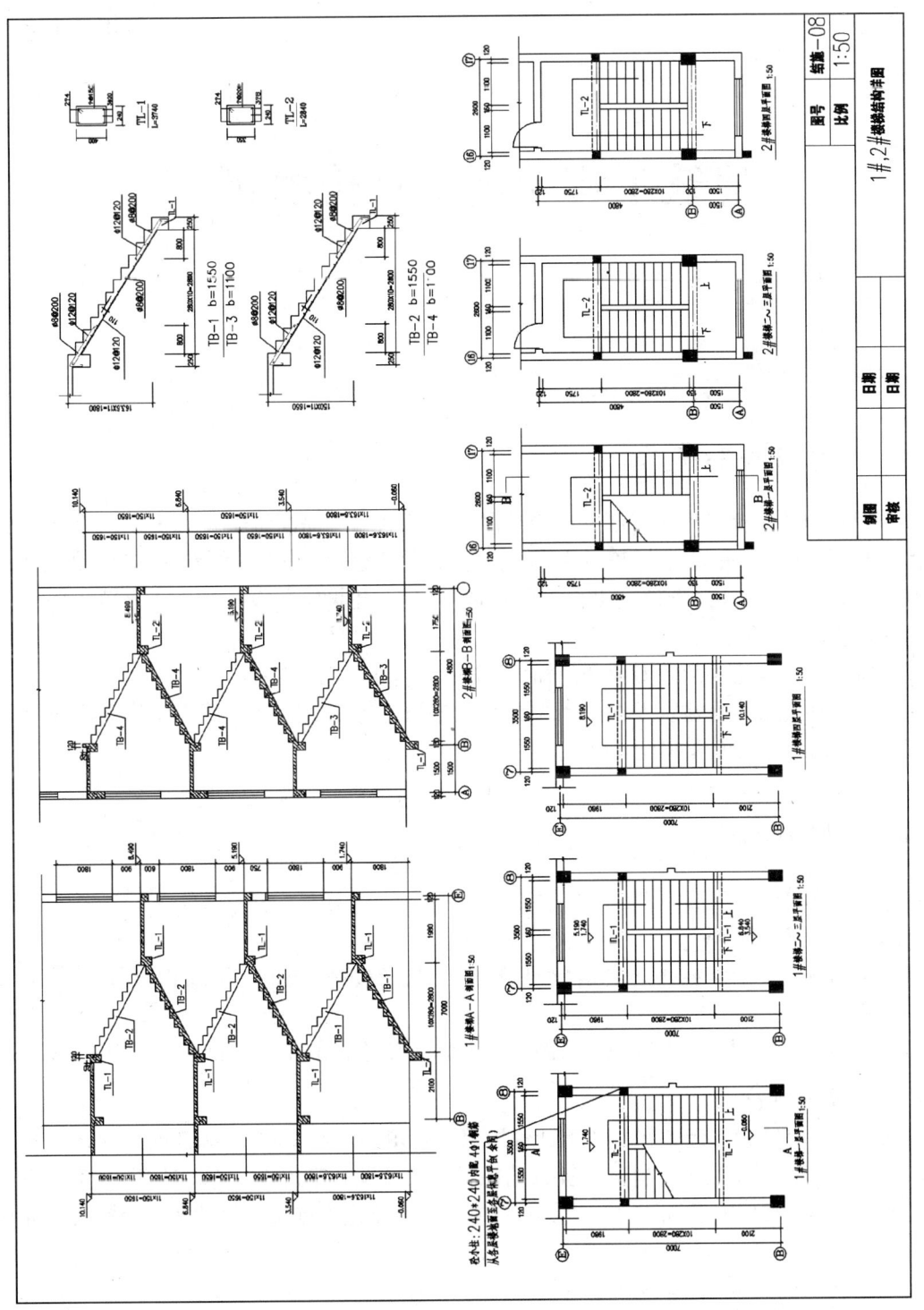

图 2-38　1#和2#楼楼梯结构详图

项目三

建筑工程量清单计价实训

3.1 能力目标

3.1.1 实训目的和要求

（1）通过建筑工程工程量清单及计价编制的实际训练，提高学生正确贯彻执行国家建设工程的相关法律、法规并正确应用国家现行的《建设工程工程量清单计价规范》（GB50500-2008）、《江西省建设工程计价管理办法》、建设工程设计和施工规范、标准图集等的基本技能。

（2）提高学生运用所学的专业理论知识解决工程实际问题的能力。

（3）使学生熟练掌握建筑工程量清单及计价的编制方法和技巧，培养学生编制建筑工程工程量清单及计价的专业技能。

3.1.2 实训内容

3.1.2.1 工程资料

已知某工程资料如下：

（1）建筑施工图、结构施工图、建筑设计说明、建筑做法说明、结构设计说明（见图3-1~图3-10）。

（2）其他未尽事项，可根据规范、图集及具体情况讨论选用，并在编制说明中注明。

3.1.2.2 编制内容

根据现行的《建设工程工程量清单计价规范》（GB50500-2008）、《江西省建设工程工程量清单计价办法》、《江西省建筑工程量消耗量定额及统一基价表》（2004年）、《江西省装饰装修工程消耗量定额及统一基价表》（2004年）和指定的施工图设计文件等资料，编制以下内容：

（1）建筑工程工程量清单文件。

① 列项目计算工程量，编制分部分项工程量清单。

② 编制措施项目清单。

③ 编制其他项目清单，其中包括其他项目清单与计价汇总表、暂列金额明细表、材料暂估单价表、专业工程暂估价表、计日工表、总承包服务费计价表。

④ 编制规费、税金项目清单。
⑤ 编制总说明。
⑥ 填写封面，整理装订成册。
（2）建筑工程工程量清单计价文件。
① 编制"分部分项工程量清单与计价表"。
② 编制"工程量清单综合单价分析表"。
③ 编制"措施项目清单与计价表"。
④ 编制"其他项目清单与计价表"，其中包括其他项目清单与计价汇总表、暂列金额明细表、材料暂估单价表、专业工程暂估价表、计日工表、总承包服务费计价表。
⑤ 编制"规费、税金项目清单与计价表"。
⑥ 编制"单位工程投标报价汇总表"。
⑦ 编制"单项工程投标报价汇总表"。
⑧ 编制总说明。
⑨ 填写封面，整理装订成册。

3.1.3 实训时间安排

实训时间安排见表 3-1。

表 3-1　　　　　　　　　　实训时间安排表

序号	内　　容		时间/天
1	实训准备工作及熟悉图纸、清单计价规范，了解工程概况，进行项目划分		0.5
2	编制工程量清单	列项目进行工程量计算、编制分部分项工程量清单与计价表、编制措施项目清单与计价表	1.0
		编制其他项目量清单与计价表、编制规费、税金项目清单与计价表	1.0
3	编制工程量清单计价表	编制分部分项工程量清单与计价表、编制工程量清单综合单价分析表	1.0
		编制其他项目清单与计价表、编制规费、税金项目清单与计价表、编制单位工程投标报价汇总表、编制单项工程投标报价汇总表	1.0
4	复核、编制总说明、填写封面、整理装订成册		0.5
5	合计		5

3.2 知识目标

3.2.1 编制依据

1. 建筑工程设计和施工规范、标准图集等规范和标准。
2. 《江西省建设工程计价管理办法》。
3. 招投标文件及其补充通知、答疑纪要。
4. 设计文件（设计图纸、标准图集）。
5. 施工现场的情况、工程特点。

3.2.2 编制步骤和方法

3.2.2.1 编制工程量清单

（1）熟悉施工图设计文件。
① 熟悉图纸、设计说明，了解工程性质，对工程情况有个初步了解。
② 熟悉平面图、立面图和剖面图，核对尺寸。
③ 查看详图和做法说明，了解细部做法。

（2）熟悉施工组织设计资料。了解施工方法、施工方案的选择、工具设备的选择、运输距离的远近。

（3）熟悉建筑工程工程量清单计价办法。了解清单各项目的划分、工程量计算规则，掌握各清单项目的项目编码、项目名称、项目特征、计量单位及工作内容。

（4）列项目计算工程量并编制工程量计算书。工程量计算，必须根据设计和说明提供的工程构造、设计尺寸和做法要求，结合施工组织设计和现场情况，按照清单的项目划分、工程量计算规则和计量单位的规定，对每个分项工程的工程量进行了具体计算。工程量计算的总体要求如下：

第一，根据设计图纸、施工说明书和建筑安装工程工程量清单计价办法的规定要求，计算各分部分项工程量。

第二，计算工程量所取定的尺寸和工程量计量单位要符合清单计价办法的规定要求，计算各分部分项工程量。

第三，正确划分清单项目，编制工程量计算表（见表3-2）。

表3-2　　　　　　　　　　工程量计算表

序号	项目编码	项目名称	项目特征	计算公式	单位	数量	备注

（5）编制分部分项工程量清单（见表3-3）。

表 3-3　　　　　　　　　　　分部分项工程量清单与计价表

工程名称：　　　　　　　　　标段：　　　　　　　　　　第　页　共　页

序号	项目编码	项目名称	项目特征描述	计量单位	工程量	金额（元）		
						综合单价	合价	其中：暂估价
			本页小计					
			合　　计					

（6）编制措施项目清单（见表 3-4 和表 3-5）。

表 3-4　　　　　　　　　　　措施项目清单与计价表（一）

工程名称：　　　　　　　　　标段：　　　　　　　　　　第　页　共　页

序号	项目名称	计算基础	费率（%）	金额（元）
1	安全文明施工费			
2	夜间施工费			
3	二次搬运费			
4	冬雨季施工			
5	大型机械设备进出场及安拆费			
6	施工排水			
7	施工降水			
8	地上、地下设施、建筑物的临时保护设施			
9	已完工程及设备保护			
10	各专业工程的措施项目			
	合　　计			

表 3-5　　　　　　　　　措施项目清单与计价表（二）

工程名称：　　　　　　　　　　标段：　　　　　　　　　第　页　共　页

序号	项目编码	项目名称	项目特征描述	计量单位	工程量	金额（元）	
						综合单价	合　价
本页小计								
合　　计								

（7）编制其他项目清单，如表3-6、表3-6-1、表3-6-2、表3-6-3、表3-6-4和表3-6-5所示。

表 3-6　　　　　　　　　其他项目清单与计价汇总表

工程名称：　　　　　　　　　　标段：　　　　　　　　　第　页　共　页

序号	项目名称	计量单位	金额（元）	备注
1	暂列金额			明细表见表3-6-1
2	暂估价			
2.1	材料暂估价			明细表见表3-6-2
2.2	专业工程暂估价			明细表见表3-6-3
3	计日工			明细表见表3-6-4
4	总承包服务费			明细表见表3-6-5
合　　计				

注：材料暂估单价进入清单项目综合单价，此处不汇总。

表 3-6-1　　　　　　　　　暂列金额明细表

工程名称：　　　　　　　　　　标段：　　　　　　　　　第　页　共　页

序号	项目名称	计量单位	金　额（元）	备注
合　　计				

表 3-6-2　　　　　　　　　　　　材料暂估价表

工程名称：　　　　　　　　　　标段：　　　　　　　　　第　页　共　页

序号	材料名称、规格、型号	计量单位	单价（元）	备注
	合　计			

表 3-6-3　　　　　　　　　　　　专业工程暂估价表

工程名称：　　　　　　　　　　标段：　　　　　　　　　第　页　共　页

序号	工程名称	工程内容	金　额（元）	备注
	合　计			

表 3-6-4　　　　　　　　　　　　计日工表

工程名称：　　　　　　　　　　标段：　　　　　　　　　第　页　共　页

序号	项目名称	单位	暂定数量	综合单价	合价
一	人工				
	人工小计				
二	材料				
	材料小计				

续表

序号	项目名称	单位	暂定数量	综合单价	合价
三	施工机械				
			施工机械		
			合计		

表3-6-5　　　　　　　　　　　总承包服务费计价表

序号	项目名称	项目价值（元）	服务内容	费率（%）	金额（元）
	发包人发包专业工程				
	发包人供应材料				
	合计				

（8）编制规费、税金项目清单（见表3-7）。

表3-7　　　　　　　　　　　规费、税金项目清单与计价表

工程名称：　　　　　　　　　　　标段：　　　　　　　　　　第　页　共　页

序号	项目名称	计算基础	费率（%）	金额（元）
1	规费			
1.1	工程排污费			
1.2	社会保障费			
（1）	养老保险费			
（2）	失业保险费			
（3）	医疗保险费			
1.3	住房公积金			
1.4	危险作业意外伤害保险			
1.5	工程定额测定费			
2	税金	分部分项工程费＋措施项目费＋其他项目费＋规费		
		合　　计		

(9) 编制总说明（见图3-1）。

总说明

工程名称：　　　　　　　　　　　　　　　　　　　　　第　页　共　页

图3-1　总说明

(10) 填写封面（见图3-2）。

　　　　　　　　　　　_____工程
　　　　　　　　　　　　工程量清单

　　　　　　　　　　　　　工程造价

投标人：_____　　　　　　　　　咨询人：_____
　（单位盖章）　　　　　　　　　　　（单位盖章）

法定代表人　　　　　　　　　　　　法定代表人
或其授权人：_____　　　　　　 或其授权人：_____
　（签字或盖章）　　　　　　　　　　（签字或盖章）

编制人：_____　　　　　　　　　复核人：_____
（造价人员签字盖专用章）　　　　　（造价工程师签字盖专用章）

编制时间：　　年　月　日　　　　　复核时间：　　年　月　日

图3-2　封面

(11) 整理装订成册。

3.2.2.2　编制工程量清单计价表

(1) 编制工程量清单综合单价分析表。

① 计算综合单价：确定工程内容、计算工程数量、计算单位含量、选择定额、选择单价、计算工程量清单项目每计量单位所含某项工程内容的人工、材料、机械台班价款、计算工程量清单项目每计量单位的人工、材料、机械台班价款、选定费率、计算综合单价、计算未计价材料费（见表3-8）。

表 3-8　　　　　　　　　　　工程量清单综合单价分析表

工程名称：　　　　　　　　　　　标段：　　　　　　　　　　第　页　共　页

项目编码		项目名称			计量单位		

清单综合单价组成明细

定额编号	定额名称	定额单位	数量	单价（元）				合价（元）			
				人工费	材料费	机械费	管理费和利润	人工费	材料费	机械费	管理费和利润
人工单价 || 小计										
元/工日 || 未计材料费										
清单项目综合单价											

材料明细表	主要材料名称、规格、型号	单位	数量	单价（元）	合价（元）	暂估单价（元）	暂估合价（元）
	其他材料费						
	材料费小计						

② 编制分部分项工程量清单与计价表（见表 3-9）。

表 3-9　　　　　　　　　　　分部分项工程量清单与计价表

工程名称：　　　　　　　　　　　标段：　　　　　　　　　　第　页　共　页

序号	项目编码	项目名称	项目特征描述	计量单位	工程量	金　额（元）		
						综合单价	合价	其中：暂估价
			本页小计					
			合　　计					

注：根据建设部、财政部发布的《建筑安装工程费用组成》（建标 [2003] 206 号）的规定，为计取规费等的使用，可在表中增设"直接费"、"人工费"或"人工费+机械费"。

③ 编制措施项目清单与计价表，见表 3-4 和表 3-5。
④ 编制其他项目清单与计价表，见表 3-6、表 3-6-1、表 3-6-2、表 3-6-3、表

3-6-4 和表 3-6-5。

⑤ 编制规费、税金项目清单，见表 3-7。

⑥ 编制单位工程投标报价汇总表（见表 3-10）。

表 3-10　　　　　　　　　单位工程投标报价汇总表

工程名称：　　　　　　　　　　标段：　　　　　　　　　　第　页　共　页

序号	汇总内容	金额（元）	其中：暂估价（元）
1	分部分项工程		
1.1			
1.2			
…			
2	措施项目		
2.1	安全文明施工费		
3	其他项目		
3.1	暂列金额		
3.2	专业工程暂估价		
3.3	计日工		
3.4	总承包服务费		
4	规费		
5	税金		
招标控制价合计 = 1+2+3+4+5			

注：本表适用于单位工程招标控制价或投标报价的汇总，如无单位工程划分，单项工程也使用本表汇总。

⑦ 编制单项工程投标报价汇总表（见表 3-11）。

表 3-11　　　　　　　　　单项工程投标报价汇总表

工程名称：　　　　　　　　　　　　　　　　　　　　　　　　第　页　共　页

序号	单项工程名称	金额（元）	其中		
			暂估价（元）	安全文明施工费（元）	规费（元）
1					
2					
3					
合计					

注：本表适用于工程项目招标控制价或投标报价的汇总。

⑧ 编制总说明（见图3-3）。

总说明

工程名称：　　　　　　　　　　　　　　　　　　第　页　共　页

图 3-3　总说明

⑨ 填写封面（见图3-4）。

投 标 总 价

招 标 人：＿＿＿＿＿＿＿＿＿＿＿＿＿＿＿＿＿＿＿＿＿＿＿＿

工程名称：＿＿＿＿＿＿＿＿＿＿＿＿＿＿＿＿＿＿＿＿＿＿＿＿

投标总价(小写)：＿＿＿＿＿＿＿＿＿＿＿＿＿＿＿＿＿＿＿＿

　　　　(大写)：＿＿＿＿＿＿＿＿＿＿＿＿＿＿＿＿＿＿＿＿

投 标 人：＿＿＿＿＿＿＿＿＿＿＿＿＿＿＿＿＿＿＿＿＿＿＿＿

　　　　　　　　　　　　　　（单位盖章）

法定代表人

或其授权人：＿＿＿＿＿＿＿＿＿＿＿＿＿＿＿＿＿＿＿＿＿＿

　　　　　　　　　　　　　（签字或盖章）

编 制 人：＿＿＿＿＿＿＿＿＿＿＿＿＿＿＿＿＿＿＿＿＿＿＿＿

　　　　　　　　　　　（造价人员签字盖专用章）

编制时间：　　年　月　日

图 3-4　封面

⑩ 整理装订成册。装订顺序，自上而下依次为：封面、编制总说明、单项工程投标报价汇总表、单位工程投标报价汇总表、分部分项工程量清单与计价表、措施项目清单与计价表、其他项目清单与计价表（包括其他项目清单与计价汇总表、暂列金额明细表、材料暂估单价表、专业工程暂估价表、计日工表和总承包服务费计价表）、规费、税金项目清单与计价表、分部分项工程量清单综合单价分析表、措施项目清单综合单价分析表、分部分项工程计算表、封底。

3.3　任务解析

3.3.1　××食堂相关图纸及说明（见图3-5至图3-13）。

图 3-5 施工图设计说明（一）

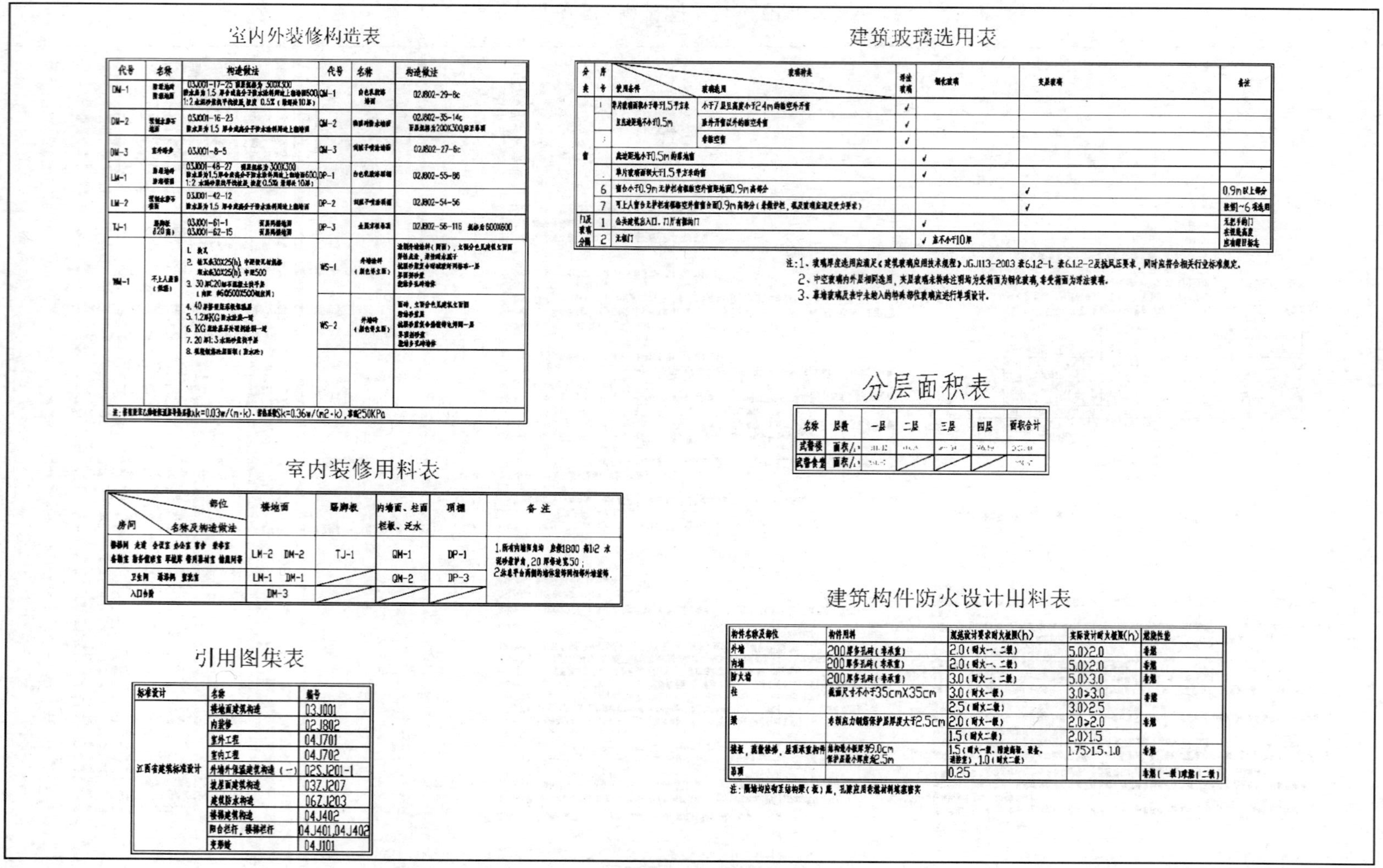

图 3-6 施工图设计说明（二）

建筑节能设计说明

一. 设计依据：

1.《民用建筑热工设计规范》GB50176-93
2.《公共建筑节能设计标准》GB 50189-2005
3.《建筑外窗气密性能分级及检测方法》GB/T 7107-2002
4.《建筑幕墙物理性能分级》GB/T15225
5. 其他相关标准，规范

二. 建筑概况：

建筑方位：北向　结构类型：框架结构　节能计算面积：1496.25m²

建筑层数：地上4层　建筑高度：13.2 m

三. 总平面设计节能措施：

1. 总体布局：单排式
2. 朝向：南北向
3. 间距：大于1:1.1h
4. 通风组织：自然通风
5. 绿化系统：

四. 围护结构节能措施：

1. 屋顶：

简图	工程做法	传热系数 K
屋面−1	1. 30厚细石混凝土 2. 20厚水泥砂浆 3. 40厚挤塑聚苯板保温层 4. 20厚1:3水泥砂浆找平层 5. 现浇钢筋砼屋面板（防水砼）	K=0.66

2. 外墙：

简图	工程做法	平均传热系数 Km
外墙−1 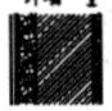	1. 面砖，立面分色见建筑立面图 2. 3厚水泥砂浆 3. 45厚玻化微珠无机保温砂浆 4. 240厚粘土多孔砖(KP1型) 5. 20厚水泥砂浆	K=0.95

3. 地面

简图	工程做法	热阻值 R
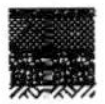	1. 20厚1:2水泥砂浆结合层 2. 60厚细石混凝土（内配筋） 3. 素土夯实	R=1.35

5. 外门窗（含透明幕墙）

(1) 外门窗（透明幕墙）汇总表（1、2层）

类别	编号	门窗面积(m²)		材料		开启方式	传热系数 K	遮阳系数 SC	玻璃可见光透射比
		洞口面积	可开启面积	框料	玻璃				
外窗	C1	3.24	1.08	铝合金	普通中空	推拉窗	3.9	0.83	0.40
	C2	2.7	1.35	铝合金	普通中空	推拉窗	3.9	0.83	0.40
	C2-a	1.35	0.68	铝合金	普通中空	推拉窗	3.9	0.83	0.40
	C3	2.16	1.08	铝合金	普通中空	推拉窗	3.9	0.83	0.40
外门	M1	3.15	3.15	实木芯板门		平开	2.8	0.50	0.65
	M2	2.1	2.1	实木芯板门		平开	2.8	0.50	0.65
	M3	1.68	1.68	实木芯板门		平开	2.8	0.50	0.65

(2) 外门窗安装时，门窗框与洞口之间应采用发泡填充剂堵塞，以避免形成冷桥；

(3) 外窗气密性不应低于GB/T 7107-2002规定的4级，透明幕墙的气密性不应低于GB/T 15225规定的3级；

(4) 以上所用各种材料，须在材料和安装工艺上把好关，并经过必要的抽样检测，方可正式制作安装；

五 节点大样做法（或图集索引编号）：

设计部位	构造做法（或图集索引编号）
女儿墙	赣02SJ102-1 (1/51)
外墙阴，阳角	赣02SJ102-1 (1/23) (2/23)
热桥	赣02SJ102-1 (—/53) (—/54)
外门洞口	赣02SJ102-1 (3/25) (1/27)
外窗洞口	赣02SJ102-1 (3/25) (1/27) (3/27)
雨蓬	赣02SJ102-1 (1/32)
勒脚	赣02SJ102-1 (3/40)
穿墙管	赣02SJ102-1 (2/60)

六. 建筑节能设计汇总表：

设计部位	规定性指标	计算数值	保温材料及节能措施	备注
屋顶	K<0.7	K=0.66	保温层：40厚挤塑聚苯乙烯泡沫塑料板	
外墙	K<1.0	K=0.95	外保温层：45厚玻化微珠无机保温砂浆	
架空楼板	K<1.0	K=3.7		
热桥梁	K<1.0	K=1.02	外保温层：45厚玻化微珠无机保温砂浆	
热桥过梁	K<1.0	K=1.02		
热桥楼板	K<1.0	K=1.15		
热桥柱	K<1.0	K=1.02		
地面	R>1.2	R=1.35		

单一朝向外窗（包括透明幕墙部分）	窗墙面积比	K	SC（东西南向/北向）	窗墙面积比		K	SC	可见光透射比 ≥0.4
	<0.70	<4.7	<1	东向	0.03	3.9	0.83	0.40
	<0.70	<3.5	<0.55	南向	0.28	3.9	0.83	0.40
	<0.70	<4.7	<1	西向	−	3.9	0.83	0.40
	<0.70	<3.5	<1	北向	0.16	3.9	0.83	0.40
	气密性等级	外窗	>4级	4级		外窗材料	铝合金普通中空玻璃窗	
		透明幕墙	>3级	4级				

权衡判断	能源种类	设计建筑		参照建筑	
		能耗（kwh）	单位面积能耗（kwh/m²）	能耗（kwh）	单位面积能耗（kwh/m²）
	空调年耗能量	130406	87.16	124835	83.43
	采暖年耗能量	70615	47.19	78453	52.43
	总计	201021	134.35	203288	135.86

注：● K为传热系数w/m².k] ● R为热阻[m².k/w] ● SC为遮阳系数 ● Kwh能耗单位 ● kwh/m²单位面积能耗单位；

图 3-7　建筑节能设计说明

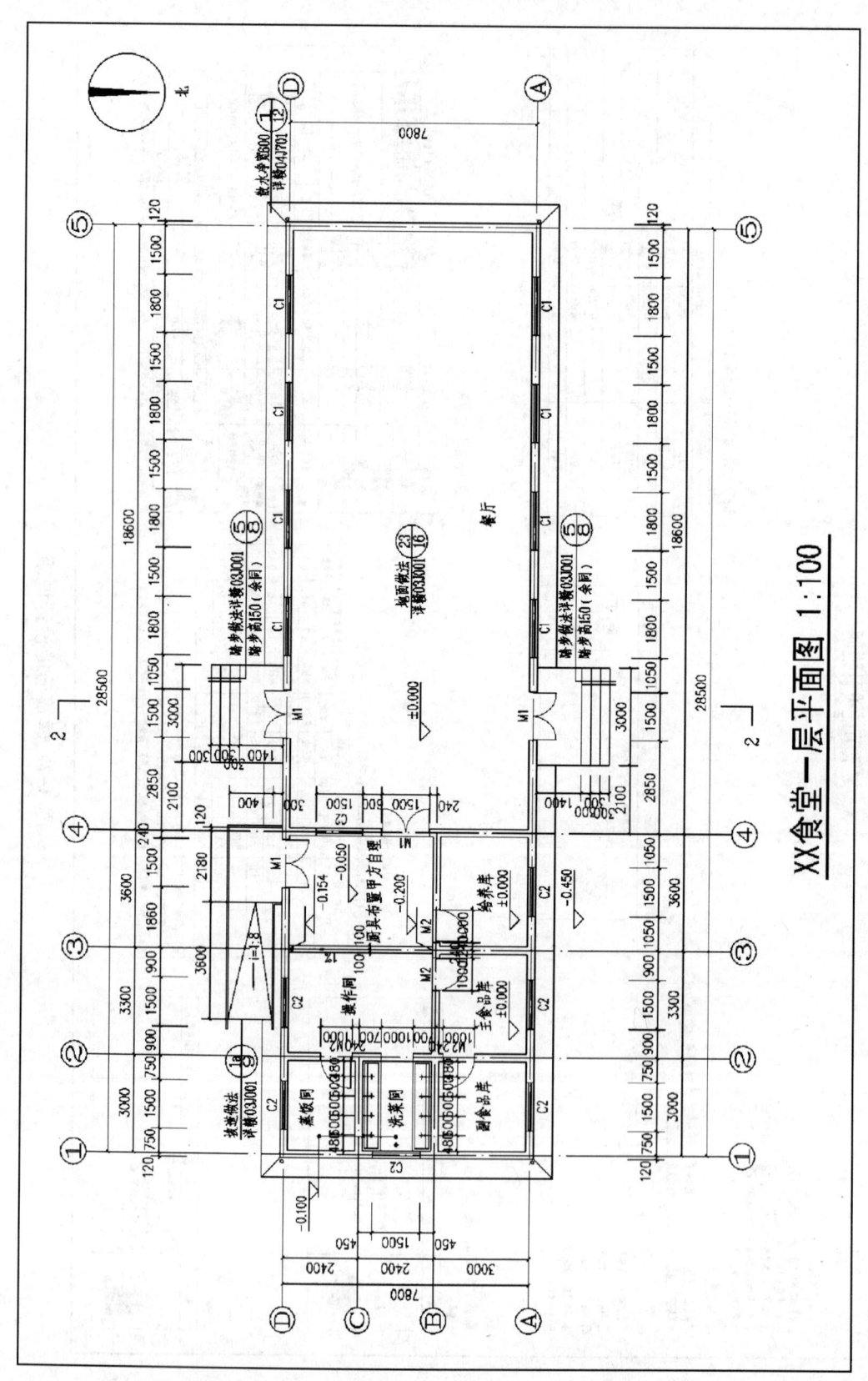

图 3-8　一层平面图

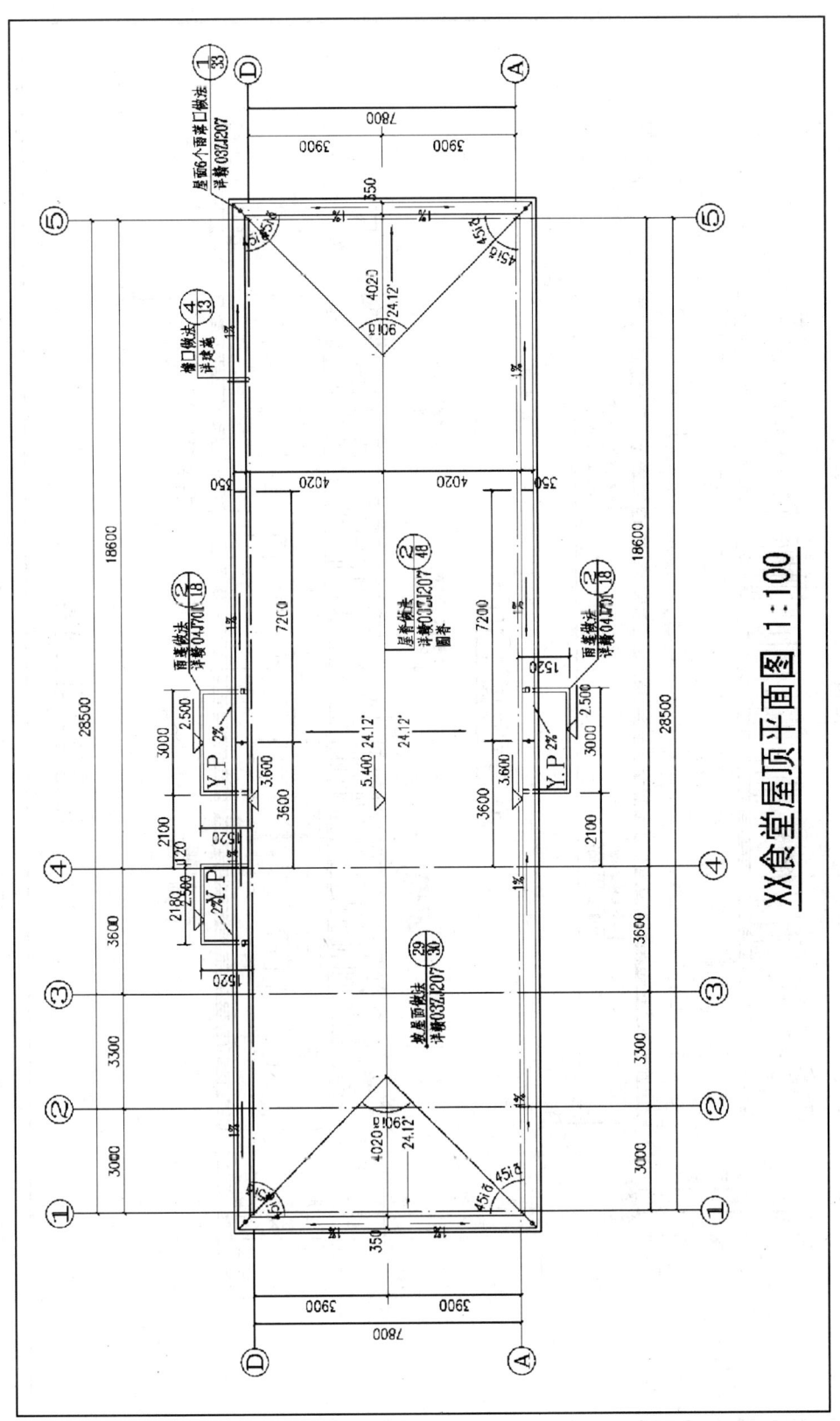

图 3-9 屋顶平面图

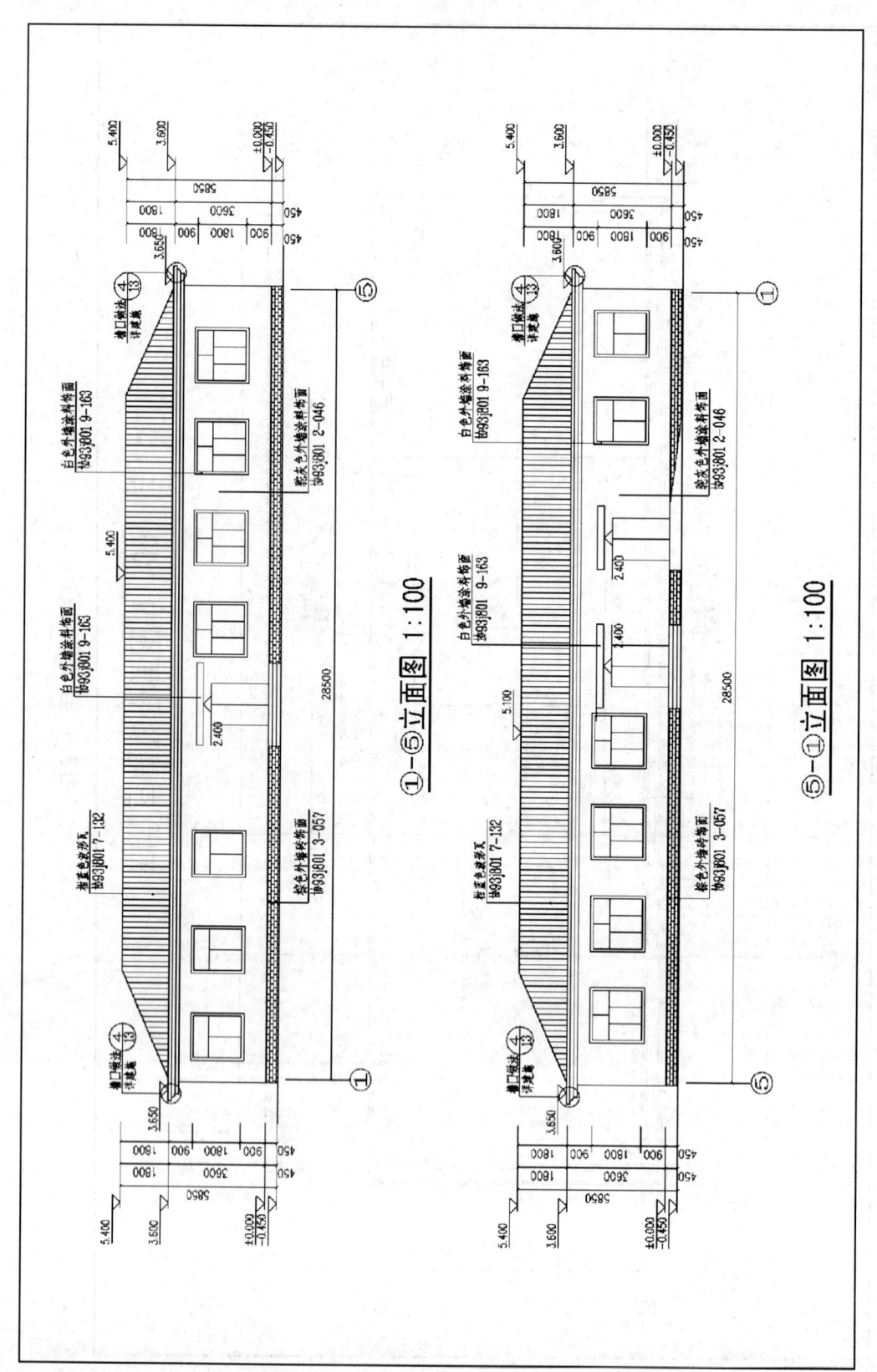

图 3-10 ①-⑤、⑤-①立面图

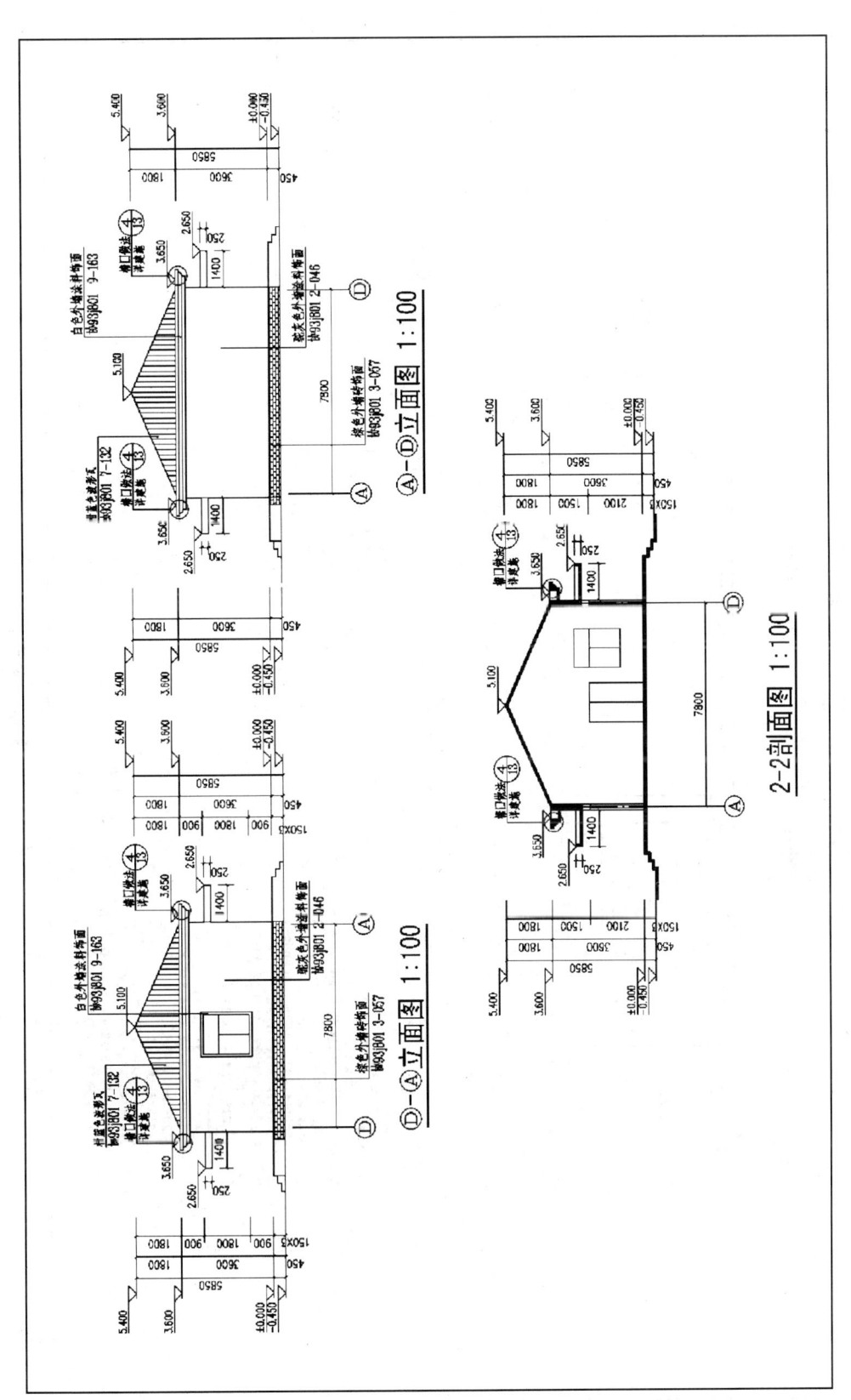

图 3-11 Ⓐ—Ⓓ、Ⓓ—Ⓐ 立面图及 2-2 剖面图

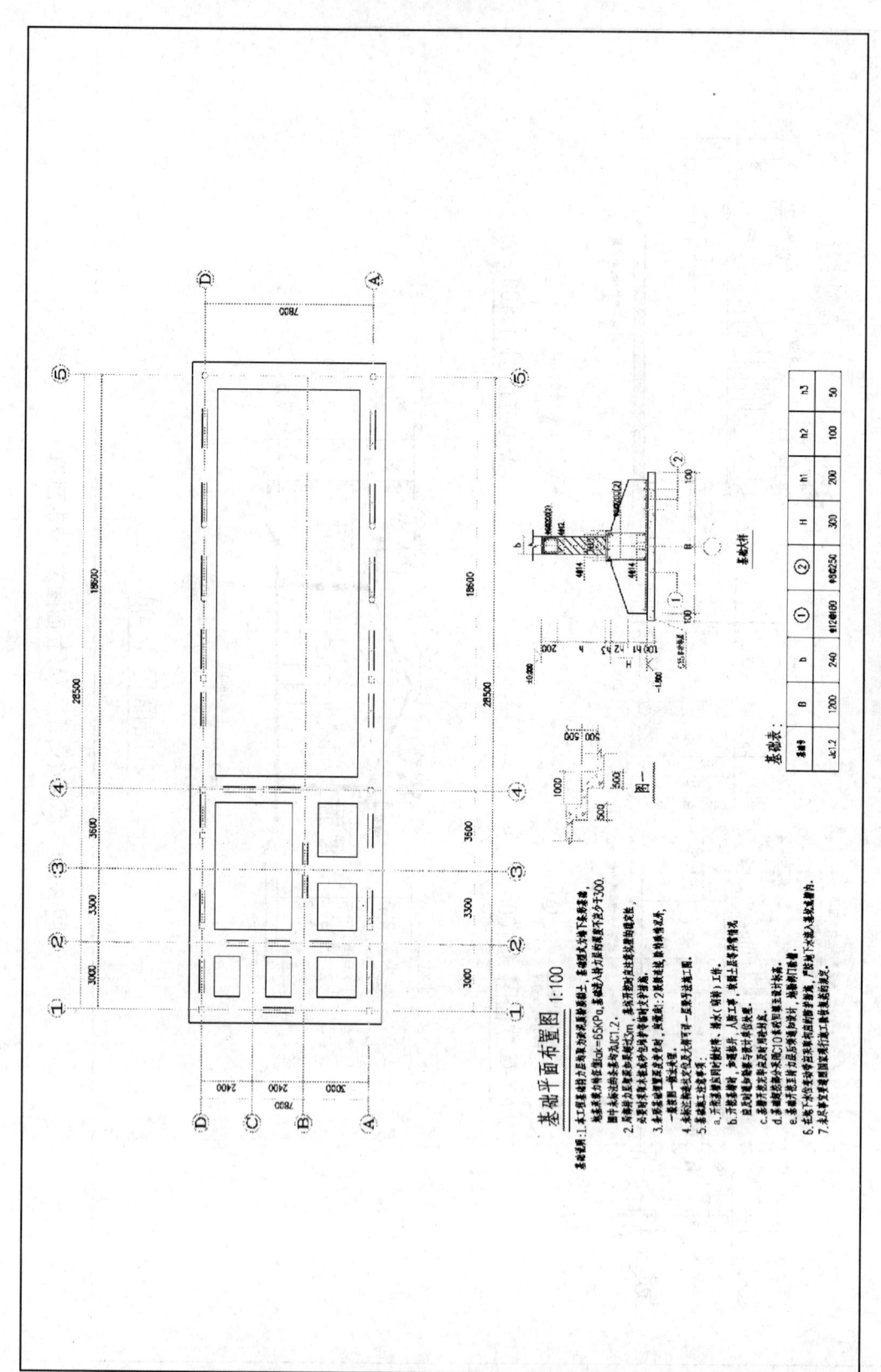

图 3-12 基础平面布置图

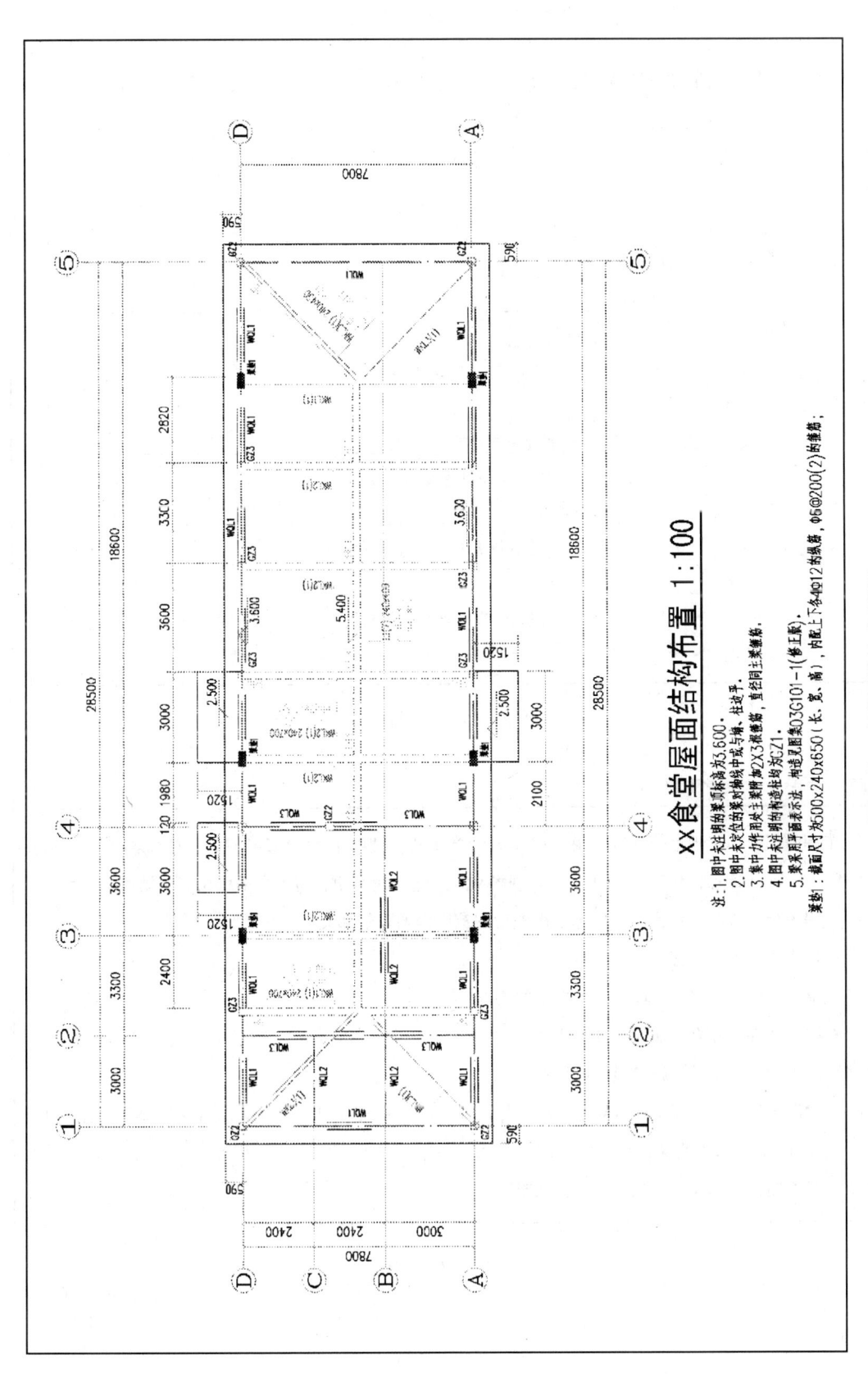

图 3-13 屋面结构布置图

3.3.2 工程量清单的编制（见图3-14至图3-15、表3-12至表3-19）

```
                          投标总价

       招 标 人：×××单位
       工程名称：××食堂工程
       工程造价(小写)：＿＿＿＿＿＿＿＿＿＿＿＿＿＿＿＿
             (大写)：＿＿＿＿＿＿＿＿＿＿＿＿＿＿＿＿
       投标人：＿＿＿××建筑公司＿＿＿＿＿＿＿＿
                         （单位盖章）
       法定代表人
       或其授权人：＿＿××建筑公司法定代表人＿＿＿
                         （签字或盖章）
       编制人：＿＿＿×××签字＿＿＿＿＿＿＿＿
                    （造价人员签字盖专用章）
       复核人：＿＿＿×××签字＿＿＿＿＿＿＿＿
                   （造价工程师签字盖专用章）
       编制时间：×××年××月××日
```

图3-14　封面

工程名称：××食堂工程

```
  1. 工程概况：本工程地处郊区，为一层××食堂工程，建筑面积为234.67m²，建筑高度为5.4m，
框架结构，计划施工工期为38日历天。施工现场交通运输比较方便，施工中采取相应的排污措施。
  2. 工程投标报价范围：为本次招标工程施工图范围内的建筑和装饰装修工程。
  3. 投标报价的编制依据：
  （1）招标文件、工程量清单及有关报价的要求；
  （2）招标文件的补充通知和答疑纪要；
  （3）施工图纸及投标的施工组织设计；
  （4）建设工程工程量清单计价规范、江西省建设工程工程量清单计价办法、消耗量定额、省（市）
定额站发布的价格信息及有关计价文件等；
  （5）有关的技术标准、规范和安全管理规定等。
```

图3-15　总说明

表 3-12　　　　　　　　　工程项目投标报价汇总表

工程名称：××食堂工程　　　　　　　　　　　　　　　　　　　　　　　共1页　第1页

序号	单项工程名称	金额	其中		
			暂估价（元）	安全文明施工费（元）	规费（元）
1	××食堂工程	315334.24		6437.02	15278.6
…					
	合　计	315334.24		6437.02	15278.6

表 3-13　　　　　　　　　单项工程投标报价汇总表　　　　　　　　　　　　　　单位：元

序号	单项工程名称	金额	其中		
			暂估价	安全文明施工费	规费
1	××食堂工程	315334.24		6437.02	15278.6
	合　计	315334.24		6437.02	15278.6

表 3-14　　　　　　　　单位工程投标报价汇总表（一）

工程名称：××食堂工程　　　　　　　　　　　　　　　　　　　　　　　　　　单位：元

序号	汇总内容	金额	其中：暂估价
	〖建筑工程部分〗		
一	分部分项工程	160845.7	
1	其中：人工费	17760.09	
二	技术措施费	25877.14	
2	其中：人工费	6513.43	
三	组织措施费	7050.74	
3	其中：人工费	763.63	
LS	其中：临时设施费	2514.48	
AW	其中：环保安全文明费	1902.98	
FW	安全文明施工费（LS+AW）	4417.46	
四	其他项目费		
4	其中：人工费		
5	价差部分	39678.25	
6	风险部分		

续表

序号	汇总内容	金额（元）	其中：暂估价
7	社会保障费等四项	8437.06	
8	上级（行业）管理费	1011.09	
五	规费	9448.15	
六	税金	6935.96	
七	工程费用	210157.69	
	单位清单工程总价	210157.69	

表3–15　　　　　单位工程投标报价汇总表（二）

工程名称：××食堂工程　　　　　　　　　　　　　　　　　　　　　单位：元

序号	汇总内容	金　额	其中：暂估价
	〖装饰工程部分〗		
一	分部分项工程	89825.09	
1	其中：人工费	18228.41	
二	技术措施费	2628.51	
2	其中：人工费		
三	组织措施费	3421.3	
3	其中：人工费	394.63	
LS	其中：临时设施费	1237.09	
AW	其中：环保安全文明费	782.47	
FW	安全文明施工费（LS+AW）	2019.56	
四	其他项目费		
4	其中：人工费		
5	价差部分	8084.53	
6	风险部分		
7	社会保障等四项	5324.45	
8	上级（行业）管理费	506	
五	规费	5830.45	
六	税金	3471.2	
七	工程费用	105176.55	
	单位清单工程总价	105176.55	
	单项清单工程造价合计	315334.24	

表 3-16 分部分项工程量清单与计价表

工程名称：××食堂工程　　　　　　　　　　　　　　　　　　共1页　第1页

序号	项目编码	项目名称	项目特征	计量单位	工程量	金额（元）		
						综合单价	合价	其中：暂估价
1	010101001001	平整场地	人工平整场地 1. 土壤类别：三类土	m²	229.6	3.73	856.41	
2	010101003001	挖基础土方	1. 人工挖基槽土方 2. 土壤类别：三类土 3. 挖土深度：2m 以内	m³	156.98	13.07	2051.7	
3	010103001001	土方回填	1. 回填基础土方 2. 夯填	m³	104.6	11.98	1253.06	
4	010103001002	室内回填土	1. 夯填	m³	103.05	11.99	1235.57	
5	010301001001	砖基础	1. 标高 0.00 以下 2. 普通黏土砖 3. M5 水泥砂浆 4. 砖基础 20mm 厚 1：2 防水水泥砂浆防潮	m³	24.976	255.86	6390.36	
6	010302001001	实心砖墙	1. 实心砖墙 2. M5 水泥混合砂浆砌筑 3. 厚度：240mm	m³	57.542	260.02	14962.1	
7	010401006001	垫层	1. 混凝土强度等级：C15 2. 混凝土拌和料要求：现场	m³	13.202	242.43	3200.56	

续表

序号	项目编码	项目名称	项目特征	计量单位	工程量	金额(元) 综合单价	金额(元) 合价	其中:暂估价
8	010401001001	带形基础	1. 混凝土强度等级:C25 2. 混凝土拌和料要求:现场	m³	30.686	260.56	7995.54	
9	010402001001	现浇矩形柱	1. 混凝土强度等级:C20 2. 混凝土拌和料要求:现场	m³	6.798	291.1	1978.9	
10	010403004001	现浇圈梁	防水坎 1. 混凝土强度等级:C20 2. 混凝土拌和料要求:现场	m³	0.39	298.44	116.39	
11	010403004002	现浇圈梁	坡屋面 1. 混凝土强度等级:C25 2. 混凝土拌和料要求:现场	m³	6.37	314.22	2001.58	
12	010403004003	现浇圈梁	1. 混凝土强度等级:C20 2. 混凝土拌和料要求:现场	m³	5.976	298.62	1784.55	
13	010403005001	现浇过梁	1. 混凝土强度等级:C20 2. 混凝土拌和料要求:现场	m³	1.747	308.67	539.25	
14	010405001001	现浇有梁板	坡屋面 1. 混凝土强度等级:C25 2. 混凝土拌和料要求:现场	m³	37.791	288.25	10893.3	
15	010407001001	现浇梁垫	梁垫 1. 混凝土强度等级:C20 2. 混凝土拌和料要求:现场	m³	0.468	350.96	164.25	

续表

序号	项目编码	项目名称	项目特征	计量单位	工程量	金额(元) 综合单价	金额(元) 合价	其中:暂估价
16	010407001002	现浇天沟	天沟 1. 混凝土强度等级:C20 2. 混凝土拌和料要求:现场	m³	7.75	349.47	2708.39	
17	010407001003	现浇台阶	详赣 03J001-8-5 踏步宽300mm,高150mm 1. 踏步防滑条,金刚砂 2. 水磨石台阶面 3. 70厚 C15 混凝土台阶面向外坡 1% 4. 200厚碎石灌 M2.5水泥砂浆 5. 素土夯实	m²	5.4	160.72	867.89	
18	020101002001	现浇水磨石台阶平台面	台阶平台 详 03J001-16-21 1. 15厚1:2(水泥:石粒)水磨石(本色或彩色)面层,涂草酸,上蜡,面层分格条间距≤1000 2. 刷素水泥砂浆一道 3. 15厚1:2水泥砂浆结合层 4. 刷素水泥砂浆一道 5. 15厚1:3水泥砂浆找平层 6. 60厚 C15 混凝土垫层 7. 素土夯实	m²	12.08	64.98	784.96	

续表

序号	项目编码	项目名称	项目特征	计量单位	工程量	综合单价	合价	其中:暂估价
19	010407002001	现浇坡道	坡道 详见03J001-9-1a 1. 20厚1:2水泥砂浆抹面,15厚金刚砂防滑条,中距80、凸出坡面8厚 2. 素水泥浆一道 3. C15混凝土基层 4. 200厚碎石灌M2.5水泥砂浆 5. 素土夯实	m²	5.04	60.27	303.76	
20	010407002002	现浇散水	散水600宽 详见04J1701-12-1 1. 60厚C20混凝土洒水泥压实赶光 2. 150厚粒径5~32卵石灌M5水泥砂浆 3. 30厚黄砂 4. 素土夯实	m²	39.06	54.14	2114.71	
21	010416001001	现浇混凝土钢筋	现浇构件圆钢筋 Φ10以外	t	3.768	5710.02	21515.4	
22	010416001002	现浇混凝土钢筋	现浇构件圆钢筋 Φ10以内	t	0.091	5917.91	538.53	
23	010416001003	现浇混凝土钢筋	现浇构件螺纹钢筋 Φ20以内	t	5.679	5731.48	32549.1	
24	010416001004	现浇混凝土钢筋	现浇构件螺纹钢筋 Φ20以外	t	0.23	5636.22	1296.33	
25	010302006001	砌体钢筋加固	砌体钢筋加固	t	0.156	6246.73	974.49	

续表

序号	项目编码	项目名称	项目特征	计量单位	工程量	金额(元)		
						综合单价	合价	其中:暂估价
26	010701001001	瓦屋面	1. 块瓦：英红彩瓦 2. 挂瓦条 30×25(h)，中距按瓦材规格顺水条 30×25(h)，中距 500 3. 30 厚 C20 细石混凝土找平层（内配 Φ6—500×500 钢丝网） 4. 40 厚挤塑聚苯板保温层 5. 1.5 厚 TBL 防水卷材（聚乙烯膜）一道 6. TBL 基层清洁处理剂一道 7. 20 厚 1：3 水泥砂浆找平层 8. 现浇钢筋砼屋面板（防水砼）	m²	241.36	147.3	35552.3	
27	010702001001	屋面卷材防水	天沟 见赣 03ZJ207-49-1 1. 防水用:1.5 厚 TBL 防水卷材（聚乙烯膜）一道 = 172.36m² 2. 1：3 水泥砂浆找平层 3. 找坡层:1：8 水泥炉渣找坡，最薄处 30 厚	m²	60.5	113.34	6857.07	

续表

序号	项目编码	项目名称	项目特征	计量单位	工程量	综合单价	合价	其中:暂估价
28	020101002002	水磨石地面	详03J001-16-21 1.15厚1:2(水泥:石粒)水磨石(本色或彩色)面层,涂草酸,上蜡,面层分格条间距≤1000 2. 刷素水泥浆一道 3.15厚1:2水泥砂浆结合层 4. 刷素水泥浆一道 5. 防水层:1.5厚TBL防水卷材(聚乙烯膜)一道,四周上翻到踢脚板上沿 6.15厚1:3水泥砂浆找平层 7.60厚C15混凝土垫层 8. 素土夯实	m²	202.96	99.95	20285.9	
29	020102002001	块料洗菜间地面	洗菜间地面 详03J001-17-25 1. 铺8~10mm厚300mm×300mm防滑防潮彩色釉面地砖面层,干水泥擦缝 2. 刷素水泥浆一道 3.25厚1:4干硬性水泥砂浆结合层 4. 刷素水泥砂浆一道 5. 防水用:1.5厚TBL防水卷材(聚乙烯膜)一道,周边上翻600 6.15厚1:3水泥砂浆找平层 7.60厚C15混凝土垫层 8. 素土夯实	m²	6.27	112.02	702.37	

续表

序号	项目编码	项目名称	项目特征	计量单位	工程量	综合单价	合价	其中:暂估价
30	020201001001	墙面一般抹灰	赣02J802-7a/28 1. 12mm 1:3 混合砂浆打底 2. 6mm 1:2.5 水泥砂浆抹光 3. 仿瓷涂料 一遍 4. 乳胶漆两遍	m²	408.51	20.54	8390.8	
31	020204003001	块料墙面	赣02J802-14a/35 1. 12mm 1:3 水泥砂浆打底 2. 6 厚 1:0.1:2.5 水泥砂浆粘贴 200mm×300mm 墙面砖	m²	34.91	56.57	1974.86	
32	020201001005	外墙面抹灰	赣02J802-12a/13 1. 12mm 1:3 混合砂浆打底 2. 6mm 1:2.5 水泥砂浆抹光	m²	271.2	11.56	3135.07	
33	020204003002	块料墙面	外墙面砖 1. 外墙面砖 2. 1:2 水泥砂浆粘结砂浆层 3. 3 厚水泥砂浆 4. 45 厚聚苯颗粒保温浆料,抹抗裂砂浆 5. 外保温界面拉毛	m²	29.3	125.72	3683.6	
34	010703003001	砂浆防水(潮)	1. 雨棚面找平 2. 20mm 厚 1:2 防水砂浆	m²	14.08	10.25	144.32	

续表

序号	项目编码	项目名称	项目特征	计量单位	工程量	金额(元) 综合单价	金额(元) 合价	其中:暂估价
35	B0001	墙、柱面龙骨上钉基层、钢网	墙、柱面加钢网300mm宽	m²	83.15	4.32	359.21	
36	020301001001	天棚抹灰	赣02J802-7b/55 1. 刷素水泥浆一道 2. 12mm 1:1:6水泥石灰膏砂浆打底扫毛 3. 6mm 1:0.3:2.5水泥石灰膏砂浆找平 4. 仿瓷涂料两遍 5. 乳胶漆两遍	m²	120.62	21.65	2611.42	
37	020506001001	吊顶	吊顶 1. 不上人型铝合金T型龙骨 2. 铝塑板面层	m²	225.01	120.15	27035	
38	020406001001	铝合金窗	1. 窗类型:推拉窗 2. 框材质、外围尺寸:铝合金窗,壁厚1.2mm,尺寸1800mm×1800mm 3. 玻璃品种:单层普通玻璃 4. 含全部五金 5. 纱窗为不锈钢纱窗	樘	8	773.66	6189.28	

项目三 建筑工程量清单计价实训

续表

序号	项目编码	项目名称	项目特征	计量单位	工程量	金额（元）		其中:暂估价
						综合单价	合价	
39	020406001002	铝合金窗	1. 窗类型:推拉窗 2. 框材质,外围尺寸:铝合金窗,壁厚1.2mm,尺寸1500mm×1800mm 3. 玻璃品种:单层普通玻璃 4. 含全部五金 5. 纱窗为不锈钢纱窗	樘	6	645.22	3871.32	
40	020402007001	乙级防火门	1. 成品乙级防火门1000mm×2100mm 2. 安装、运输、五金（含门锁）、油漆	樘	4	1349.6	5398.4	
41	020401003001	M1实木门	实木成品门1500mm×2100mm 1. 实木门框制作、安装 2. 实木镶板门扇制作、安装凸凹型 3. 底油一遍,刮腻子,调和漆三遍 单层木门 4. 五金安装,L型执手杆锁,门碰珠 5. 榉木板装饰面,门套,带木筋	樘	4	793.82	3175.28	

续表

序号	项目编码	项目名称	项目特征	计量单位	工程量	金额（元）		
						综合单价	合价	其中：暂估价
42	020401003002	M2 实木门	实木芯板门 1000mm×2100mm 1. 实木门框制作、安装 2. 实木镶板门扇制作、安装，凸凹型 3. 底油一遍、刮腻子、调和漆三遍单层木门 4. 五金安装，L 型执手杆锁，门碰珠 5. 榉木板装饰面，门套，带木筋	樘	4	556.93	2227.72	
		合　计					250670.79	

表 3-17　　　　　　　　　　措施项目清单计价表

措施项目清单与计价表（一）

工程名称：××食堂工程　　　　　　　　　　　　　　　　　　　　共1页　第1页

序号	项目名称	计算基础	费率（%）	金额（元）
1	安全文明施工费：环保安全文明费［建筑工程］			1902.98
1.1	安全文明施工费：环保安全文明费［建筑工程］			1902.98
2	安全文明施工费：临时设施费［建筑工程］			2514.48
2.1	临设费［建筑清单—建筑子目］	分部分项+技术措施-价差-风险	1.68	2382.01
2.2	临设费［建筑清单—装饰子目］	定额人工费（含管理费、利润）	6.1	132.47
3	夜间施工等六项费［建筑工程］			2633.28
3.1	夜间施工等六项费［建筑清单—建筑子目］	分部分项+技术措施-价差-风险	1.75	2481.25
3.2	夜间施工等六项费［建筑清单—装饰子目］	定额人工费（含管理费、利润）	7	152.03
4	安全文明施工费：环保安全文明费［装饰工程］			782.47
4.1	环保安全文明费［装饰工程］			782.47
5	安全文明施工费：临时设施费［装饰工程］			1237.09
5.1	临时设施费［装饰清单—建筑子目］	分部分项+技术措施-价差-风险	1.68	168.78
5.2	临时设施费［装饰清单—装饰子目］	定额人工费（含管理费、利润）	6.1	1068.31
6	夜间施工等六项费［装饰工程］			1401.74
6.1	夜间施工等六项费［装饰清单—建筑子目］	分部分项+技术措施-价差-风险	1.75	175.81
6.2	夜间施工等六项费［装饰清单—装饰子目］	定额人工费（含管理费、利润）	7	1225.93
	合　　计			10472.04

措施项目清单与计价表（二）

工程名称：××食堂工程　　　　　　　　　　　　　　　　　共1页　第1页

序号	项目编码	项目名称	项目特征	计量单位	工程量	金额（元）综合单价	金额（元）合价
1		一、现浇混凝土模板［建筑］		项			
2	AB10012001	现浇混凝土基础垫层模板	现浇混凝土基础垫层 木模板	m²	17.46	19.52	340.82
3	01.1.2	现浇带型基础	现浇带型基础 九夹模板 木撑	m²	35.88	21.64	776.44
4	01.1.2	现浇构造柱		m²	74.32	36.29	2697.07
5	01.1.2	现浇圈梁压顶	现浇圈梁压顶	m²	48.32	22.09	1067.39
6	01.1.2	现浇圈梁压顶（斜板）	现浇圈梁压顶（斜板）	m²	45.144	22.08	996.78
7	01.1.2	现浇有梁板（斜板）	现浇有梁板 斜板	m²	318.4	29.49	9389.62
8	01.1.2	现浇天沟	现浇天沟	m²	101.08	34.25	3461.99
9	01.1.2	现浇雨棚	现浇雨棚	m²	14.62	62.88	919.31
10		二、A11 脚手架工程［建筑］（AB11）		项			
11	AB11002001	钢管脚手架	外墙脚手架	m²	314.67	7.56	2378.91
12	AB11003001	里脚手架	钢管	m²	131.15	1.63	213.77
13		三、A12 垂直运输费［建筑］（AB12）		项	1		
14	AB12003001	垂直运输，20m内卷扬机		m²	234.67	15.49	3635.04
15		四、装饰装修垂直运输［装饰］（补充清单项目BB10）		项	1		
16	BB10003001	机械垂直运输单层建筑物		工日	494.08	5.32	2628.51
		合　计					28505.65

表 3–18 **规费、税金清单项目计价表**

工程名称：××食堂工程　　　　　　　　　　　　　　　　　　　　　共 2 页　第 1 页

序号	项目名称	计算基础	费率（%）	金额（元）
	〖建筑工程部分〗			
1	规费	直接费		9448.15
1.1	工程排污费	直接费	0.05	78.85
1.2	社会保障费	直接费	4.39	6923.12
(1)	养老保险费	直接费	3.25	5125.32
(2)	失业保险费	直接费	0.16	252.32
(3)	医疗保险费	直接费	0.98	1545.48
1.3	住房公积金	直接费	0.81	1277.39
1.4	危险作业意外伤害保险	直接费	0.10	157.7
1.5	上级（行业）管理费	直接费	0.50	1011.09
2	税金	分部分项+措施项目+其他项目+规费	3.413	6935.96
	土建规费、税金合计			16384.11

工程名称：××食堂工程　　　　　　　　　　　　　　　　　　　　　共 2 页　第 2 页

序号	项目名称	计算基础	费率（%）	金额（元）
	〖装饰工程部分〗			
1	规费	人工费		5830.45
1.1	工程排污费	人工费	0.25	49.76
1.2	社会保障费	人工费	21.95	4369.03
(1)	养老保险费	人工费	16.25	3234.48
(2)	失业保险费	人工费	0.80	159.24
(3)	医疗保险费	人工费	4.90	975.32
1.3	住房公积金	人工费	4.05	806.13
1.4	危险作业意外伤害保险	人工费	0.50	99.52
1.5	上级（行业）管理费	人工费	0.50	506
2	税金	分部分项+措施项目+其他项目+规费	3.413	3471.2
	装饰规费、税金合计			9301.65

工程量清单综合单价分析表

工程名称：××工程　　　　　　　　　　　　　标段：　　　　　　　　　　　　第1页　共42页

项目编码	010101001001	项目名称	平整场地	计量单位	m²

清单综合单价组成明细

定额编号	定额名称	定额单位	数量	单价				合价			
				人工费	材料费	机械费	管理费和利润	人工费	材料费	机械费	管理费和利润
A1-1	人工平整场地	100m²	0.010	370.48			2.80	3.70			0.03
人工单价				小　计					3.70			0.03
36.50元/工日				未计价材料费								
清单项目综合单价								3.73			

材料费明细	主要材料名称、规格、型号	单位	数量	单价（元）	合价（元）	暂估单价（元）	暂估合价（元）
	其他材料费						
	材料费小计						

工程量清单综合单价分析表

工程名称：××工程　　　　　　　　　　标段：　　　　　　　　　　第 2 页　共 42 页

项目编码	010101003001	项目名称	挖基础土方	计量单位	m³

清单综合单价组成明细

定额编号	定额名称	定额单位	数量	单价 人工费	单价 材料费	单价 机械费	单价 管理费和利润	合价 人工费	合价 材料费	合价 机械费	合价 管理费和利润
A1-15	人工挖沟槽一类、二类土深度2m内	100m³	0.010	1297.21		9.80		12.97			0.10
人工单价			小　　计					12.97			0.10
36.50 元/工日			未 计 价 材 料 费								
			清单项目综合单价					13.07			

材料费明细	主要材料名称、规格、型号	单位	数量	单价（元）	合价（元）	暂估单价（元）	暂估合价（元）
	其他材料费						
	材料费小计						

工程量清单综合单价分析表

工程名称：××工程　　　　　　　　　标段：　　　　　　　　　第3页　共42页

项目编码	010103001001	项目名称	土方回填	计量单位	m³

清单综合单价组成明细

定额编号	定额名称	定额单位	数量	单价 人工费	单价 材料费	单价 机械费	单价 管理费和利润	合价 人工费	合价 材料费	合价 机械费	合价 管理费和利润
A1-181	回填土方夯填	100m³	0.010	998.64		190.00	9.77	9.99		1.90	0.10
人工单价				小　计				9.99		1.90	0.10
36.50元/工日				未计价材料费							
清单项目综合单价								11.98			

材料费明细	主要材料名称、规格、型号	单位	数量	单价（元）	合价（元）	暂估单价（元）	暂估合价（元）
	其他材料费						
	材料费小计						

工程量清单综合单价分析表

工程名称：××工程　　　　　　　　　　标段：　　　　　　　　　　第4页 共42页

项目编码	010103001002	项目名称	室内回填土	计量单位	m³

清单综合单价组成明细

定额编号	定额名称	定额单位	数量	单价 人工费	单价 材料费	单价 机械费	单价 管理费和利润	合价 人工费	合价 材料费	合价 机械费	合价 管理费和利润
A1-181	回填土方夯填	100m³	0.010	998.64		190.00	9.77	9.99		1.90	0.10
人工单价				小　　计				9.99		1.90	0.10
36.50元/工日				未 计 价 材 料 费							
清单项目综合单价								11.99			

材料费明细	主要材料名称、规格、型号	单位	数量	单价（元）	合价（元）	暂估单价（元）	暂估合价（元）
	其他材料费						
	材料费小计						

工程量清单综合单价分析表

工程名称：××工程　　　　　　　　　标段：　　　　　　　　　第5页 共42页

项目编码	010301001001	项目名称	砖基础	计量单位	m³

清单综合单价组成明细

定额编号	定额名称	定额单位	数量	单价 人工费	单价 材料费	单价 机械费	单价 管理费和利润	合价 人工费	合价 材料费	合价 机械费	合价 管理费和利润
A3-1	砖基础	10m³	0.100	468.66	1923.34	18.15	20.29	46.87	192.36	1.82	2.03
A7-88	墙(地)面防水、防潮防水砂浆平面	100m²	0.012	361.35	637.44	15.83	8.56	4.51	7.96	0.20	0.11
人工单价			小　　计					51.39	200.33	2.01	2.14
36.50元/工日			未 计 价 材 料 费								
			清单项目综合单价					255.86			

	主要材料名称、规格、型号	单位	数量	单价（元）	合价（元）	暂估单价（元）	暂估合价（元）
材料费明细	普通黏土砖	千块	0.524	310.00	162.34		
	粗砂	m³	0.028	29.00	0.81		
	水泥32.5	kg	61.721	0.45	27.77		
	中砂	m³	0.283	29.00	8.21		
	其他材料费			—	1.20	—	
	材料费小计			—	200.33	—	

工程量清单综合单价分析表

工程名称：××工程　　　　　　　　　　标段：　　　　　　　　　第6页　共42页

项目编码	010302001001	项目名称	实心砖墙	计量单位	m³

清单综合单价组成明细

定额编号	定额名称	定额单位	数量	单价 人工费	单价 材料费	单价 机械费	单价 管理费和利润	合价 人工费	合价 材料费	合价 机械费	合价 管理费和利润
A3－10 换	混水砖墙1砖 水泥混合砂浆M5	10m³	0.100	619.04	1941.88	17.69	21.68	61.90	194.18	1.77	2.17
人工单价			小　计					61.90	194.18	1.77	2.17
36.50元/工日			未计价材料费								
清单项目综合单价								260.02			

材料费明细	主要材料名称、规格、型号	单位	数量	单价（元）	合价（元）	暂估单价（元）	暂估合价（元）
	普通黏土砖	千块	0.540	310.00	167.39		
	松木模板	m³	0.001	820.00	0.82		
	中砂	m³	0.270	29.00	7.83		
	水泥32.5	kg	33.524	0.45	15.09		
	其他材料费				3.05		
	材料费小计				194.18		

工程量清单综合单价分析表

工程名称：××工程　　　　　　　　　　　标段：　　　　　　　　　　第7页　共42页

项目编码	010401006001	项目名称	垫层	计量单位	m³

清单综合单价组成明细

定额编号	定额名称	定额单位	数量	单价 人工费	单价 材料费	单价 机械费	单价 管理费和利润	合价 人工费	合价 材料费	合价 机械费	合价 管理费和利润
A4-13换×a1.2	混凝土垫层C15 140/32.5	10m³	0.100	576.41	1728.83	96.65	22.79	57.63	172.86	9.66	2.28
人工单价			小　　计					57.63	172.86	9.66	2.28
36.50元/工日			未计价材料费								
清单项目综合单价								242.43			

材料费明细	主要材料名称、规格、型号	单位	数量	单价（元）	合价（元）	暂估单价（元）	暂估合价（元）
	中（粗）砂	m³	0.545	29.00	15.81		
	卵石40	m³	0.858	48.00	41.20		
	水泥32.5	kg	254.481	0.45	114.52		
	其他材料费				1.33		
	材料费小计				172.86		

工程量清单综合单价分析表

工程名称：××工程　　　　　　　　　　　　标段：　　　　　　　　　　　第8页　共42页

项目编码	010401001001	项目名称	带形基础	计量单位	m³

清单综合单价组成明细

定额编号	定额名称	定额单位	数量	单价-人工费	单价-材料费	单价-机械费	单价-管理费和利润	合价-人工费	合价-材料费	合价-机械费	合价-管理费和利润
A4-16换	现浇带形基础混凝土c25 140/32.5	10m³	0.100	374.86	2093.40	112.39	24.65	37.49	209.37	11.24	2.46
人工单价		小　计						37.49	209.37	11.24	2.46
36.50元/工日		未计价材料费									
清单项目综合单价								260.56			

	主要材料名称、规格、型号	单位	数量	单价（元）	合价（元）	暂估单价（元）	暂估合价（元）
材料费明细	中（粗）砂	m³	0.477	29.00	13.84		
	卵石40	m³	0.863	48.00	41.42		
	水泥32.5	kg	337.024	0.45	151.66		
	其他材料费				2.45		
	材料费小计				209.37		

工程量清单综合单价分析表

工程名称：××工程　　　　　　　　　　　标段：　　　　　　　　　第9页 共42页

项目编码	010402001001	项目名称	现浇矩形柱	计量单位	m^3

清单综合单价组成明细

定额编号	定额名称	定额单位	数量	单价 人工费	单价 材料费	单价 机械费	单价 管理费和利润	合价 人工费	合价 材料费	合价 机械费	合价 管理费和利润
A4-29	现浇矩形柱	10m³	0.100	848.63	1966.99	68.10	26.47	84.89	196.76	6.81	2.65
人工单价			小　　计					84.89	196.76	6.81	2.65
36.50元/工日			未计价材料费								
清单项目综合单价								291.10			

	主要材料名称、规格、型号	单位	数量	单价（元）	合价（元）	暂估单价（元）	暂估合价（元）
材料费明细	中（粗）砂	m³	0.523	29.00	15.16		
	卵石40	m³	0.819	48.00	39.29		
	水泥32.5	kg	309.028	0.45	139.06		
	粗砂	m³	0.034	29.00	0.98		
	其他材料费				2.27		
	材料费小计				196.76		

工程量清单综合单价分析表

工程名称：××工程　　　　　　　　　　标段：　　　　　　　　　　第10页 共42页

项目编码	010403004001	项目名称	现浇圈梁	计量单位	m³

清单综合单价组成明细

定额编号	定额名称	定额单位	数量	单价-人工费	单价-材料费	单价-机械费	单价-管理费和利润	合价-人工费	合价-材料费	合价-机械费	合价-管理费和利润
A4-35	现浇圈梁	10m³	0.100	945.38	1944.62	67.18	27.18	94.54	194.46	6.72	2.72
人工单价		小　　计						94.54	194.46	6.72	2.72
36.50 元/工日		未 计 价 材 料 费									
		清单项目综合单价							298.44		

	主要材料名称、规格、型号	单位	数量	单价（元）	合价（元）	暂估单价（元）	暂估合价（元）
材料费明细	中（粗）砂	m³	0.538	29.00	15.60		
	卵石40	m³	0.842	48.00	40.44		
	水泥32.5	kg	300.440	0.45	135.20		
	其他材料费				3.22		
	材料费小计				194.46		

工程量清单综合单价分析表

工程名称：××工程　　　　　　　　　　标段：　　　　　　　　　　第11页 共42页

项目编码	010403004002	项目名称	现浇圈梁	计量单位	m³

清单综合单价组成明细

定额编号	定额名称	定额单位	数量	单价 人工费	单价 材料费	单价 机械费	单价 管理费和利润	合价 人工费	合价 材料费	合价 机械费	合价 管理费和利润
A4-35换	现浇圈梁 c25 140/32.5	10m³	0.100	945.35	2101.18	67.21	28.51	94.54	210.12	6.72	2.85
人工单价			小　　计					94.54	210.12	6.72	2.85
36.50元/工日			未计价材料费								
			清单项目综合单价						314.22		

材料费明细	主要材料名称、规格、型号	单位	数量	单价（元）	合价（元）	暂估单价（元）	暂估合价（元）
	中（粗）砂	m³	0.477	29.00	13.83		
	卵石40	m³	0.863	48.00	41.41		
	水泥32.5	kg	336.980	0.45	151.64		
	其他材料费				3.24		
	材料费小计				210.12		

工程量清单综合单价分析表

工程名称：××工程　　　　　　　　　　　标段：　　　　　　　　　　第12页　共42页

项目编码	010403004003	项目名称	现浇圈梁	计量单位	m³

清单综合单价组成明细

定额编号	定额名称	定额单位	数量	单价 人工费	单价 材料费	单价 机械费	单价 管理费和利润	合价 人工费	合价 材料费	合价 机械费	合价 管理费和利润
A4-35	现浇圈梁	10m³	0.100	945.35	1944.57	67.21	27.09	94.60	194.59	6.73	2.71
人工单价		小　　计						94.60	194.59	6.73	2.71
36.50元/工日		未计价材料费									
		清单项目综合单价							298.62		

材料费明细	主要材料名称、规格、型号	单位	数量	单价（元）	合价（元）	暂估单价（元）	暂估合价（元）
	中（粗）砂	m³	0.538	29.00	15.61		
	卵石40	m³	0.843	48.00	40.46		
	水泥32.5	kg	300.641	0.45	135.29		
	其他材料费				3.23		
	材料费小计				194.59		

工程量清单综合单价分析表

工程名称：××工程　　　　　　　　　标段：　　　　　　　　　　第 13 页　共 42 页

项目编码	010403005001	项目名称	现浇过梁	计量单位	m³

清单综合单价组成明细

定额编号	定额名称	定额单位	数量	单价 人工费	单价 材料费	单价 机械费	单价 管理费和利润	合价 人工费	合价 材料费	合价 机械费	合价 管理费和利润
A4-36	现浇过梁	10m³	0.100	1023.43	1962.86	67.20	27.89	102.52	196.62	6.73	2.79
人工单价			小　计					102.52	196.62	6.73	2.79
36.50 元/工日			未计价材料费								
清单项目综合单价								308.67			

材料费明细

主要材料名称、规格、型号	单位	数量	单价（元）	合价（元）	暂估单价（元）	暂估合价（元）
中（粗）砂	m³	0.539	29.00	15.63		
卵石 40	m³	0.844	48.00	40.51		
水泥 32.5	kg	300.956	0.45	135.43		
其他材料费				5.05		
材料费小计				196.62		

工程量清单综合单价分析表

工程名称：××工程　　　　　　　　　　标段：　　　　　　　　　　第14页 共42页

项目编码	010405001001	项目名称	现浇有梁板	计量单位	m³

清单综合单价组成明细

定额编号	定额名称	定额单位	数量	单价 人工费	单价 材料费	单价 机械费	单价 管理费和利润	合价 人工费	合价 材料费	合价 机械费	合价 管理费和利润
A4-43 换	现浇有梁板 c25 120/32.5	10m³	0.100	512.46	2274.77	68.67	26.66	51.24	227.47	6.87	2.67
人工单价		小　计						51.24	227.47	6.87	2.67
36.50元/工日		未计价材料费									
		清单项目综合单价						288.25			

材料费明细	主要材料名称、规格、型号	单位	数量	单价（元）	合价（元）	暂估单价（元）	暂估合价（元）
	中（粗）砂	m³	0.477	29.00	13.83		
	卵石20	m³	0.822	48.00	39.46		
	水泥32.5	kg	378.585	0.45	170.36		
	其他材料费				3.82		
	材料费小计				227.47		

工程量清单综合单价分析表

工程名称：××工程　　　　　　　　　　　　标段：　　　　　　　　　　　第15页　共42页

项目编码	010407001001	项目名称	现浇梁垫	计量单位	m³

清单综合单价组成明细

定额编号	定额名称	定额单位	数量	单价 人工费	单价 材料费	单价 机械费	单价 管理费和利润	合价 人工费	合价 材料费	合价 机械费	合价 管理费和利润
A4-57	现浇小型构件	10m³	0.100	1182.13	2196.60	84.47	31.49	118.72	220.60	8.48	3.16
人工单价			小　计					118.72	220.60	8.48	3.16
36.50元/工日			未计价材料费								
清单项目综合单价								350.96			

材料费明细	主要材料名称、规格、型号	单位	数量	单价（元）	合价（元）	暂估单价（元）	暂估合价（元）
	中（粗）砂	m³	0.540	29.00	15.67		
	卵石20	m³	0.805	48.00	38.65		
	水泥32.5	kg	339.439	0.45	152.75		
	其他材料费				13.53		
	材料费小计				220.60		

工程量清单综合单价分析表

工程名称：××工程　　　　　　　　　　标段：　　　　　　　　　　第16页　共42页

项目编码	010407001002	项目名称	现浇天沟	计量单位	m³

清单综合单价组成明细

定额编号	定额名称	定额单位	数量	单价 人工费	单价 材料费	单价 机械费	单价 管理费和利润	合价 人工费	合价 材料费	合价 机械费	合价 管理费和利润
A4-57	现浇小型构件	10m³	0.100	1182.25	2196.53	84.46	31.46	118.22	219.65	8.45	3.15
人工单价		小　　计						118.22	219.65	8.45	3.15
36.50元/工日		未计价材料费									
清单项目综合单价								349.47			

	主要材料名称、规格、型号	单位	数量	单价（元）	合价（元）	暂估单价（元）	暂估合价（元）
材料费明细	中（粗）砂	m³	0.538	29.00	15.60		
	卵石20	m³	0.802	48.00	38.49		
	水泥32.5	kg	337.995	0.45	152.10		
	其他材料费				13.46		
	材料费小计				219.65		

工程量清单综合单价分析表

工程名称：××工程　　　　　　　　　　　　标段：　　　　　　　　　　第17页 共42页

项目编码	010407001003	项目名称		现浇台阶		计量单位			m³	

清单综合单价组成明细

定额编号	定额名称	定额单位	数量	单价 人工费	单价 材料费	单价 机械费	单价 管理费和利润	合价 人工费	合价 材料费	合价 机械费	合价 管理费和利润
A1-182	原土打夯	100m²	0.010	78.52		13.33	0.74	0.79		0.13	0.01
A4-8换	卵（碎）石灌浆垫层，水泥砂浆M2.5	10m³	0.020	319.72	894.44	28.52	13.61	6.39	17.89	0.57	0.27
A4-13换	混凝土垫层C15/40/32.5	10m³	0.007	480.26	1728.95	96.58	22.11	3.38	12.17	0.68	0.16
B1-18	水磨石台阶（底15mm 面15mm）	100m²	0.010	8653.52	2205.74	37.22	75.37	86.54	22.06	0.37	0.75
B1-137	楼梯、台阶踏步防滑条金刚砂	100m	0.039	103.49	113.77		0.90	4.06	4.47		0.04
人工单价			小　　计					101.16	56.58	1.76	1.22
36.50元/工日			未 计 价 材 料 费								
			清单项目综合单价					160.72			

	主要材料名称、规格、型号	单位	数量	单价（元）	合价（元）	暂估单价（元）	暂估合价（元）
材料费明细	水泥32.5	kg	58.536	0.45	26.34		
	卵石40	m³	0.283	48.00	13.58		
	中（粗）砂	m³	0.038	29.00	1.11		
	粗砂	m³	0.027	29.00	0.78		
	中砂	m³	0.068	29.00	1.98		
	其他材料费				12.79		
	材料费小计				56.58		

工程量清单综合单价分析表

工程名称：××工程　　　　　　　　　标段：　　　　　　　　　第18页 共42页

项目编码	020101002001	项目名称	现浇水磨石台阶平台面	计量单位	m³

清单综合单价组成明细

定额编号	定额名称	定额单位	数量	单价 人工费	单价 材料费	单价 机械费	单价 管理费和利润	合价 人工费	合价 材料费	合价 机械费	合价 管理费和利润
A1-182	原土打夯	100m²	0.010	78.43		13.31	0.74	0.79		0.13	0.01
A4-13	混凝土垫层	10m³	0.006	480.42	1568.19	96.67	20.56	2.86	9.35	0.58	0.12
B1-1	20mm厚砼或硬基层上水泥砂浆找平	100m²	0.010	377.11	507.60	15.87	3.22	3.78	5.08	0.16	0.03
B1-12	水磨石楼地面嵌条厚度15mm	100m²	0.010	2729.26	1184.30	265.37	23.72	27.34	11.86	2.66	0.24
人工单价		小 计						34.76	26.29	3.53	0.40
36.50元/工日		未计价材料费									
		清单项目综合单价						64.98			

材料费明细	主要材料名称、规格、型号	单位	数量	单价（元）	合价（元）	暂估单价（元）	暂估合价（元）
	水泥32.5	kg	34.619	0.45	15.58		
	中（粗）砂	m³	0.036	29.00	1.05		
	卵石40	m³	0.049	48.00	2.37		
	粗砂	m³	0.024	29.00	0.70		
	其他材料费				6.59		
	材料费小计				26.29		

工程量清单综合单价分析表

工程名称：××工程　　　　　　　标段：　　　　　　　第19页 共42页

项目编码	010407002001	项目名称	现浇坡道	计量单位	m³

清单综合单价组成明细

定额编号	定额名称	定额单位	数量	单价 人工费	单价 材料费	单价 机械费	单价 管理费和利润	合价 人工费	合价 材料费	合价 机械费	合价 管理费和利润
A1-182	原土打夯	100m²	0.010	78.60		13.40	0.60	0.78		0.13	0.01
A4-8	卵（碎）石灌浆垫层	10m³	0.020	319.70	813.47	28.51	13.07	6.41	16.30	0.57	0.26
A4-13	混凝土垫层	10m³	0.006	480.33	1568.33	96.67	20.33	2.86	9.34	0.58	0.12
A4-64	现浇水泥砂浆防滑坡道	100m²	0.010	564.40	823.60	20.00	11.60	5.60	8.17	0.20	0.12
B1-137	楼梯、台阶踏步防滑条金刚砂	100m	0.040	103.53	113.73		0.93	4.19	4.60		0.04
人工单价			小　　计					19.84	38.41	1.48	0.54
36.50元/工日			未计价材料费								
清单项目综合单价									60.27		

材料费明细	主要材料名称、规格、型号	单位	数量	单价（元）	合价（元）	暂估单价（元）	暂估合价（元）
	水泥32.5	kg	35.198	0.45	15.84		
	卵石40	m³	0.272	48.00	13.06		
	中（粗）砂	m³	0.036	29.00	1.05		
	粗砂	m³	0.028	29.00	0.81		
	中砂	m³	0.068	29.00	1.98		
	其他材料费				5.67		
	材料费小计				38.41		

工程量清单综合单价分析表

工程名称：××工程　　　　　　　　　标段：　　　　　　　　　第 20 页　共 42 页

项目编码	010407002002	项目名称	现浇散水	计量单位	m³

清单综合单价组成明细

定额编号	定额名称	定额单位	数量	单价 人工费	单价 材料费	单价 机械费	单价 管理费和利润	合价 人工费	合价 材料费	合价 机械费	合价 管理费和利润
A1-182	原土打夯	100m²	0.010	78.49		13.32	0.77	0.79		0.13	0.01
A4-2	砂垫层	10m³	0.003	182.91	340.34	4.02	4.10	0.55	1.02	0.01	0.01
A4-8	卵（碎）石灌浆垫层	10m³	0.015	319.73	813.48	28.55	13.05	4.80	12.20	0.43	0.20
A4-63换	现浇混凝土散水面一次抹光垫层 60mm 厚 c20/40/32.5	100m²	0.010	1181.15	2116.42	67.37	31.05	11.82	21.19	0.67	0.31
人工单价			小　　计					17.95	34.41	1.25	0.53
36.50元/工日			未计价材料费								
			清单项目综合单价					54.14			

材料费明细	主要材料名称、规格、型号	单位	数量	单价（元）	合价（元）	暂估单价（元）	暂估合价（元）
	中（粗）砂	m³	0.101	29.00	2.94		
	卵石40	m³	0.217	48.00	10.42		
	松木模板	m³	0.002	820.00	1.33		
	水泥32.5	kg	26.342	0.45	11.85		
	粗砂	m³	0.004	29.00	0.11		
	中砂	m³	0.051	29.00	1.48		
	其他材料费				6.28		
	材料费小计				34.41		

工程量清单综合单价分析表

工程名称：××工程　　　　　　　　　　标段：　　　　　　　　　第21页　共42页

项目编码	010406001001	项目名称	现浇混凝土钢筋	计量单位	t

清单综合单价组成明细

定额编号	定额名称	定额单位	数量	单价 人工费	单价 材料费	单价 机械费	单价 管理费和利润	合价 人工费	合价 材料费	合价 机械费	合价 管理费和利润
A4-446	现浇构件圆钢筋 Φ10以外	t	1.000	313.17	5268.05	88.99	39.81	313.17	5268.05	88.99	39.81
人工单价				小　计				313.17	5268.05	88.99	39.81
36.50元/工日				未计价材料费							
清单项目综合单价								5710.02			

材料费明细	主要材料名称、规格、型号	单位	数量	单价（元）	合价（元）	暂估单价（元）	暂估合价（元）
	钢筋 Φ10以外	t	1.020	5120.00	5222.40		
	其他材料费				45.65		
	材料费小计				5268.05		

工程量清单综合单价分析表

工程名称：××工程　　　　　　　　　　　　标段：　　　　　　　　　　　　第22页　共42页

项目编码	010406001002	项目名称	现浇混凝土钢筋	计量单位	t

清单综合单价组成明细

定额编号	定额名称	定额单位	数量	单价 人工费	单价 材料费	单价 机械费	单价 管理费和利润	合价 人工费	合价 材料费	合价 机械费	合价 管理费和利润
A4-445	现浇构件圆钢筋Φ10以内	t	1.000	580.99	5254.40	41.10	41.43	580.99	5254.40	41.10	41.43
人工单价			小　计					580.99	5254.40	41.10	41.43
36.50元/工日			未计价材料费								
			清单项目综合单价					5917.91			

材料费明细	主要材料名称、规格、型号	单位	数量	单价（元）	合价（元）	暂估单价（元）	暂估合价（元）
	钢筋 Φ10以内	t	1.020	5110.00	5212.20		
	其他材料费				42.20		
	材料费小计				5254.40		

工程量清单综合单价分析表

工程名称：××工程　　　　　　　　　　　标段：　　　　　　　　　　第 23 页　共 42 页

项目编码	010406001003	项目名称	现浇混凝土钢筋	计量单位	t

清单综合单价组成明细

定额编号	定额名称	定额单位	数量	单价 人工费	单价 材料费	单价 机械费	单价 管理费和利润	合价 人工费	合价 材料费	合价 机械费	合价 管理费和利润
A4-447	现浇构件螺纹钢筋 Φ20 以内	t	1.000	287.99	5308.75	94.72	40.03	287.99	5308.75	94.72	40.03
人工单价			小　　计					287.99	5308.75	94.72	40.03
36.50 元/工日			未计价材料费								
清单项目综合单价								5731.48			

材料费明细	主要材料名称、规格、型号	单位	数量	单价（元）	合价（元）	暂估单价（元）	暂估合价（元）
	螺纹钢筋 Φ20 以内	t	1.020	5160.00	5263.20		
	其他材料费				45.55		
	材料费小计				5308.75		

工程量清单综合单价分析表

工程名称：××工程　　　　　　　　　　标段：　　　　　　　　　　第24页　共42页

项目编码	010416001004	项目名称	现浇混凝土钢筋	计量单位	t

清单综合单价组成明细

定额编号	定额名称	定额单位	数量	单价 人工费	单价 材料费	单价 机械费	单价 管理费和利润	合价 人工费	合价 材料费	合价 机械费	合价 管理费和利润
A4-448	现浇构件螺纹钢筋Φ20以外	t	1.000	194.91	5333.17	69.57	38.57	194.91	5333.17	69.57	38.57
人工单价		小计						194.91	5333.17	69.57	38.57
36.50元/工日		未计价材料费									
清单项目综合单价								5636.22			

材料费明细	主要材料名称、规格、型号	单位	数量	单价（元）	合价（元）	暂估单价（元）	暂估合价（元）
	螺纹钢筋Φ20以外	t	1.020	5180.00	5283.60		
	其他材料费				49.57		
	材料费小计				5333.17		

工程量清单综合单价分析表

工程名称：××工程　　　　　　　　　　　标段：　　　　　　　　　　第25页　共42页

项目编码	010302006001	项目名称	砌体 钢筋加固	计量单位	t

清单综合单价组成明细

定额编号	定额名称	定额单位	数量	单价 人工费	单价 材料费	单价 机械费	单价 管理费和利润	合价 人工费	合价 材料费	合价 机械费	合价 管理费和利润
A3-41	砌体 钢筋加固	t	1.000	907.44	5267.50	28.14	43.65	907.44	5267.50	28.14	43.65
人工单价		小 计						907.44	5267.50	28.14	43.65
36.50元/工日		未计价材料费									
清单项目综合单价								6246.73			

材料费明细	主要材料名称、规格、型号	单位	数量	单价（元）	合价（元）	暂估单价（元）	暂估合价（元）
	钢筋 Φ10以内	t	1.030	5110.00	5263.30		
	其他材料费				4.20		
	材料费小计				5267.50		

工程量清单综合单价分析表

工程名称：××工程　　　　　　　　　标段：　　　　　　　　　第26页　共42页

项目编码	010701001001	项目名称	瓦屋里	计量单位	m²

清单综合单价组成明细

定额编号	定额名称	定额单位	数量	单价 人工费	单价 材料费	单价 机械费	单价 管理费和利润	合价 人工费	合价 材料费	合价 机械费	合价 管理费和利润
A5-72	屋面木基层檩木上钉椽子挂瓦条檩木斜中距1.0m以内	100m²	0.010	158.41	769.70		10.22	1.58	7.70		0.10
A7-9	英红彩瓦屋面铺瓦	10m²	0.100	28.84	489.48	0.19	8.59	2.88	48.95	0.02	0.86
B1-1	砼或硬基层上水泥砂浆找平层厚度20mm	100m²	0.010	377.10	507.65	15.83	3.29	3.77	5.08	0.16	0.03
A7-51换	SBS卷材二层层数1层	100m²	0.010	219.00	3047.32		37.38	2.19	30.48		0.37
A8-223	楼地面隔热聚苯乙烯泡沫塑料板	10m³	0.004	1703.82	5489.81		77.27	6.81	21.95		0.31
A4-445	现浇构件圆钢筋Φ10以内	t	0.000	581.09	5254.36	41.09	41.49	0.24	2.20	0.02	0.02
B1-4	细石混凝土找平层厚度30mm	100m²	0.010	392.40	733.15	28.81	3.42	3.92	7.33	0.29	0.03
人工单价			小　　计					21.41	123.68	0.48	1.73
36.5/45.00 元/工日			未计价材料费								
清单项目综合单价								147.30			

材料费明细	主要材料名称、规格、型号	单位	数量	单价（元）	合价（元）	暂估单价（元）	暂估合价（元）
	钢筋Φ10以内	t	0.000	5110.00	2.18		
	英红彩瓦420mm×332mm	百块	0.105	460.00	48.30		
	中（粗）砂	m³	0.016	29.00	0.47		
	卵石10	m³	0.023	48.00	1.12		
	水泥32.5	kg	23.403	0.45	10.53		
	粗砂	m³	0.026	29.00	0.77		
	其他材料费				60.31		
	材料费小计				123.68		

工程量清单综合单价分析表

工程名称：××工程　　　　　　　　　　标段：　　　　　　　　第27页　共42页

项目编码	010702001001	项目名称	屋面卷材防水	计量单位	m²

清单综合单价组成明细

定额编号	定额名称	定额单位	数量	单价 人工费	单价 材料费	单价 机械费	单价 管理费和利润	合价 人工费	合价 材料费	合价 机械费	合价 管理费和利润
B1-1	砼或硬基层上水泥砂浆找平层厚度20mm	100m²	0.010	377.09	507.67	15.83	3.27	3.77	5.08	0.16	0.03
A7-51换	SBS卷材二层层数1层	100m²	0.028	219.00	3047.33		37.38	6.24	86.84		1.07
B1-2换	填充材料上水泥砂浆找平层厚度20mm 水泥炉渣1:8厚度30mm	100m²	0.010	522.46	460.51	27.93	4.55	5.22	4.61	0.28	0.05
人工单价			小　　计					15.24	96.52	0.44	1.14
36.50/45.00 元/工日			未计价材料费								
			清单项目综合单价						113.34		

材料费明细	主要材料名称、规格、型号	单位	数量	单价（元）	合价（元）	暂估单价（元）	暂估合价（元）
	粗砂	m³	0.024	29.00	0.70		
	水泥32.5	kg	17.049	0.45	7.67		
	其他材料费				88.15		
	材料费小计				96.52		

工程量清单综合单价分析表

工程名称：××工程 标段： 第28页 共42页

项目编码	020101002002	项目名称	水磨石地面	计量单位	m²

清单综合单价组成明细

定额编号	定额名称	定额单位	数量	单价-人工费	单价-材料费	单价-机械费	单价-管理费和利润	合价-人工费	合价-材料费	合价-机械费	合价-管理费和利润
A4-13 换	混凝土垫层 c15 140/32.5	10m³	0.006	480.34	1728.82	96.65	22.06	2.88	10.37	0.58	0.13
B1-1 换	砼或硬基层上水泥砂浆找平层15~20mm厚	100m²	0.010	309.14	396.88	11.64	2.69	3.09	3.97	0.12	0.03
A7-51 换	SBS卷材二层 层数1层	100m²	0.011	219.00	3047.32		37.38	2.44	33.89		0.42
B1-12	水磨石楼地面 嵌条厚度15mm	100m²	0.010	2729.25	1184.26	265.37	23.77	27.30	11.84	2.65	0.24
人工单价		小　　计						35.71	60.08	3.35	0.81
36.50/45.00 元/工日		未计价材料费									
		清单项目综合单价						99.95			

	主要材料名称、规格、型号	单位	数量	单价（元）	合价（元）	暂估单价（元）	暂估合价（元）
材料费明细	水泥32.5	kg	34.965	0.45	15.73		
	中（粗）砂	m³	0.033	29.00	0.95		
	卵石40	m³	0.052	48.00	2.47		
	粗砂	m³	0.018	29.00	0.53		
	其他材料费				40.40		
	材料费小计				60.08		

工程量清单综合单价分析表

工程名称：××工程　　　　　　　　　　　标段：　　　　　　　　　　第29页　共42页

项目编码	020102002001	项目名称	块料洗菜间地面	计量单位	m²

清单综合单价组成明细

定额编号	定额名称	定额单位	数量	单价 人工费	单价 材料费	单价 机械费	单价 管理费和利润	合价 人工费	合价 材料费	合价 机械费	合价 管理费和利润
B1-85	陶瓷地砖（彩釉砖）楼地面（周长在1200mm以内）水泥砂浆	100m²	0.010	1351.75	3609.37	65.24	11.90	13.58	36.27	0.66	0.12
A4-13换	混凝土垫层C15/140/32.5	10m³	0.006	480.26	1728.95	96.58	22.11	2.91	10.48	0.59	0.13
B1-1换	砼或硬基层上水泥砂浆找平层15~20mm厚	100m²	0.010	309.21	396.83	11.59	2.70	3.11	3.99	0.12	0.03
A7-51换	SBS卷材二层层数1层	100m²	0.012	219.08	3047.24		37.37	2.66	36.94		0.45
人工单价			小　　计					22.26	87.67	1.36	0.73
36.50/45.00 元/工日			未计价材料费								
			清单项目综合单价					112.02			

	主要材料名称、规格、型号	单位	数量	单价（元）	合价（元）	暂估单价（元）	暂估合价（元）
材料费明细	中（粗）砂	m³	0.033	29.00	0.96		
	卵石40	m³	0.052	48.00	2.50		
	水泥32.5	kg	32.955	0.45	14.83		
	粗砂	m³	0.043	29.00	1.23		
	其他材料费				68.15		
	材料费小计				87.67		

工程量清单综合单价分析表

工程名称：××工程　　　　　　　　　　标段：　　　　　　　　　　第30页　共42页

项目编码	020201001001	项目名称	墙面一般抹灰	计量单位	m²

清单综合单价组成明细

定额编号	定额名称	定额单位	数量	单价 人工费	单价 材料费	单价 机械费	单价 管理费和利润	合价 人工费	合价 材料费	合价 机械费	合价 管理费和利润
B2-22 换	墙面、墙裙抹水泥砂浆 14+6mm 砖墙厚度（水泥砂浆1:3）12mm	100m²	0.010	663.75	470.59	16.29	5.78	6.64	4.71	0.16	0.06
B5-310	仿瓷涂料二遍	100m²	0.010	315.00	122.53		2.74	3.15	1.23		0.03
B5-277	乳胶漆抹灰面二遍	100m²	0.010	135.00	321.37		1.18	1.35	3.21		0.01
人工单价			小　　计					11.14	9.14	0.16	0.10
45.00元/工日			未计价材料费								
			清单项目综合单价					20.54			

材料费明细	主要材料名称、规格、型号	单位	数量	单价（元）	合价（元）	暂估单价（元）	暂估合价（元）
	粗砂	m³	0.025	29.00	0.72		
	水泥32.5	kg	8.727	0.45	3.93		
	其他材料费				4.49		
	材料费小计				9.14		

工程量清单综合单价分析表

工程名称：××工程　　　　　　　　　　标段：　　　　　　　　　　第31页 共42页

项目编码	020204003001	项目名称	块料墙面	计量单位	m²

清单综合单价组成明细

定额编号	定额名称	定额单位	数量	单价 人工费	单价 材料费	单价 机械费	单价 管理费和利润	合价 人工费	合价 材料费	合价 机械费	合价 管理费和利润
B2-22 换	墙面、墙裙抹水泥砂浆14+6mm 砖墙厚度（水泥砂浆1:3）12mm	100m²	0.010	663.75	470.57	16.30	5.76	6.64	4.70	0.16	0.06
B2-209	瓷板200mm×300mm 砂浆粘贴内墙面	100m²	0.010	1350.03	3095.99	44.10	11.75	13.50	30.95	0.44	0.12
人工单价				小　　计				20.13	35.66	0.60	0.18
45.00元/工日				未计价材料费							
				清单项目综合单价					56.57		

	主要材料名称、规格、型号	单位	数量	单价（元）	合价（元）	暂估单价（元）	暂估合价（元）
材料费明细	瓷板200×300	m²	1.035	26.00	26.90		
	粗砂	m³	0.031	29.00	0.90		
	水泥32.5	kg	16.440	0.45	7.40		
	其他材料费				0.46		
	材料费小计				35.66		

工程量清单综合单价分析表

工程名称：××工程　　　　　　　　　　标段：　　　　　　　　　第32页　共42页

项目编码	020201001005	项目名称	外墙面抹灰	计量单位	m²

清单综合单价组成明细

定额编号	定额名称	定额单位	数量	单价 人工费	单价 材料费	单价 机械费	单价 管理费和利润	合价 人工费	合价 材料费	合价 机械费	合价 管理费和利润
B2-22 换	墙面、墙裙抹水泥砂浆 14+6mm 砖墙厚度（水泥砂浆1:3）12mm	100m²	0.010	663.74	470.60	16.29	5.78	6.64	4.71	0.16	0.06
人工单价		小　计						6.64	4.71	0.16	0.06
45.00元/工日		未计价材料费									
清单项目综合单价								11.56			

	主要材料名称、规格、型号	单位	数量	单价（元）	合价（元）	暂估单价（元）	暂估合价（元）
材料费明细	粗砂	m³	0.025	29.00	0.72		
	水泥32.5	kg	8.727	0.45	3.93		
	其他材料费				0.06		
	材料费小计				4.71		

工程量清单综合单价分析表

工程名称：××工程　　　　　　　　　标段：　　　　　　　　　第33页　共42页

项目编码	020204003002	项目名称	块料墙面	计量单位	m²

清单综合单价组成明细

定额编号	定额名称	定额单位	数量	单价 人工费	单价 材料费	单价 机械费	单价 管理费和利润	合价 人工费	合价 材料费	合价 机械费	合价 管理费和利润
B2-93	外墙外保温界面拉毛	100m²	0.010	127.37	245.73		1.13	1.27	2.46		0.01
B2-94换	外墙外保温ZL保温浆料 厚3cm 厚度（每增一遍2cm）4.5cm	100m²	0.010	526.28	4822.46	17.47	4.57	5.26	48.22	0.17	0.05
B2-96	外墙外保温抗裂砂浆铺贴网格布	100m²	0.010	282.15	2124.27	3.72	2.46	2.82	21.24	0.04	0.02
B2-233	194mm×94mm 面砖水泥砂浆粘贴面砖灰缝10mm内	100m²	0.010	1393.65	2965.26	43.17	12.15	13.94	29.65	0.43	0.12
人工单价			小　　计					23.29	101.58	0.64	0.20
45.00元/工日			未计价材料费								
清单项目综合单价								125.72			

材料费明细	主要材料名称、规格、型号	单位	数量	单价（元）	合价（元）	暂估单价（元）	暂估合价（元）
	水泥42.5	kg	2.180	0.49	1.07		
	中砂	m³	0.003	29.00	0.10		
	粗砂	m³	0.007	29.00	0.20		
	水泥32.5	kg	4.326	0.45	1.95		
	其他材料费				98.26		
	材料费小计				101.58		

工程量清单综合单价分析表

工程名称：××工程　　　　　　　　　标段：　　　　　　　　　第34页　共42页

项目编码	010703003001	项目名称	砂浆防水（潮）	计量单位	m²

清单综合单价组成明细

定额编号	定额名称	定额单位	数量	单价 人工费	单价 材料费	单价 机械费	单价 管理费和利润	合价 人工费	合价 材料费	合价 机械费	合价 管理费和利润
A7-88	墙（地）面防水、防潮防水砂浆平面	100m²	0.010	361.35	637.38	15.82	8.58	3.62	6.38	0.16	0.09
人工单价		小　计						3.62	6.38	0.16	0.09
36.50元/工日		未 计 价 材 料 费									
清单项目综合单价								10.25			

材料费明细	主要材料名称、规格、型号	单位	数量	单价（元）	合价（元）	暂估单价（元）	暂估合价（元）
	粗砂	m³	0.022	29.00	0.65		
	水泥32.5	kg	11.256	0.45	5.07		
	其他材料费				0.66		
	材料费小计				6.38		

工程量清单综合单价分析表

工程名称：××工程　　　　　　　　　　标段：　　　　　　　　　第35页 共42页

项目编码	B0001	项目名称	墙、柱面龙骨上钉基层 钢网	计量单位	m²

清单综合单价组成明细

定额编号	定额名称	定额单位	数量	单价 人工费	单价 材料费	单价 机械费	单价 管理费和利润	合价 人工费	合价 材料费	合价 机械费	合价 管理费和利润
B2b-1	墙面钉玻璃纤维网	100m²	0.010	244.35	184.76		2.14	2.44	1.85		0.02
人工单价				小　　计				2.44	1.85		0.02
36.50元/工日				未计价材料费							
清单项目综合单价								4.32			

材料费明细	主要材料名称、规格、型号	单位	数量	单价（元）	合价（元）	暂估单价（元）	暂估合价（元）
	其他材料费				1.85		
	材料费小计				1.85		

工程量清单综合单价分析表

工程名称：××工程　　　　　　　　　　　标段：　　　　　　　　　　第36页　共42页

项目编码	020301001001	项目名称	天棚抹灰	计量单位	m²

清单综合单价组成明细

定额编号	定额名称	定额单位	数量	单价 人工费	单价 材料费	单价 机械费	单价 管理费和利润	合价 人工费	合价 材料费	合价 机械费	合价 管理费和利润
B3-3	混凝土面天棚水泥砂浆 现浇	100m²	0.010	764.55	483.28	13.50	6.66	7.64	4.83	0.13	0.07
B5-310	仿瓷涂料 二遍	100m²	0.010	315.00	122.53		2.74	3.15	1.23		0.03
B5-277	乳胶漆抹灰面二遍	100m²	0.010	135.00	321.37		1.18	1.35	3.21		0.01
人工单价				小　计				12.14	9.27	0.13	0.11
45.00元/工日				未计价材料费							
清单项目综合单价								21.65			

材料费明细	主要材料名称、规格、型号	单位	数量	单价（元）	合价（元）	暂估单价（元）	暂估合价（元）
	粗砂	m³	0.021	29.00	0.60		
	水泥32.5	kg	9.073	0.45	4.08		
	其他材料费				4.59		
	材料费小计				9.27		

工程量清单综合单价分析表

工程名称：××工程　　　　　　　　　　　标段：　　　　　　　　　　第37页　共42页

项目编码	020506001001	项目名称	吊顶	计量单位	m²

清单综合单价组成明细

定额编号	定额名称	定额单位	数量	单价 人工费	单价 材料费	单价 机械费	单价 管理费和利润	合价 人工费	合价 材料费	合价 机械费	合价 管理费和利润
B3-49	不上人型装配式T型铝合金天棚龙骨规格300mm×300mm一级	100m²	0.010	923.40	3478.46	14.38	8.04	9.23	34.78	0.14	0.08
B3-86	铝塑板天棚面层贴在木龙骨底	100m²	0.010	675.00	6910.57		5.88	6.75	69.10		0.06
人工单价		小　　计						15.98	103.89	0.14	0.14
45.00元/工日		未 计 价 材 料 费									
清单项目综合单价								120.15			

材料费明细	主要材料名称、规格、型号	单位	数量	单价（元）	合价（元）	暂估单价（元）	暂估合价（元）
	其他材料费				103.89		
	材料费小计				103.89		

工程量清单综合单价分析表

工程名称：××工程　　　　　　　　　　　　标段：　　　　　　　　　　第38页　共42页

项目编码	020406001001	项目名称	铝合金窗	计量单位	樘

清单综合单价组成明细

定额编号	定额名称	定额单位	数量	单价 人工费	单价 材料费	单价 机械费	单价 管理费和利润	合价 人工费	合价 材料费	合价 机械费	合价 管理费和利润
B4-249	推拉窗安装	100m²	0.032	1417.49	18907.99	178.07	12.36	45.89	612.15	5.77	0.40
B4-254	纱扇安装 不锈钢窗纱	100m²	0.032	737.10	2625.02	12.51	6.45	23.86	84.99	0.41	0.21
人工单价			小　计					69.76	697.13	6.17	0.61
45.00元/工日			未计价材料费								
清单项目综合单价								255.86			

材料费明细	主要材料名称、规格、型号	单位	数量	单价（元）	合价（元）	暂估单价（元）	暂估合价（元）
	其他材料费				697.13		
	材料费小计				697.13		

工程量清单综合单价分析表

工程名称：××工程　　　　　　　　　　标段：　　　　　　　　　　第39页　共42页

项目编码	020406001002	项目名称	铝合金窗	计量单位	樘

清单综合单价组成明细

定额编号	定额名称	定额单位	数量	单价 人工费	单价 材料费	单价 机械费	单价 管理费和利润	合价 人工费	合价 材料费	合价 机械费	合价 管理费和利润
B4-249	推拉窗安装	100m²	0.027	1417.47	18908.02	178.09	12.35	38.27	510.52	4.81	0.33
B4-254	纱扇安装 不锈钢窗纱	100m²	0.027	737.10	2625.00	12.53	6.42	19.90	70.88	0.34	0.17
人工单价				小　计				58.17	581.39	5.15	0.51
45.00元/工日				未计价材料费							
清单项目综合单价									645.22		

材料费明细	主要材料名称、规格、型号	单位	数量	单价（元）	合价（元）	暂估单价（元）	暂估合价（元）
	其他材料费				581.39		
	材料费小计				581.39		

工程量清单综合单价分析表

工程名称：××工程　　　　　　　　　　　　标段：　　　　　　　　　　　第40页　共42页

项目编码	020402007001	项目名称	乙级防火门	计量单位	樘

清单综合单价组成明细

定额编号	定额名称	定额单位	数量	单价 人工费	单价 材料费	单价 机械费	单价 管理费和利润	合价 人工费	合价 材料费	合价 机械费	合价 管理费和利润
B4-271	防火门安装 钢质	100m²	0.021	4230.00	60000.00		36.79	88.83	1260.00		0.77
人工单价				小　计				88.83	1260.00		0.77
45.00元/工日				未计价材料费							
清单项目综合单价								1349.60			

材料费明细	主要材料名称、规格、型号	单位	数量	单价（元）	合价（元）	暂估单价（元）	暂估合价（元）
	其他材料费				1260.00		
	材料费小计				1260.00		

工程量清单综合单价分析表

工程名称：××工程　　　　　　　标段：　　　　　　　　　第 41 页　共 42 页

项目编码	020401003001	项目名称	M1 实木门	计量单位	樘

清单综合单价组成明细

定额编号	定额名称	定额单位	数量	单价 人工费	单价 材料费	单价 机械费	单价 管理费和利润	合价 人工费	合价 材料费	合价 机械费	合价 管理费和利润
B4-275	实木门框制作、安装	100m	0.057	450.00	606.40		3.90	25.65	34.57		0.22
B4-276	实木镶板门扇制作、安装 凸凹型	100m²	0.032	4050.00	3669.29		35.32	127.58	115.58		1.11
B5-5	底油一遍、刮腻子、调和漆三遍 单层木门	100m²	0.032	969.29	640.24		8.41	30.53	20.17		0.27
B4-367	L型执手杆锁	把	1.000	11.26	55.00		0.10	11.26	55.00		0.10
B4-374	门碰珠	只	1.000	2.26	5.00		0.02	2.26	5.00		0.02
B4-315	榉木板装饰面门套 带木筋	100m²	0.032	5881.98	5638.73		51.27	185.28	177.62		1.61
人工单价			小　计					382.55	407.93		3.33
45.00 元/工日			未计价材料费								
			清单项目综合单价					793.82			

材料费明细	主要材料名称、规格、型号	单位	数量	单价（元）	合价（元）	暂估单价（元）	暂估合价（元）
	其他材料费				407.93		
	材料费小计				407.93		

工程量清单综合单价分析表

工程名称：××工程　　　　　　　　　　标段：　　　　　　　　　第42页　共42页

项目编码	020401003002	项目名称	M2 实木门	计量单位	樘

清单综合单价组成明细

定额编号	定额名称	定额单位	数量	单价 人工费	单价 材料费	单价 机械费	单价 管理费和利润	合价 人工费	合价 材料费	合价 机械费	合价 管理费和利润
B4-275	实木门框制作、安装	100m	0.041	450.00	606.40		3.90	18.45	24.86		0.16
B4-276	凸凹型实木镶板门扇制作、安装	100m²	0.021	4050.00	3669.29		35.24	85.05	77.06		0.74
B5-5	底油一遍、刮腻子、调和漆三遍 单层木门	100m²	0.021	969.29	640.24		8.33	20.36	13.45		0.18
B4-367	L型执手杆锁	把	1.000	11.26	55.00		0.10	11.26	55.00		0.10
B4-374	门碰珠	只	1.000	2.26	5.00		0.02	2.26	5.00		0.02
B4-315	榉木板装饰面 门套带木筋	100m²	0.021	5882.02	5638.81		51.19	123.52	118.42		1.08
人工单价			小 计					260.89	293.78		2.27
36.50元/工日			未计价材料费								
清单项目综合单价								556.93			

材料费明细	主要材料名称、规格、型号	单位	数量	单价（元）	合价（元）	暂估单价（元）	暂估合价（元）
	其他材料费				293.78		
	材料费小计				293.78		

3.4 任务操作

请依据下面的××工程图纸编写一份完整的工程量清单（见图3-16～图3-27）。工程施工图设计说明详见3.1.1。

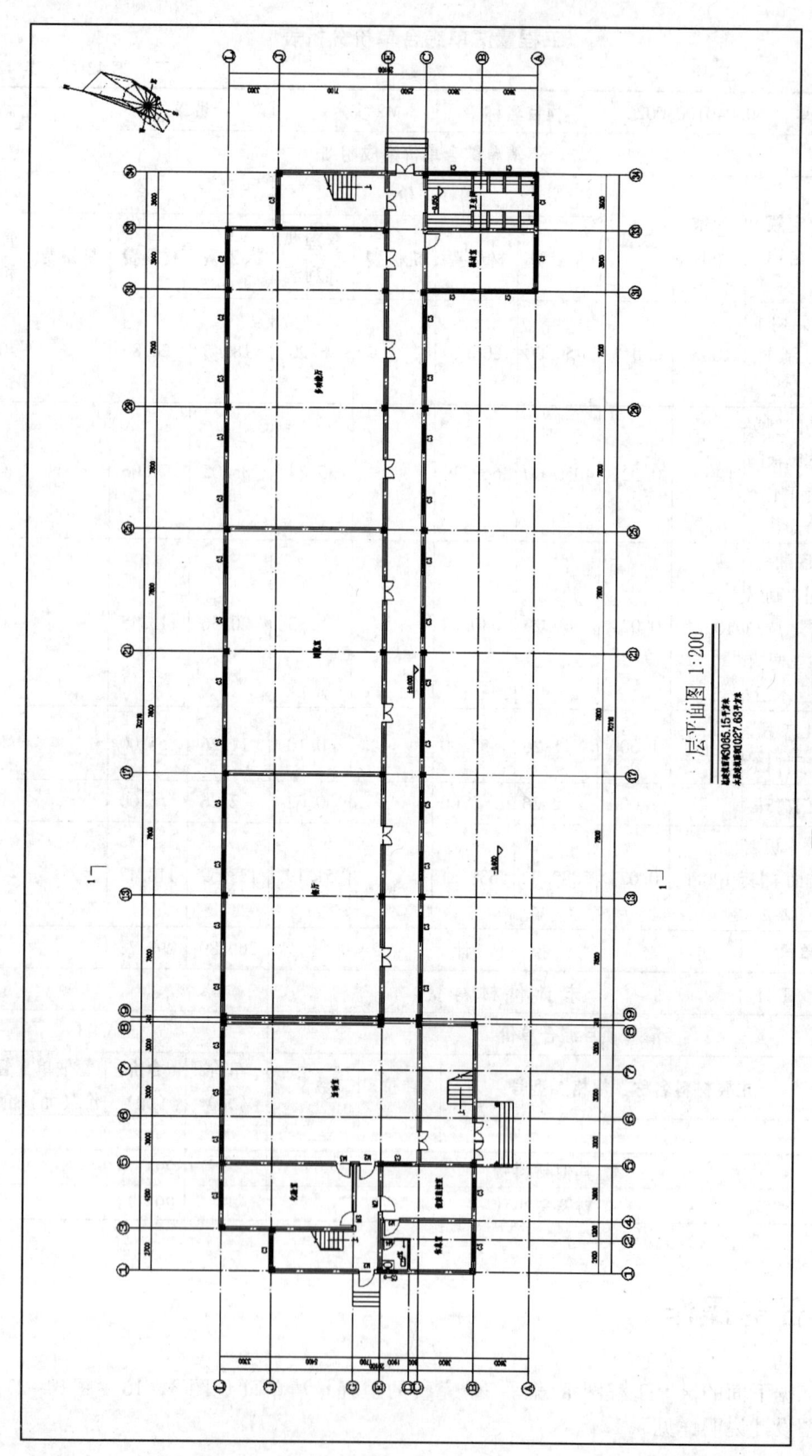

图 3-16 一层平面图

项目三　建筑工程量清单计价实训

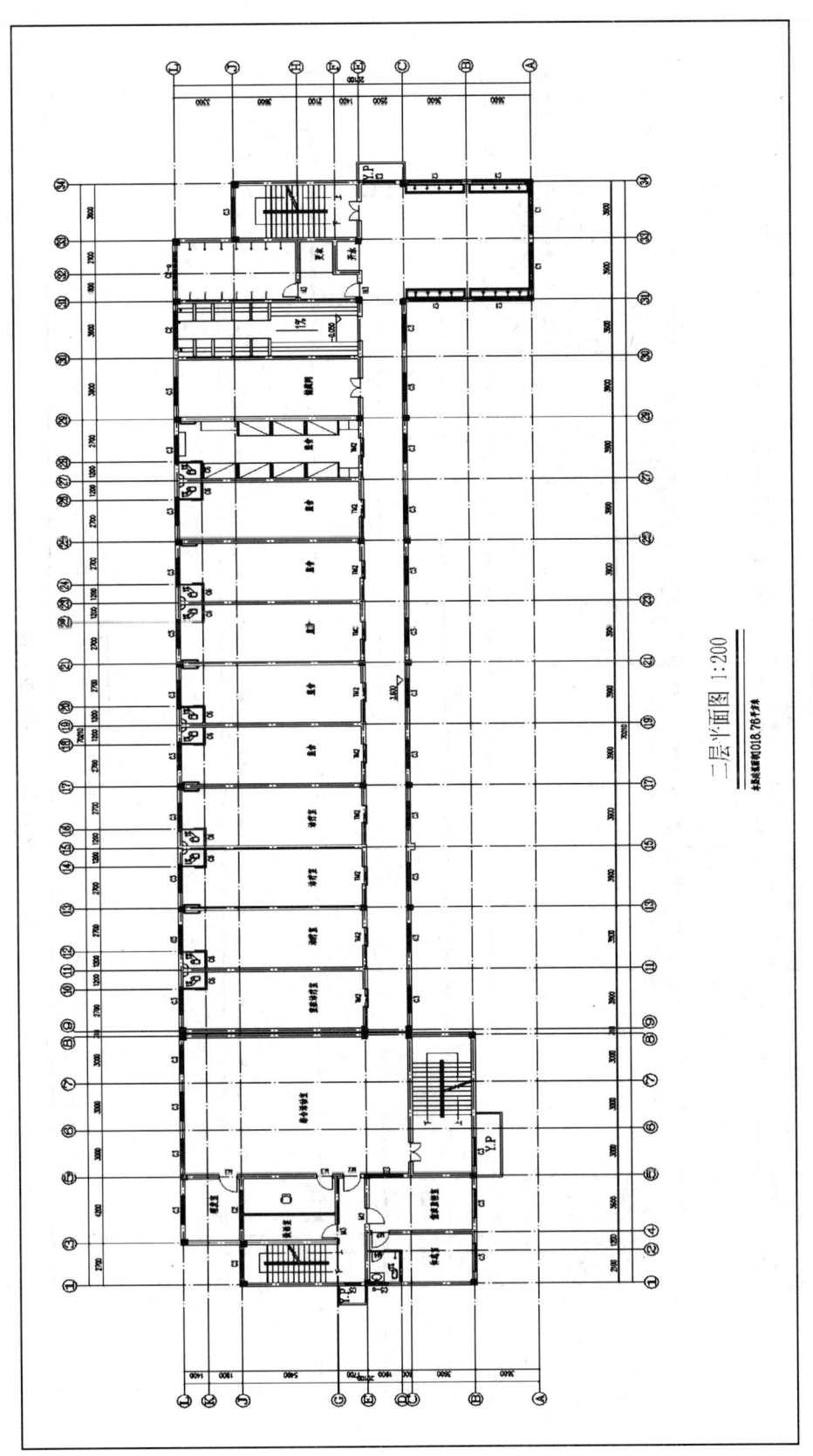

图 3-17　二层平面图

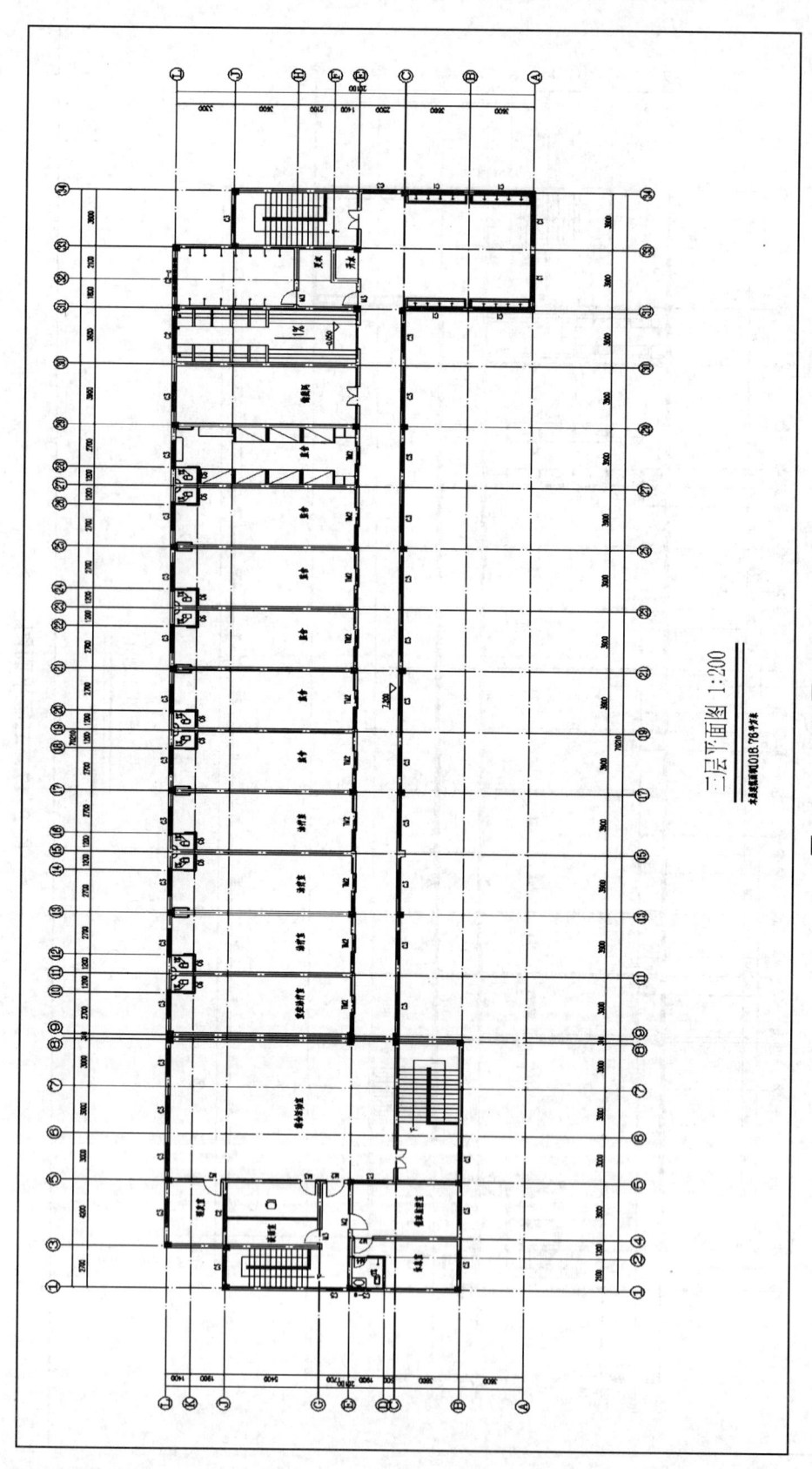

图 3-18 三层平面图

项目三 建筑工程量清单计价实训

屋顶平面图 1:200

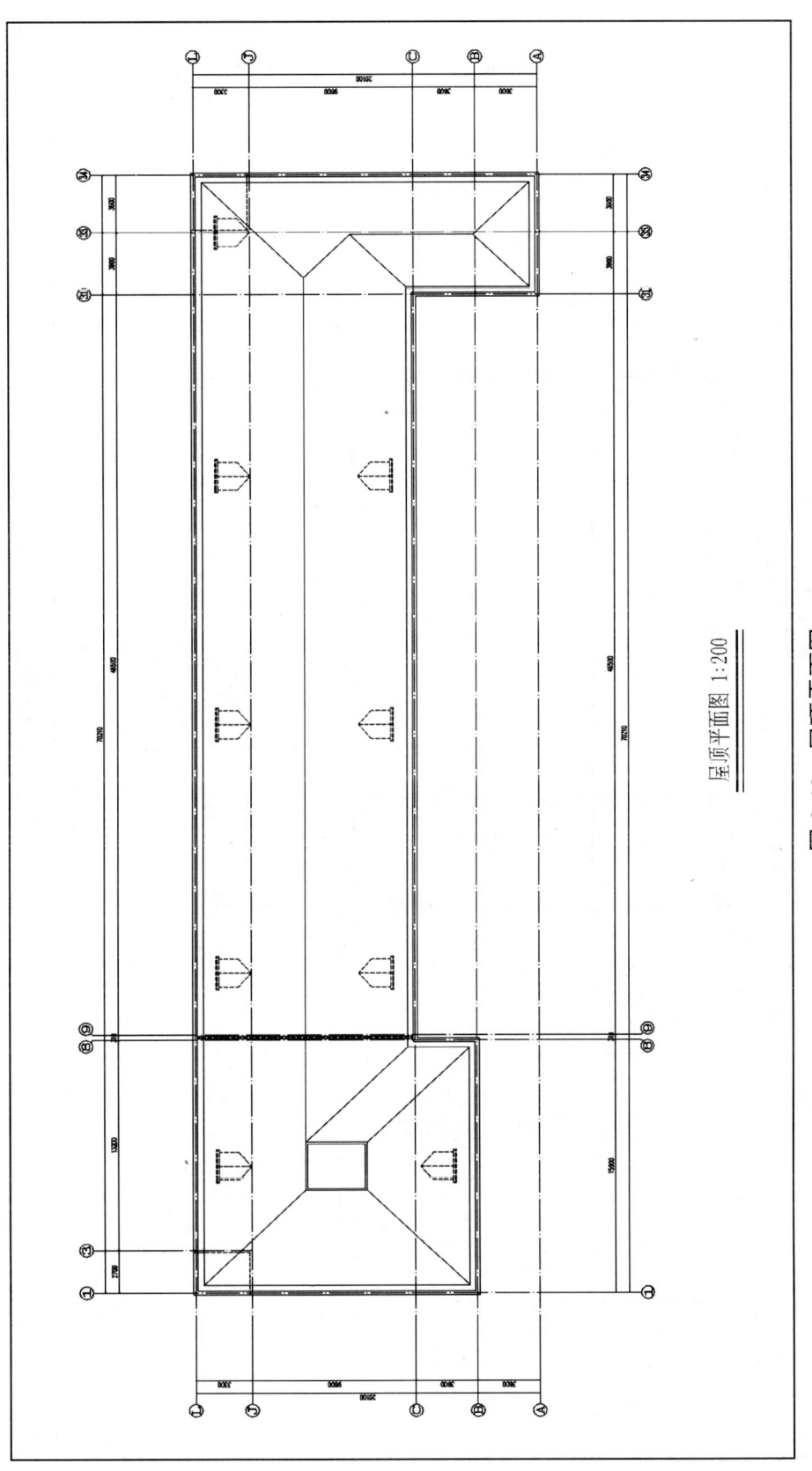

图 3-19 屋顶平面图

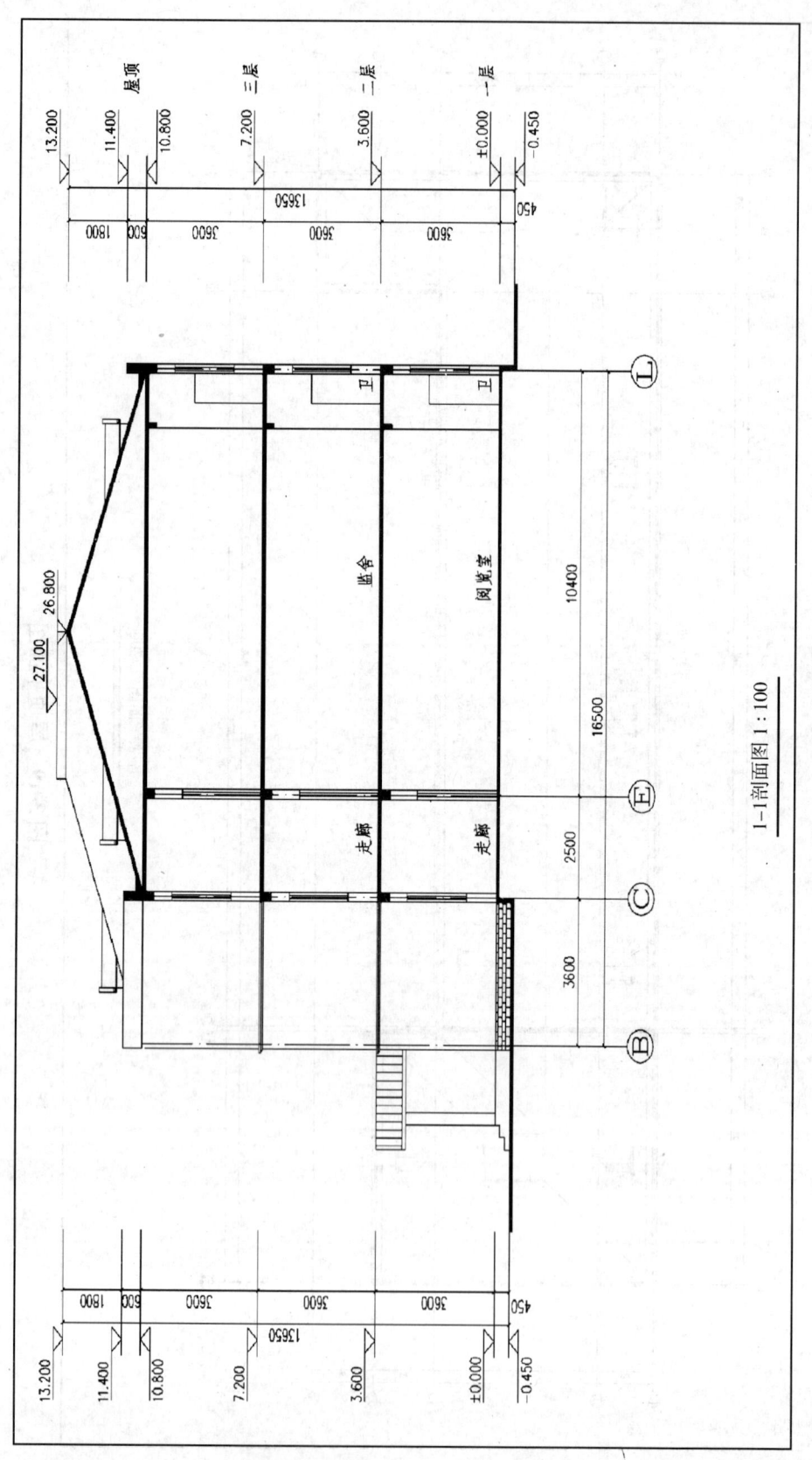

图 3-20 1-1剖面图

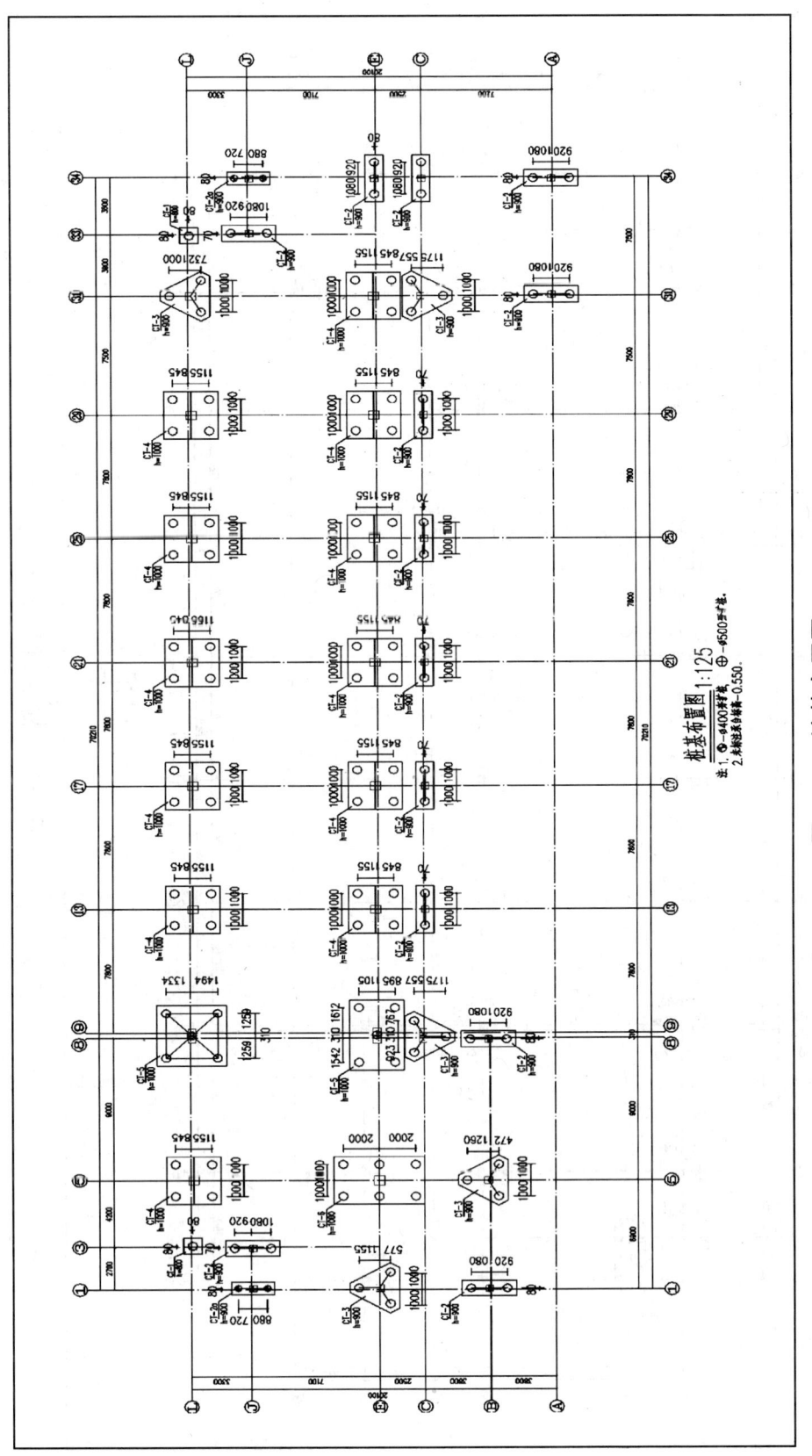

图 3-21 桩基布置图

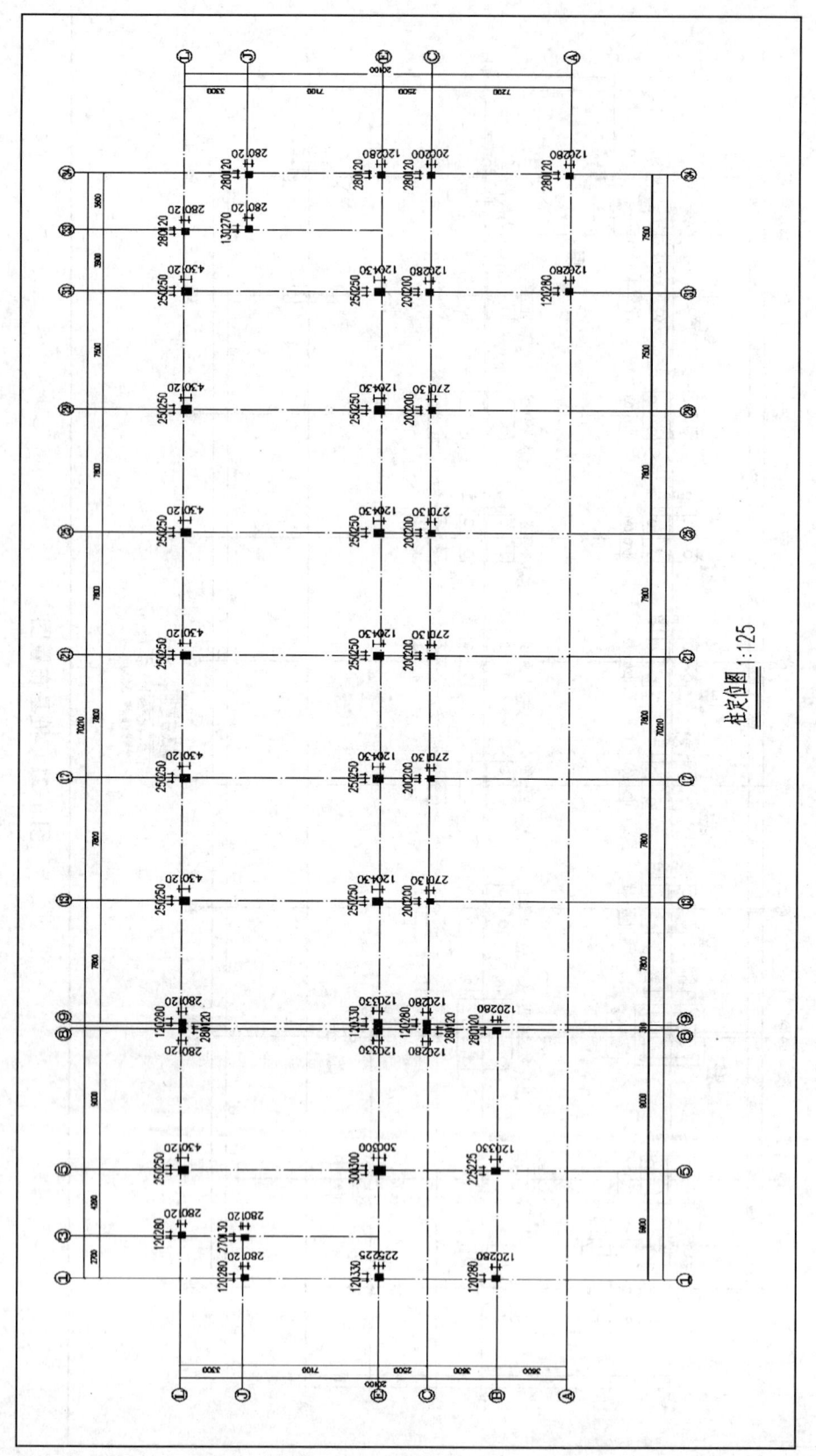

图 3-22 柱定位图

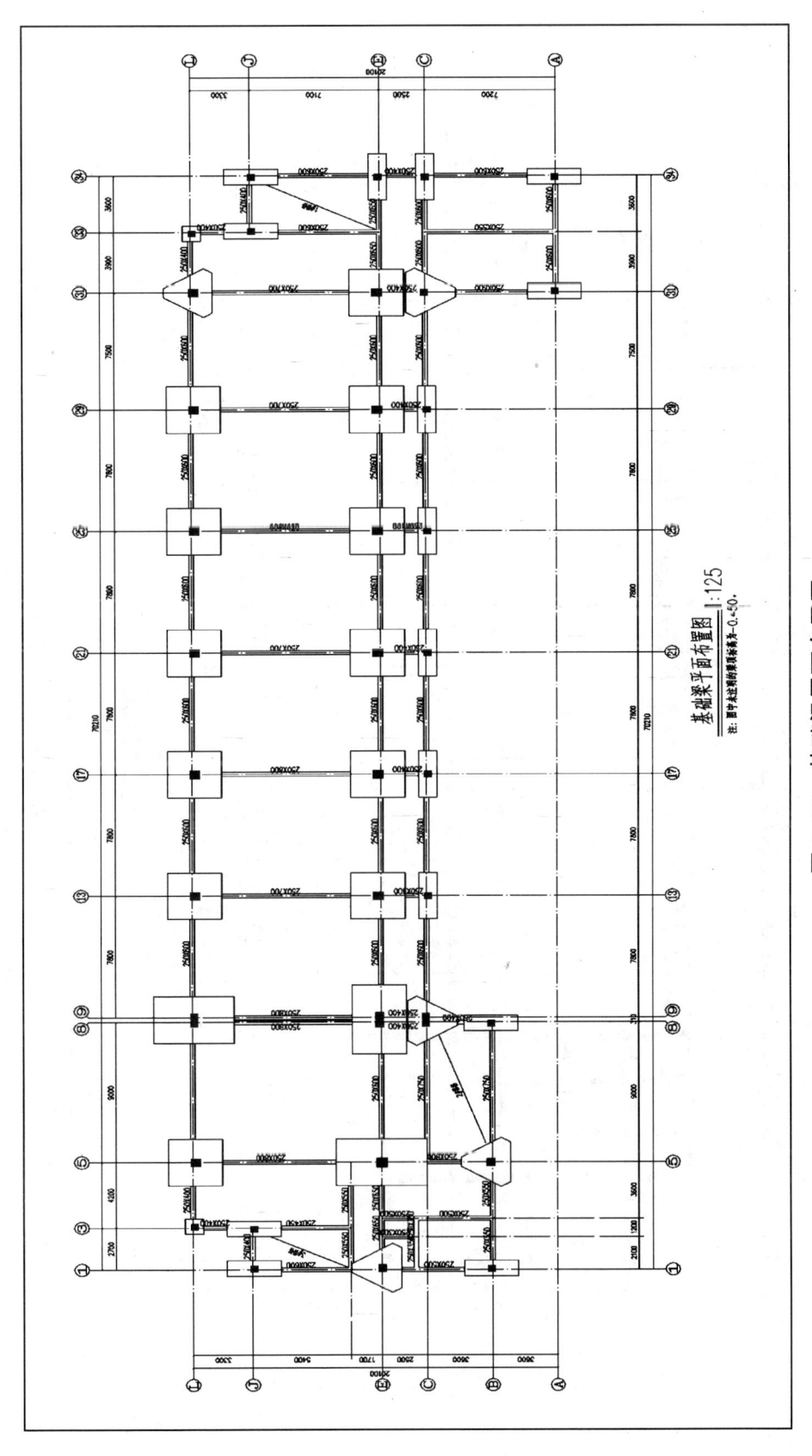

图 3-23 基础梁平面布置图

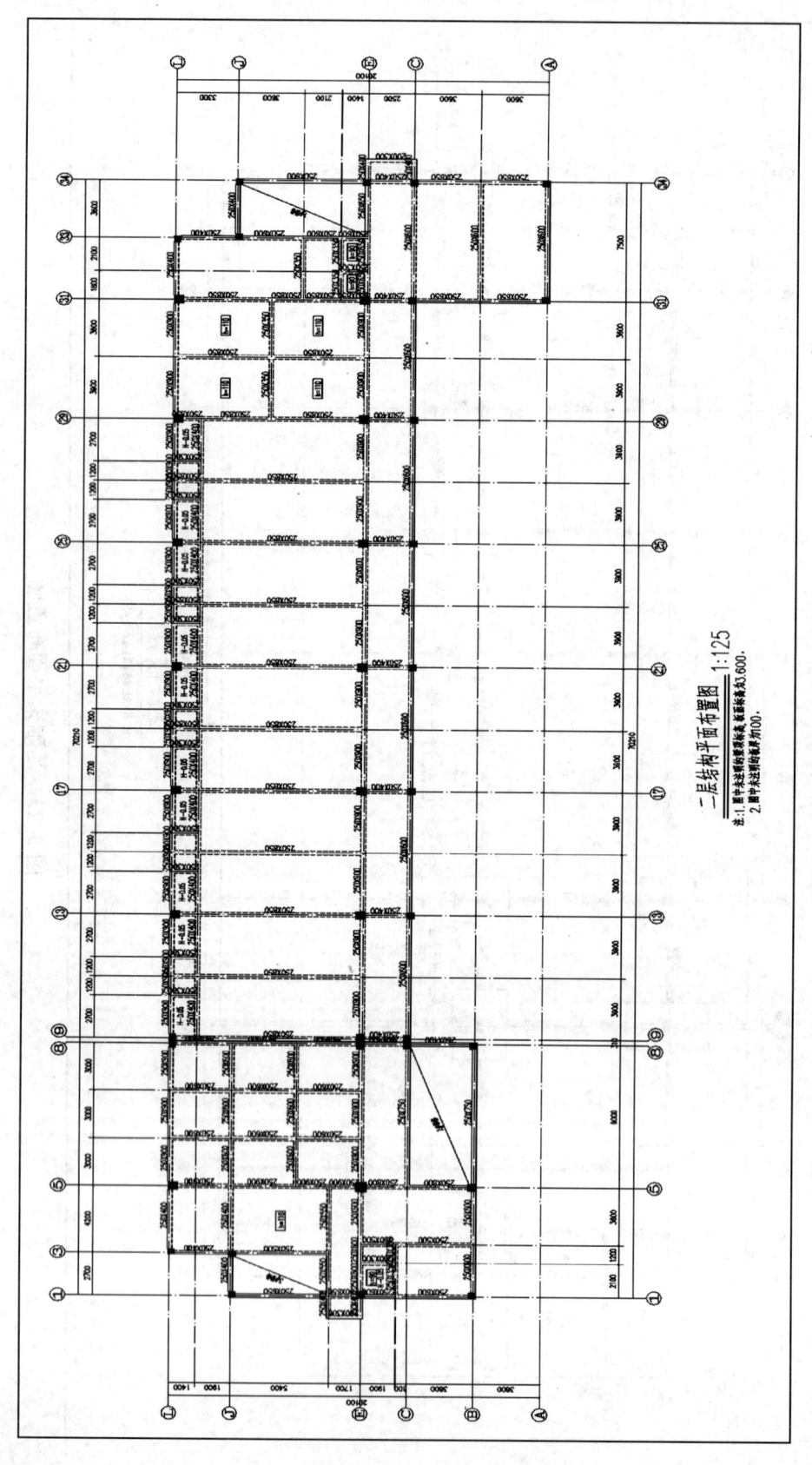

图 3-24 二层结构平面布置图

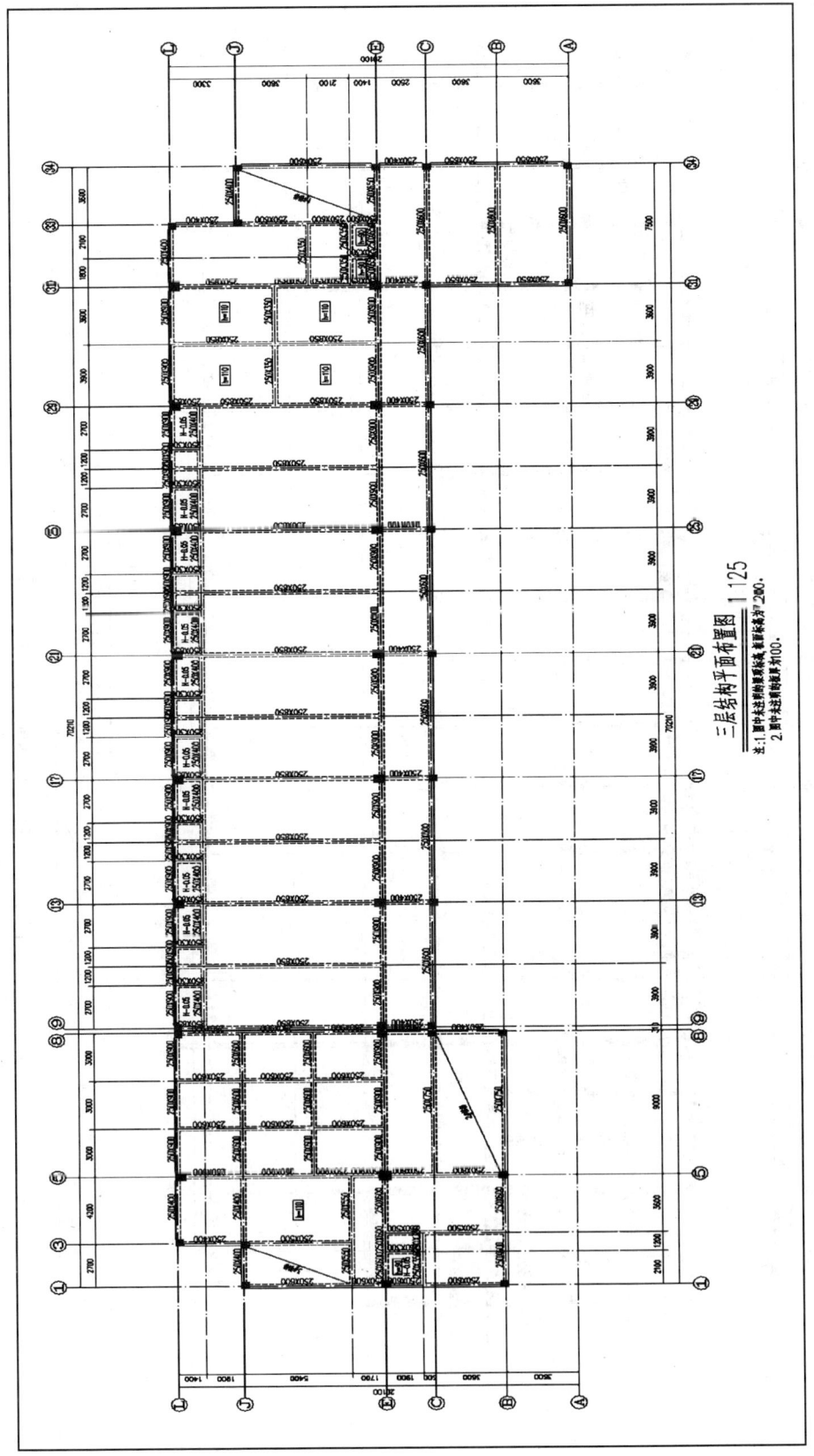

图 3-25 三层结构平面布置图

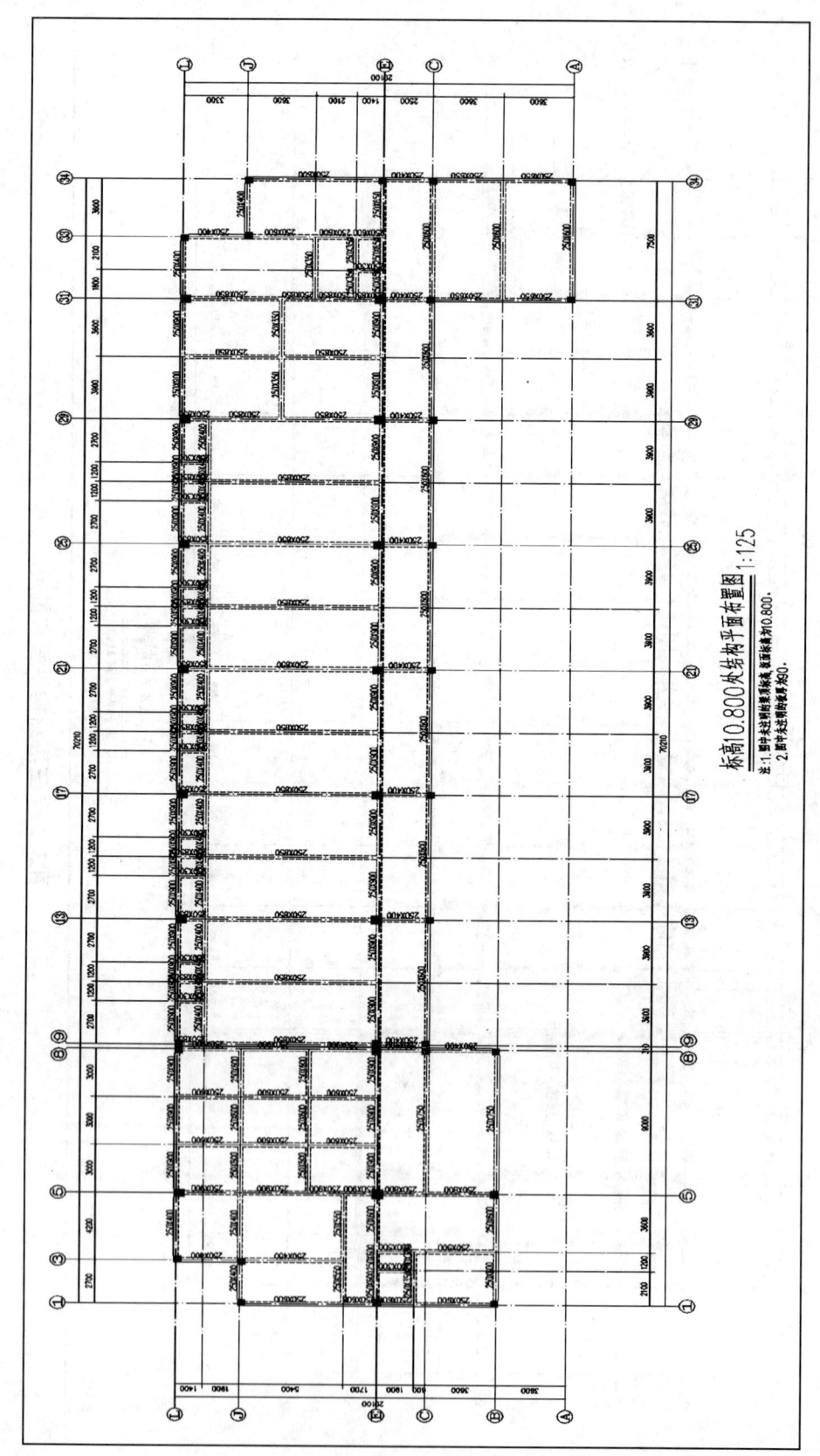

图 3-26　标高10.800处结构平面布置图

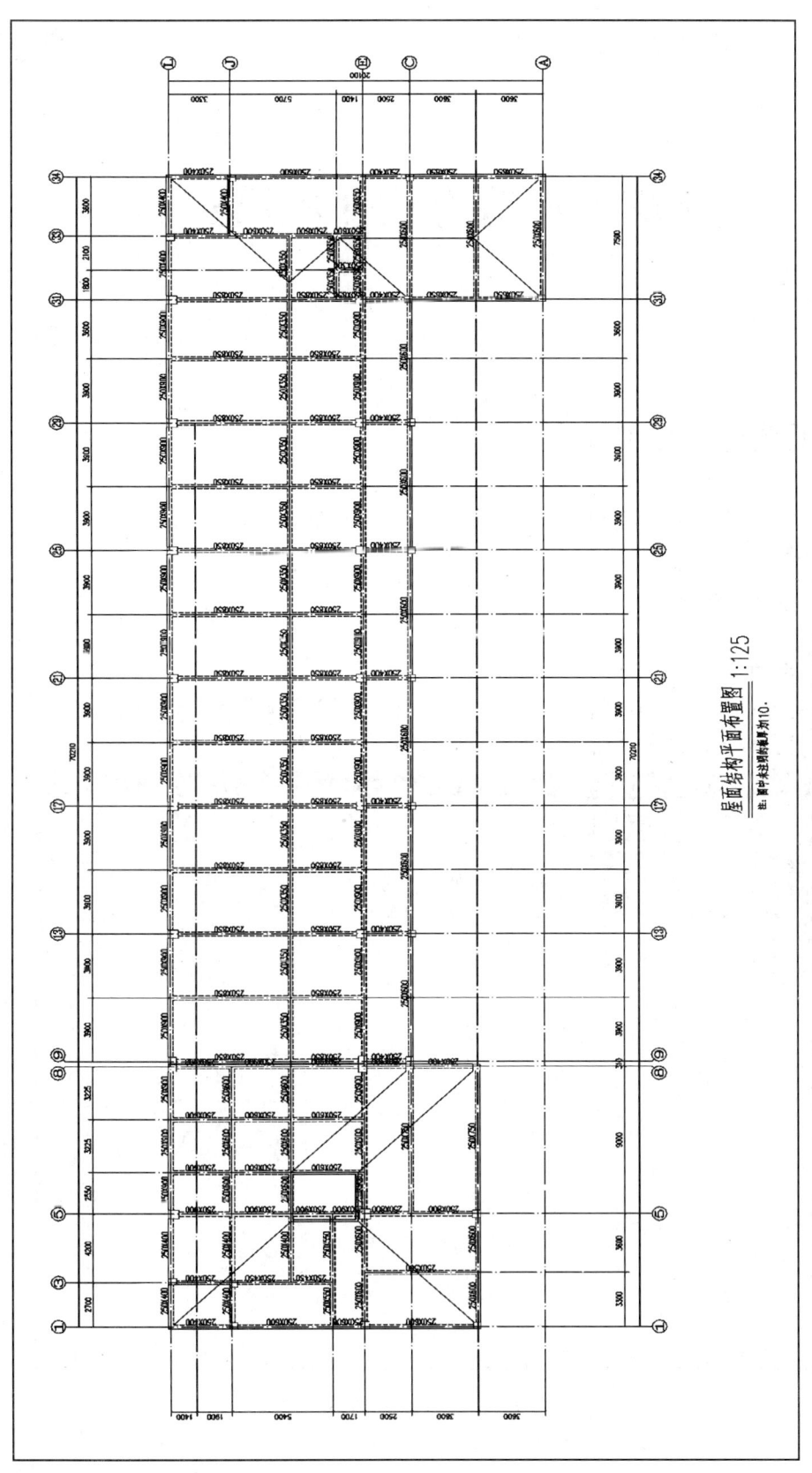

图 3-27 屋面结构平面布置图

项目四

建筑工程造价软件应用实训

4.1 工程计价软件应用

整体操作流程分为：建立项目、编制清单及投标报价。

4.1.1 建立项目

【第一步】启动

双击桌面上的 GBQ4.0 图标，在弹出的界面中选择工程类型为【清单计价】，再单击【新建项目】，软件会进入"新建标段"界面（见图 4-1）。

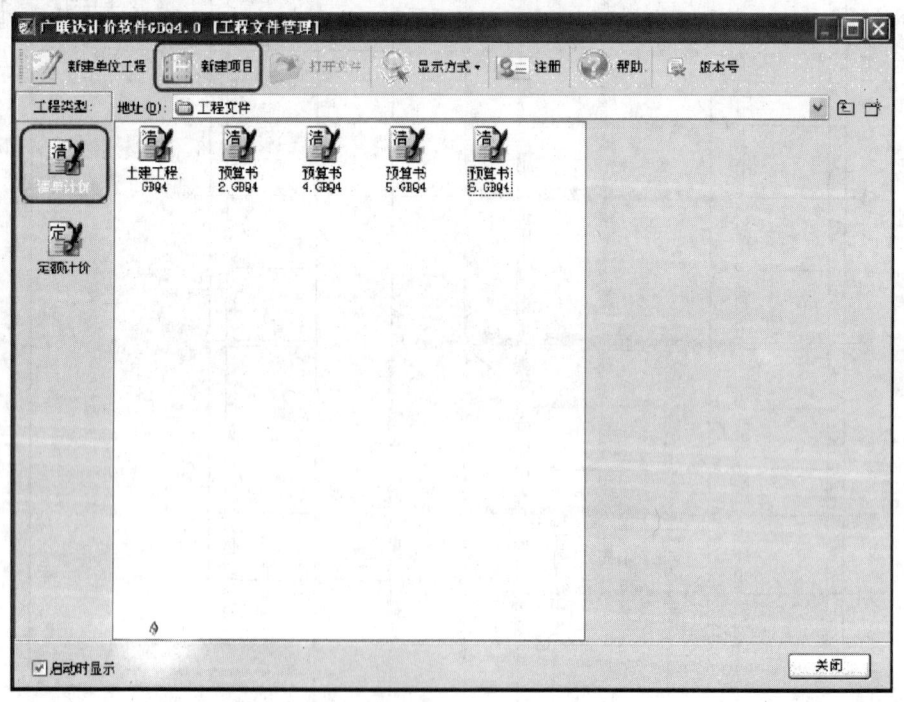

图 4-1 新建项目

【第二步】新建标段（见图 4-2）

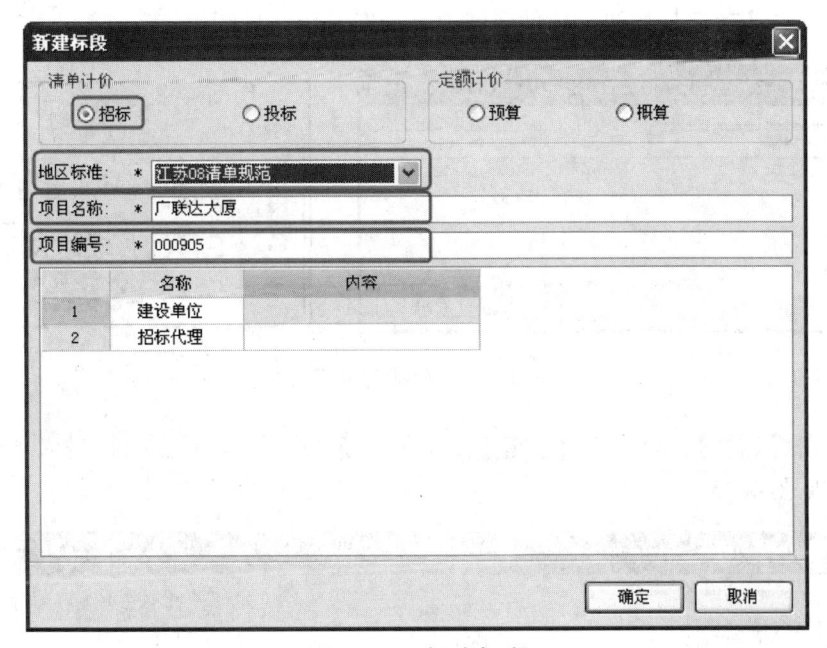

图 4-2 新建标段

说明：

①选择清单计价【招标】或【投标】，选择【地区标准】；

②输入项目名称，如"广联达大厦"，则保存的项目文件名也为广联达大厦。另外报表也会显示工程名称为广联达大厦；

③输入一些项目信息，如建设单位、招标代理；

④单击【确定】按钮完成新建项目，进入项目管理界面。

【第三步】项目管理（见图 4-3）

图 4-3 项目管理

(1) 单击【新建】，选择【新建单项工程】，软件进入新建单项工程界面，输入单项工程名称后，单击【确定】按钮，软件回到项目管理界面（见图 4-4）。

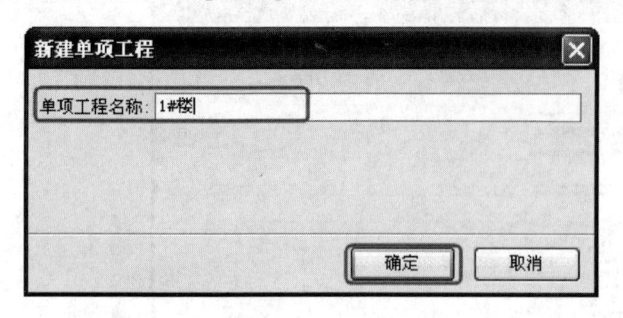

图 4-4 新建单项工程

(2) 单击【1#楼】，再单击【新建】，选择【新建单位工程】，软件进入单位工程新建向导界面（见图 4-5）。

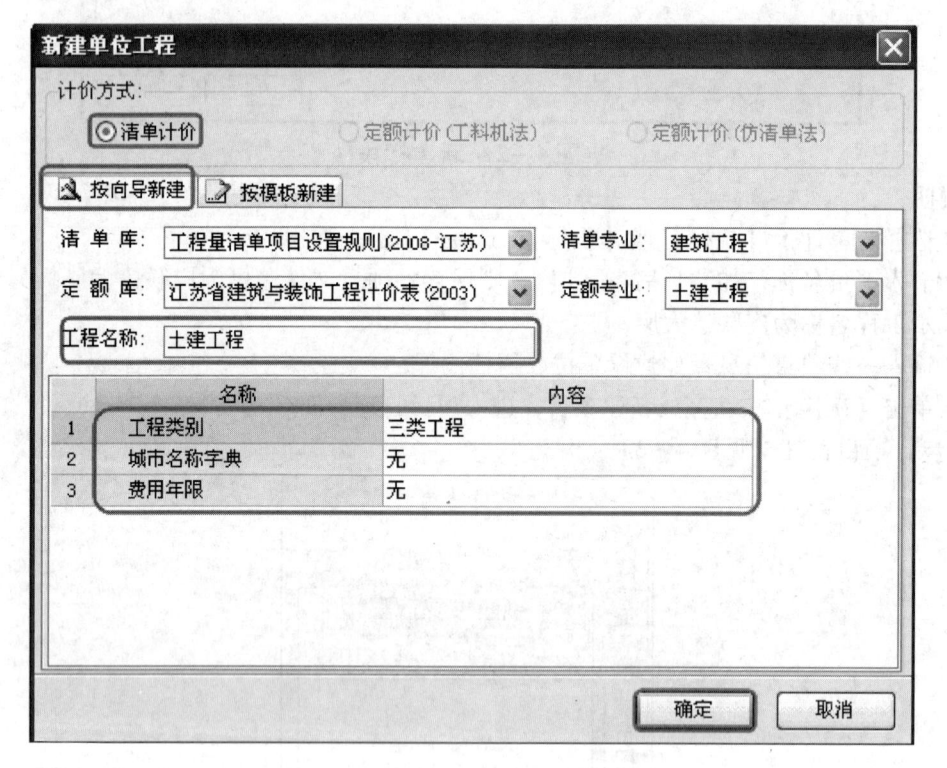

图 4-5 新建单位工程信息设置

说明：
① 确认计价方式，按向导新建；
② 选择清单库、清单专业、定额库、定额专业；
③ 输入工程名称，输入工程相关信息，如工程类别、建筑面积；
④ 单击【确定】按钮，新建完成。
根据以上步骤，我们按照工程实际建立一个工程项目，如图 4-6 所示。

4.1.2 编制清单及投标报价

【第一步】进入单位工程

在项目管理窗口选择要编辑的单位工程,使用双击鼠标左键或单击功能区【编辑】按钮,进入单位工程主界面(见图4-7)。

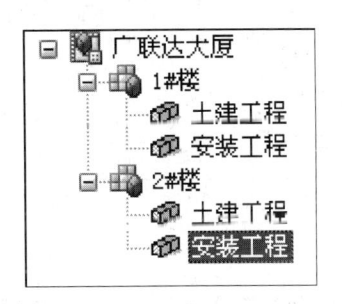

图4-6 单位工程新建专业

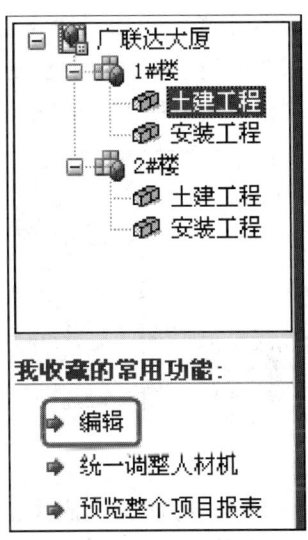

图4-7 项目管理窗口

【第二步】工程概况

单击【工程概况】,工程概况包括工程信息、工程特征及指标信息,可以在右侧界面相应的信息内容中输入信息(见图4-8)。

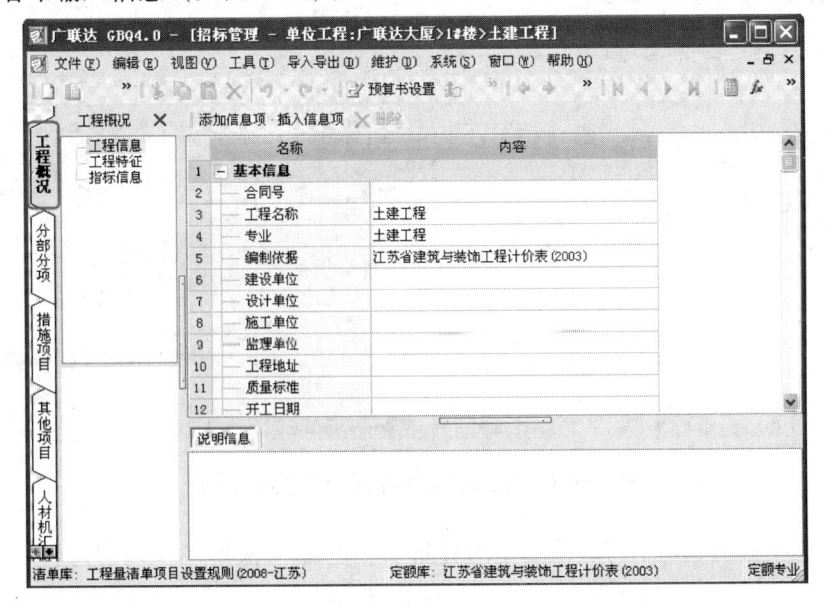

图4-8 工程概况图

说明：

①根据工程的实际情况在工程信息、工程特征界面输入法定代表人、造价工程师、结构类型等信息，封面等报表会自动关联这些信息；

②指标信息：显示工程总造价和单方造价，系统根据用户编制预算时输入的资料自动计算，在此页面的信息是不可以手工修改的。

【第三步】编制清单及投标报价

(1) 输入清单：单击【分部分项】→【查询窗口】，在弹出的查询界面，选择清单，选择您所需要的清单项，如平整场地，然后双击或单击【插入】输入到数据编辑区，然后在工程量列输入清单项的工程量（见图4-9）。

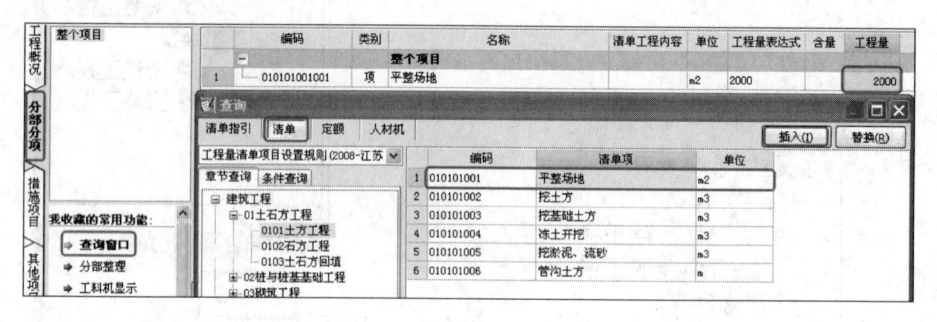

图4-9

(2) 设置项目特征及其显示规则：

① 单击属性窗口中的【特征及内容】，在【特征及内容】窗口中设置要输出的工作内容，并在"特征值"列通过下拉选项选择项目特征值或手工输入项目特征值；

② 然后在【清单名称显示规则】窗口中设置名称显示规则，单击【应用规则到所选清单项】或【应用规则到全部清单】，软件则会按照规则设置清单项的名称（见图4-10）。

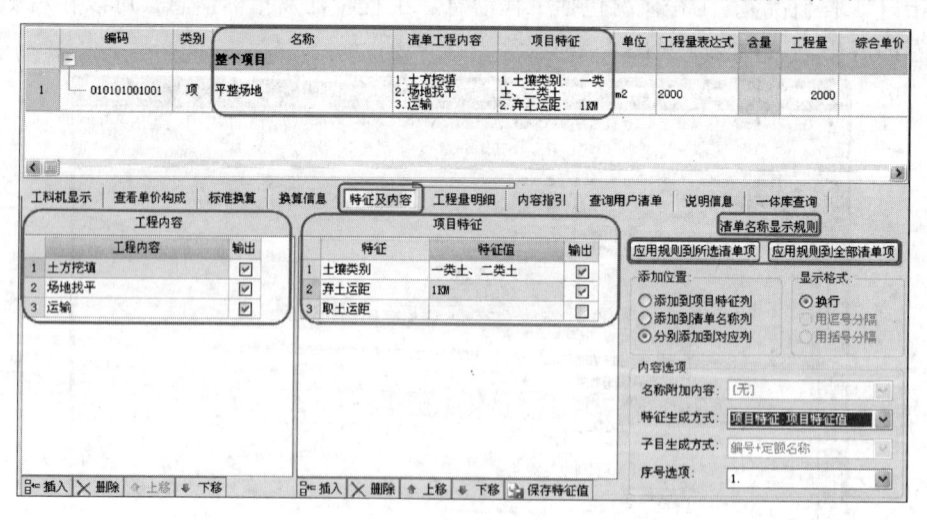

图4-10 设置项目特征及其显示规则

③ 组价：单击【内容指引】，在【内容指引】界面中根据工作内容选择相应的定额子目，然后双击输入，并输入子目的工程量（见图4-11）。

项目四 建筑工程造价软件应用实训

[图 4-11 界面截图]

图 4-11 组价指引

说明：当子目单位与清单单位一致时，子目工程量可以默认为清单工程量。可以在【预算书属性】里进行设置。

【第四步】措施项目

(1) 计算公式组价项：软件已按专业分别给出，如无特殊规定，可以按软件的计算（见图 4-12）。

[图 4-12 界面截图]

图 4-12 计算公式组价项

(2) 定额组价项：选择"脚手架"项，在界面工具条中单击【查询】，在弹出的界面里找到相应措施定额脚手架子目，然后双击或单击【插入】，并输入工程量（见图 4-13）。

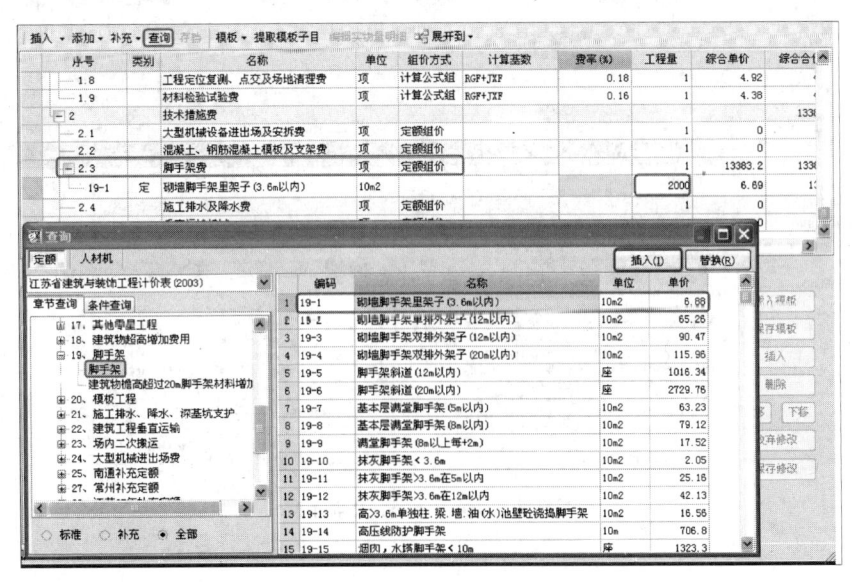

[图 4-13 界面截图]

图 4-13 定额组价项

【第五步】其他项目

(1) 招标人：在计算基数列分别输入"预留金"和"材料购置费"。
(2) 投标人：根据工程实际，输入"总承包服务费"和"零星工作费"（见图4-14）。

序号	名称	计算基数	费率(%)	金额	费用类别	不可竞争费	备注	局部汇总
1	其他项目			142000				□
2	1	招标人部分		140000	招标人部分			□
3	1.1	预留金	40000		40000	预留金	□	□
4	1.2	材料购置费	100000		100000	材料购置费	□	□
5	2	投标人部分		2000	投标人部分			□
6	2.1	总承包服务费	200000	1	2000	总承包服务费	□	□
7	2.2	零星工作费	零星工作费		0	零星工作费	□	□

图4-14 其他项目费用

【第六步】人材机汇总

(1) 直接修改市场价：单击【人材机汇总】，选择需要修改市场价的人材机项，鼠标单击其市场价，输入实际市场价，软件将以不同底色标注出修改过市场价的项（见图4-15）。

图4-15 人材机汇总

(2) 载入市场价：单击【人材机汇总】→【载入市场价】，在【载入市场价】窗口选择所需市场价文件，单击【确定】按钮，软件将根据选择的市场价文件修改人材机汇总的人材机市场价（见图4-16）。

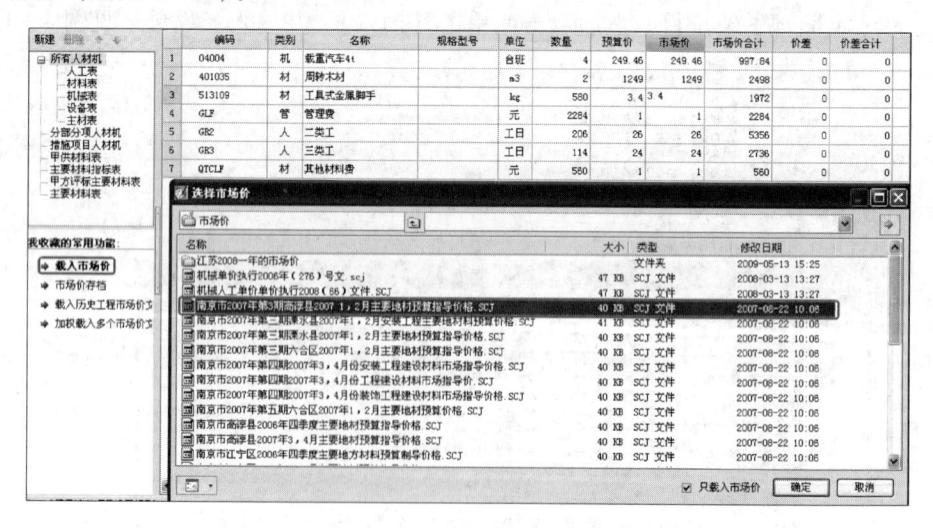

图4-16 人材机调价

【第七步】 费用汇总

单击【费用汇总】进入工程取费窗口。GBQ4.0 内置了本地的计价办法，可以直接使用，如果有特殊需要，也可自由修改（见图 4-17）。

图 4-17 费用汇总

【第八步】 报表

单击【报表】，选择需要浏览或打印的报表（见图 4-18）。

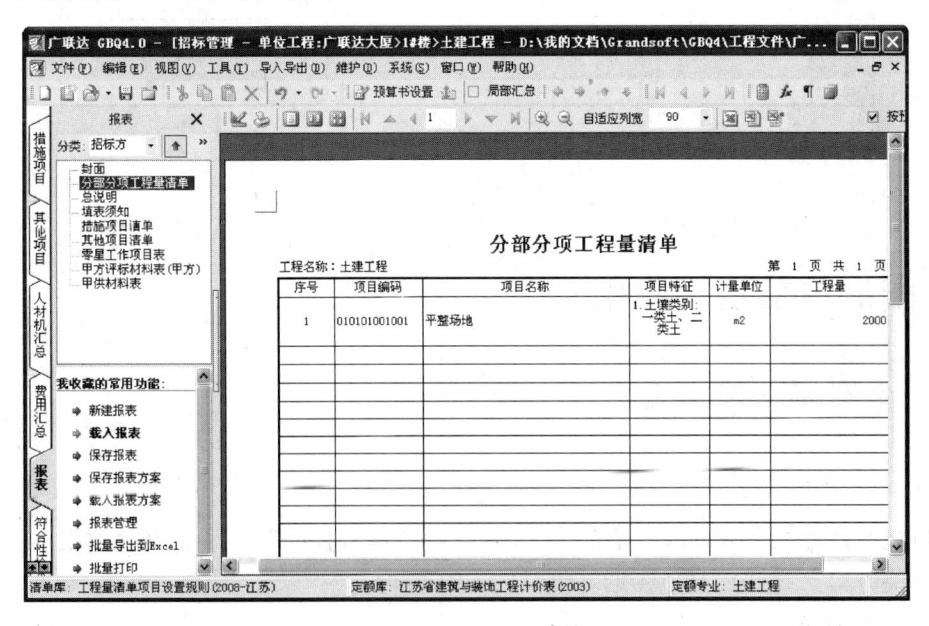

图 4-18 分部分项工程量清单报表

【第九步】 保存、退出

（1）保存：单击菜单的【文件】→【保存】或系统工具条中的 按钮，保存编制的计价文件。

（2）退出：单击菜单的【文件】→【退出】或单击软件右上角的 ⊠ 按钮，退出 GBQ4.0 软件。

4.1.3 招投标软件应用整体流程（见图 4-19）

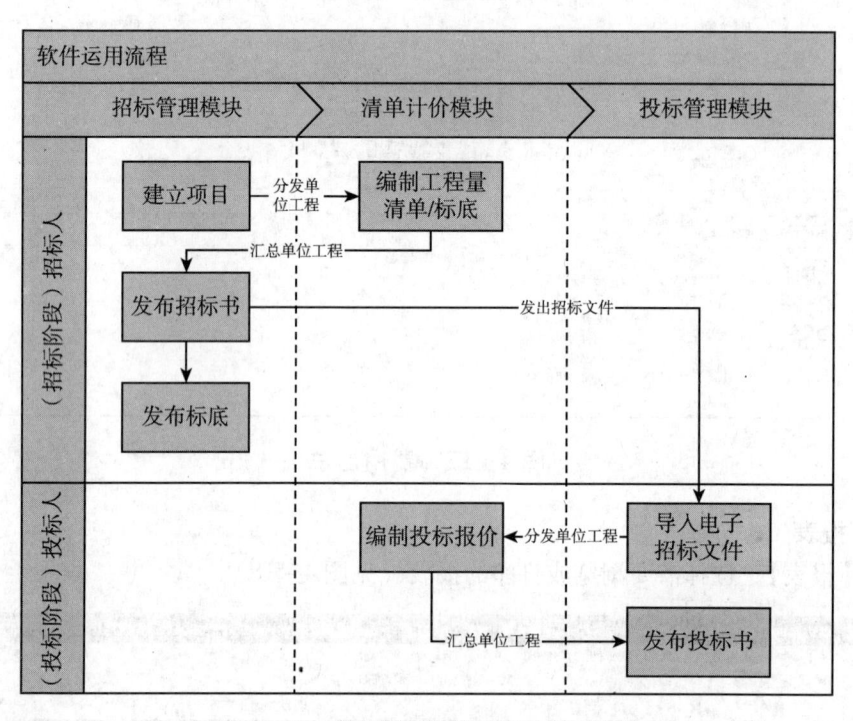

图 4-19 招投标软件应用整体流程

4.2 图形算量软件应用

4.2.1 软件的启动与退出

4.2.1.1 软件的启动

通过鼠标左键单击 Windows 菜单："开始"→"所有程序"→"广联达建设工程造价管理整体解决方案"→"广联达图形算量软件 GCL2008"。

4.2.1.2 软件的退出

单击菜单栏的"文件"→"退出"即可退出图形算量软件 GCL2008。

4.2.1.3 操作流程 (见图 4-20)

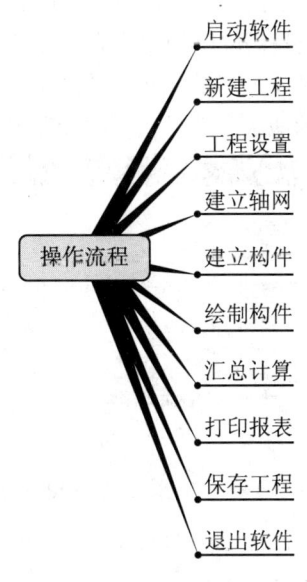

图 4-20 操作流程

4.2.1.4 操作步骤

【第一步】启动软件

通过鼠标左键单击 Windows 菜单:"开始"→"所有程序"→"广联达建设工程造价管理整体解决方案"→"广联达图形算量软件 GCL2008"。

【第二步】新建工程

(1) 鼠标左键单击【新建向导】按钮,弹出新建工程向导窗口 (见图 4-21)。

图 4-21 新建向导

（2）输入工程名称，例如，在这里，工程名称输入"广联达大厦"，如果同时选择清单规则和定额规则，即为清单标底模式或清单投标模式；若只选择清单规则，则为清单招标模式；若只选择定额规则，即为定额模式。这里我们以定额模式为例，定额计算规则选择为"北京市建筑工程预算定额计算规则（2004）"，定额库为"北京市建设工程预算定额（2004）"然后单击【下一步】按钮；注：您可以根据您所在的地区，选择相应的计算规则及定额库（见图4－22）。

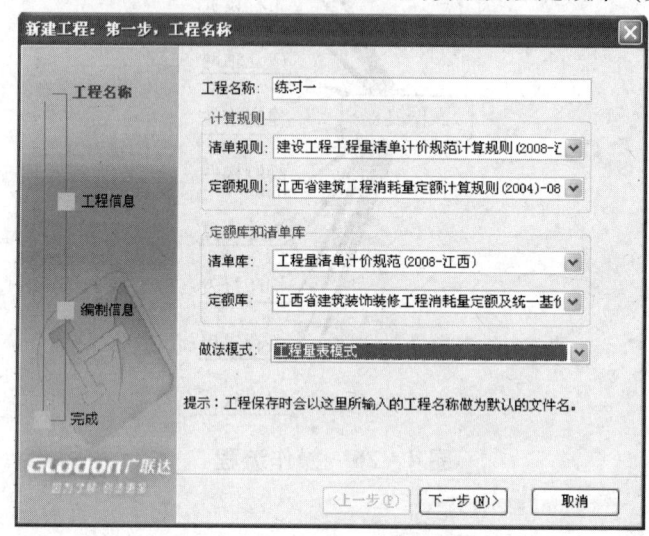

图4－22　输入工程名称

（3）连续单击【下一步】按钮，分别输入工程信息、编制信息，直到出现下图所示的"完成"窗口（见图4－23）。

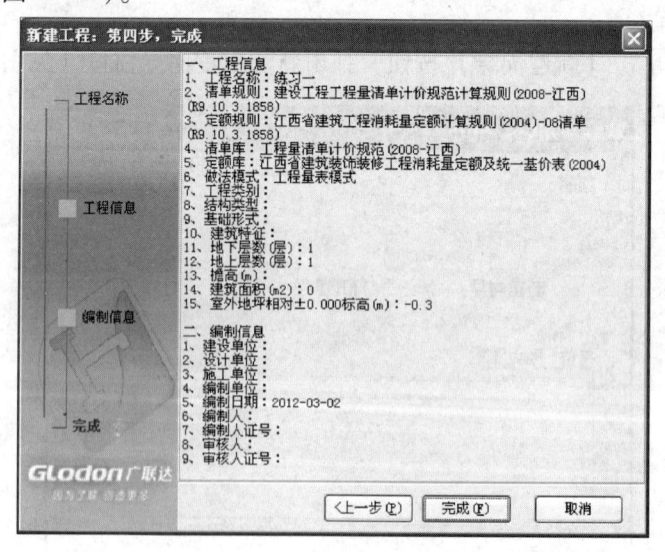

图4－23　工程信息输入

（4）单击【完成】按钮便可完成工程的建立，显示下面的界面。

【第三步】工程设置

（1）在左侧导航栏中选择"工程设置"下的"楼层信息"页签（见图4－24）。

项目四 建筑工程造价软件应用实训

图 4-24 楼层信息设置

(2) 单击【插入楼层】按钮,进行楼层的插入(见图 4-25)。

图 4-25 插入楼层

(3) 根据图纸输入各层层高及首层底标高,这里,首层底标高默认为 0 (见图 4-26)。

图 4-26 各层层高及首层底标高

【第四步】建立轴网

(1) 在左侧导航栏中单击"绘图输入"页签,鼠标左键单击选择"轴网"构件类型(见图 4-27)。

图 4-27 建立轴网

（2）双击轴网，单击构件列表框工具栏按钮"新建"→"新建正交轴网"。

（3）默认为"下开间"数据定义界面，在常用值的列表中选择"3000"作为下开间的轴距，并单击【添加】按钮，在左侧的列表中会显示您所添加的轴距（见图4-28）。

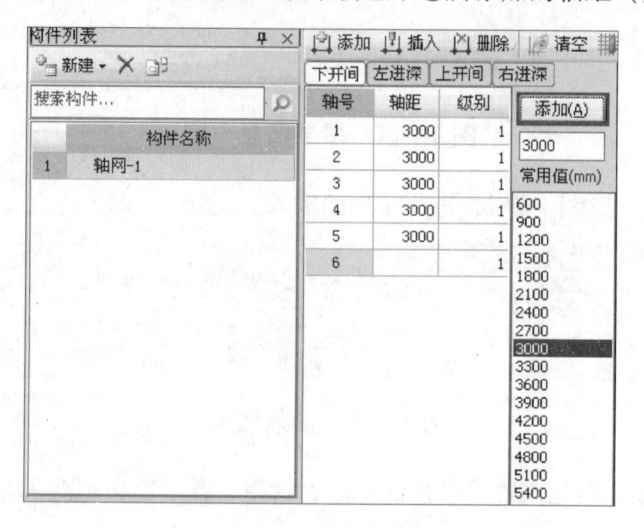

图4-28 轴网尺寸输入

（4）选择"左进深"，在常用值的列表中选择"2100"，并单击【添加】按钮，依次添加三个进深尺寸。这样"轴网-1"就定义好了。

（5）单击工具条中的【绘图】按钮，自动弹出输入角度对话框，输入角度"0"，单击【确定】按钮，就会在绘图区域画上刚刚定义好的轴网-1了（见图4-29）。

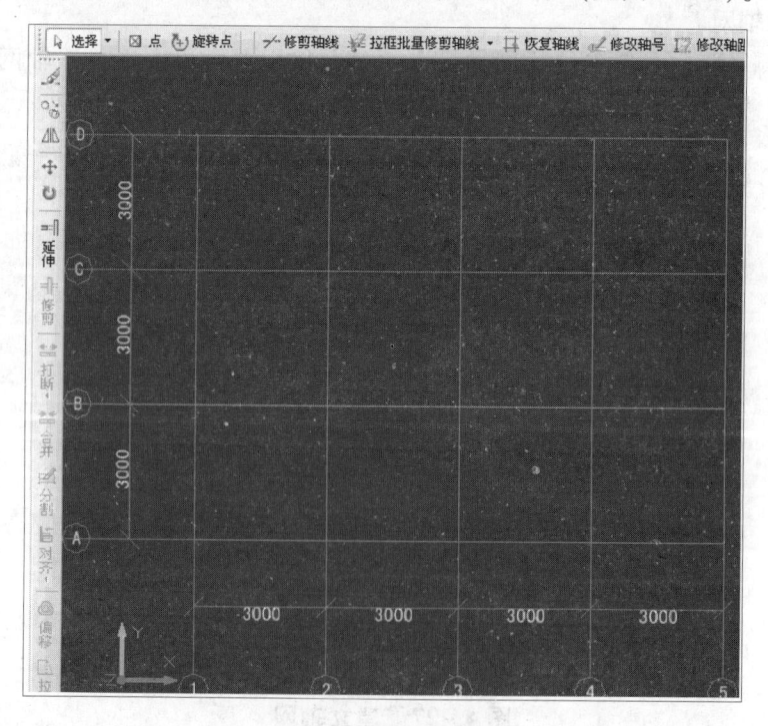

图4-29 轴网图

【第五步】 建立构件

建立构件与建立轴网相似，这里我们就以构件墙为例：

(1) 鼠标单击构件树"墙"前面的"+"号展开，选择"墙"构件类型。

(2) 单击工具菜单中的"定义"按钮，左键单击构件列表中的"新建"→"新建墙"按钮新建墙构件（见图4-30）。

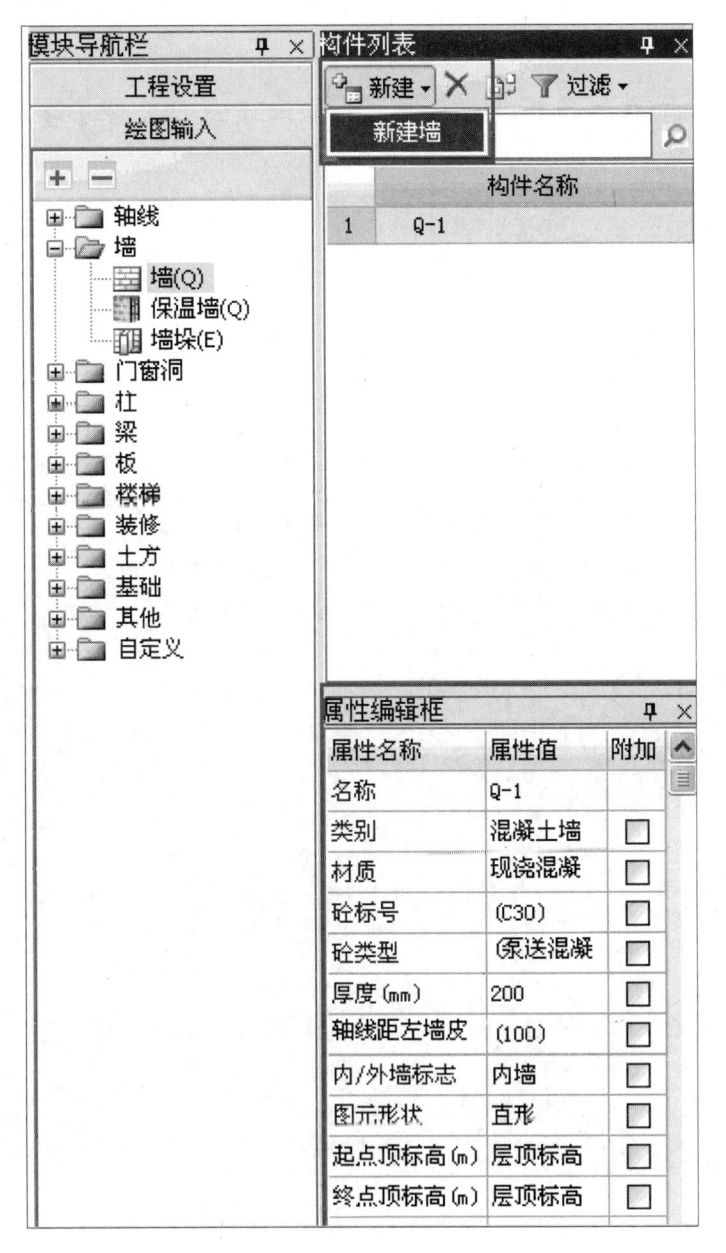

图4-30 定义构件

(3) 在属性编辑框界面显示出刚才所建立的"Q-1"的属性信息，可以根据实际情况选择或直接输入墙属性值，比如类别、材质、厚度等。

（4）同时右侧会是套做法的页面，软件默认已经选择了一个默认量表，选择量表计算项"体积"行，通过查询定额库或直接输入定额编号，如"3-4"（见图4-31）。

图 4-31 套做法

【第六步】绘制构件

（1）套好做法后单击工具栏"绘图"按钮，切换到绘图界面，单击绘图工具栏"直线"按钮，在绘图区域绘制墙构件。

（2）在轴网中单击1轴和A轴的交点，然后再单击5轴和A轴的交点，在屏幕的绘图区域内会出现所绘制的"Q-1"（见图4-32）。

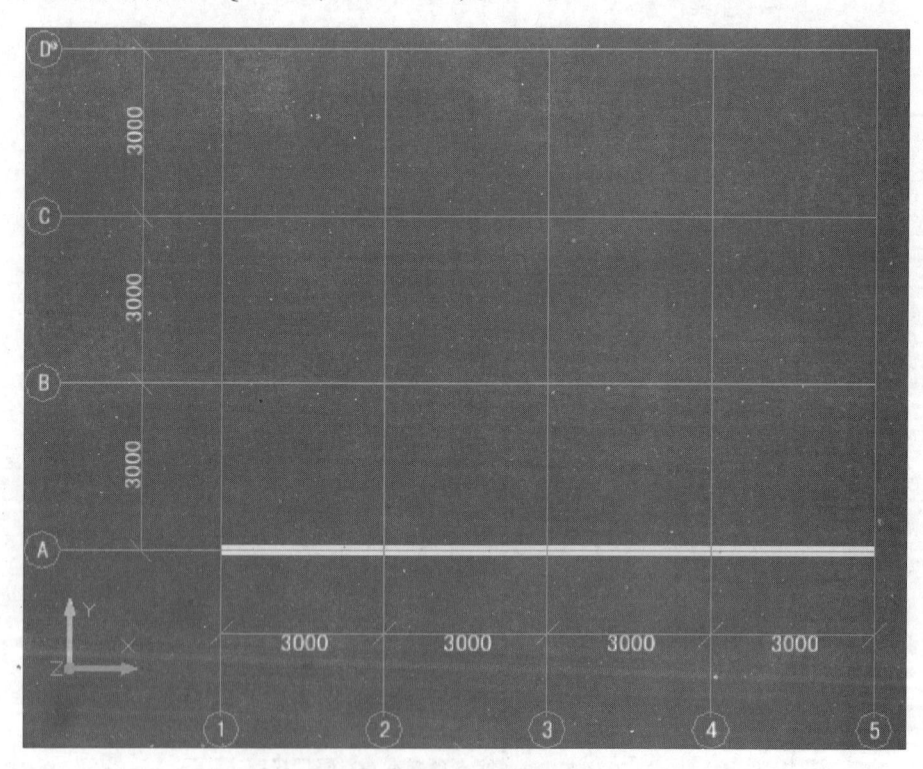

图 4-32 绘制构件

【第七步】汇总计算

（1）鼠标左键单击菜单栏的"汇总计算"（见图4-33）。

（2）屏幕弹出"确定执行计算汇总"对话框，单击"确定"按钮。

（3）计算汇总结束单击"确定"按钮即可。

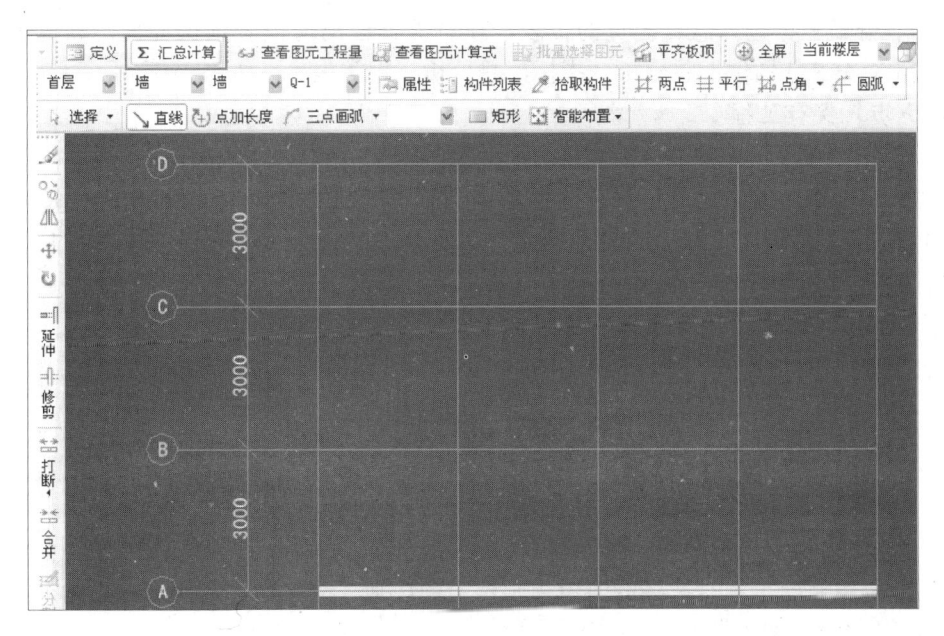

图 4-33 汇总计算

【第八步】报表打印

(1) 在左侧导航栏中选择"报表预览",弹出"设置报表范围"的窗口,选择需要输出的楼层及构件,单击"确定"按钮(见图 4-34)。

图 4-34 报表打印

(2) 在导航栏中选择需要预览的报表,在右侧就会出现报表预览界面,软件为大家提供了做法汇总分析、构件汇总分析、指标汇总分析三大类报表。

【第九步】保存工程

(1) 单击菜单栏的"文件"→"保存"菜单项。

注意: GCL2008 的工程默认保存路径为: C:\我的文档\Grandsoft Projects\GCL>9.0。

(2) 弹出"工程另存为"的界面,文件名称默认为在新建工程时所输入的工程名称,单击"保存"按钮即可保存工程。

【第十步】退出软件

单击菜单栏的"文件"→"退出"即可退出图形算量软件 GCL2008。

4.2.2 工程设置

4.2.2.1 工程信息

可在此浏览新建工程时选择的清单规则、定额规则、清单库和定额库;可输入与工程相关的信息,如图 4-35 所示。

所有在【工程信息】页签中输入的信息都会与报表的标题、页眉、页脚中的相应信息自动链接(见图 4-35)。

	属性名称	属性值
1	□ 工程信息	
2	工程名称:	XX教学楼
3	清单规则:	陕西省建筑工程清单计算规则(2004)(R9.0.0.516)
4	定额规则:	陕西省建筑装饰工程消耗量定额计算规则(2004)(R9.0.0.516)
5	清单库:	工程量清单项目设置规则(2004-陕西)
6	定额库:	陕西省建筑工程消耗量定额(2006)
7	工程类别:	写字楼
8	结构类型:	框架结构
9	基础形式:	条形基础
10	建筑特征:	
11	地下层数(层):	
12	地上层数(层):	
13	檐高(m):	
14	工程规模:	
15	室外地坪相对±0.000标高(m):	-0.3
16	□ 编制信息	
17	建设单位:	
18	设计单位:	
19	施工单位:	
20	编制单位:	
21	编制日期:	2008-05-23
22	编制人:	
23	编制人证号:	
24	审核人:	
25	审核人证号:	

图 4-35 工程信息设置

注意: ①工程信息中的清单规则、定额规则、清单库和定额库只能浏览,不能修改;
②工程信息中的"室外地坪相对标高"将影响外墙装修工程量和基础土方工程量的计

算，请根据实际情况填写；

③工程信息会因地区规则的不同而有所差异。

4.2.2.2 楼层信息

在楼层信息界面可输入工程的立面信息，包括了楼层设置和标号设置如图 4 – 36 所示。

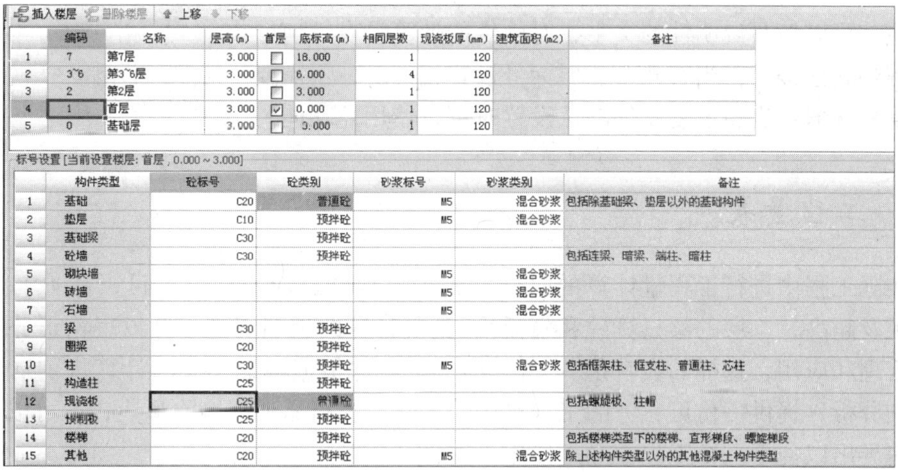

	编码	名称	层高(m)	首层	底标高(m)	相同层数	现浇板厚(mm)	建筑面积(m2)	备注
1	7	第7层	3.000	☐	18.000	1	120		
2	3~6	第3~6层	3.000	☐	6.000	4	120		
3	2	第2层	3.000	☐	3.000	1	120		
4	1	首层	3.000	☑	0.000	1	120		
5	0	基础层	3.000	☐	3.000	1	120		

标号设置 [当前设置楼层: 首层 , 0.000 ~ 3.000]

	构件类型	砼标号	砼类别	砂浆标号	砂浆类别	备注
1	基础	C20	普通砼	M5	混合砂浆	包括除基础梁、垫层以外的基础构件
2	垫层	C10	预拌砼	M5	混合砂浆	
3	基础梁	C30	预拌砼			
4	砼墙	C30	预拌砼			包括连梁、暗梁、端柱、暗柱
5	砌块墙			M5	混合砂浆	
6	砖墙			M5	混合砂浆	
7	石墙			M5	混合砂浆	
8	梁	C30	预拌砼			
9	圈梁	C20	预拌砼			
10	柱	C30	预拌砼	M5	混合砂浆	包括框架柱、框支柱、普通柱、芯柱
11	构造柱	C25	预拌砼			
12	现浇板	C25	普通砼			包括螺旋板、柱帽
13	预制板	C25	预拌砼			
14	楼梯	C20	预拌砼			包括楼梯类型下的楼梯、直形梯段、螺旋梯段
15	其他	C20	预拌砼	M5	混合砂浆	除上述构件类型以外的其他混凝土构件类型

图 4 – 36 楼层信息

楼层管理：可选择相应的区域插入楼层、删除楼层，输入楼层的层高及标准层数等信息。

插入楼层：光标选中要插入的楼层，单击“插入楼层”按钮即可在选中的楼层前插入楼层。

删除楼层：可删除选择的楼层。

复制楼层：右键快捷菜单项“复制楼层”，将选定的楼层行复制到剪贴板中。

粘贴楼层：右键快捷菜单项“粘贴楼层”，将剪贴板中的楼层行粘贴到当前选择的区域，可以跨区域粘贴。

上移：可调整楼层顺序，将光标选中的楼层向上移一层，楼层的名称和层高等信息同时上移。

下移：将光标选中的楼层向下移一层。

编码：软件默认，不可修改，“0”表示基础层；“1”代表首层；地上层用正数表示，地下层用负数表示。

名称：楼层名称软件默认“第×层”格式，可按工程需要修改楼层名称，比如机房层。

首层：软件会将首层标识默认勾选在软件默认的首层上，可任意勾选调整，对于首层以下的楼层为地下室，以上楼层为地上层。

底标高：只需在首层输入图纸上的首层底标高，其他楼层的底标高软件自动计算，首层底标高默认为0，建议按建筑标高定义输入。

层高：当前楼层的高度，单位为 m；软件提供了 Excel 表格拖动复制的功能，可以快速调整层高数据。

相同层数：工程中遇到标准层时，只要将相同的数量输入即可，软件自动将编码改为

"n~m"，底标高会自动叠加。

现浇板厚：在这里设定以后，后面新建板时就默认此值，如有个别差异可在新建界面单独修改。

建筑面积：不可填写为只读，读取绘图界面根据规则计算对应层建筑面积总和，没有取值范围限制。

备注：可以填写说明性的文字，对软件的计算没有任何影响。

复制到其他楼层：当有几个楼层标号设置相同时，不需要每层单独设置。

恢复默认值：当想恢复软件默认设置时可以使用此功能。

4.2.3 工程量表

在实际工程中进行工程量计算的时候是先列出构件对应的计算项目（比如一层的梁算砼、模板及超高，二层的梁只算砼和模板），把要计算的项列清楚，并以表格形式体现，统一进行管理和应用，这样的表就是"工程量表"。软件根据各地不同的计算规则对各类构件进行详细分析，提供一份可参考的工程量表，用户可自行添加、删除量表，并可以将自行修改的量表导出以便下一个工程中导入使用（见图4-37）。

图4-37 工程量表

新建量表：当软件提供的量表不能满足应用需求时，用户可以建立一个量表。

设置默认：选中某个量表后，单击该按钮，则该量表在新建构件的时候将作为默认引用的量表。

导入量表：可载入其他工程导出的全部或部分量表。

导出量表：将当前工程中的所有或部分构件类型的工程量表信息导出到指定位置、指定名称的文件中，以供其他工程使用（见图4-38）。

删除：删除选择的量表。

添加清单工程量：可增加一行清单工程量空白行，自定义清单名称、单位、工程量表达式、是否措施项目等。

添加定额工程量：在选中的清单工程量行下，新增定额工程量行空白行，还可以在查询

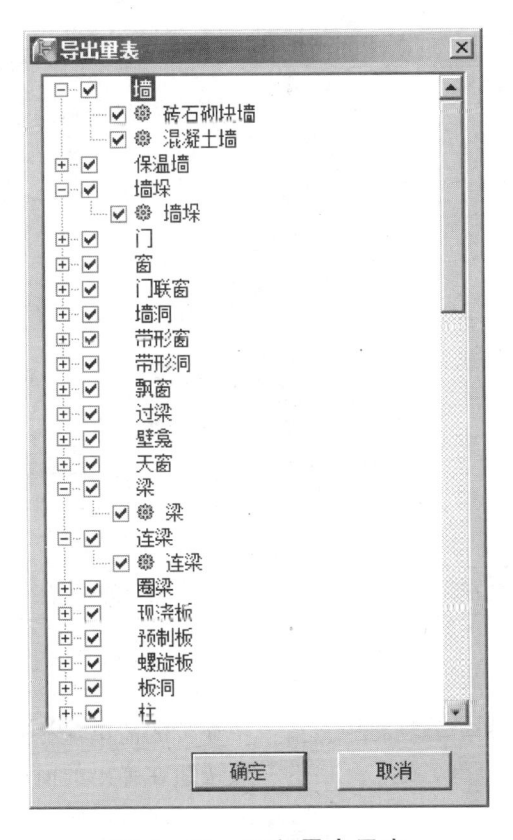

图 4-38 工程量表导出

窗口的页签，双击选择清单工程量、定额工程量和措施清单项。

技巧：
①量表被设置为默认后，可单击"取消默认"按钮，取消默认量表的设置。
②同一构件类型可以设置多个默认量表。
③选中一量表后，您可以通过鼠标右键快捷菜单对量表进行"重命名"、"剪切"、"复制"等操作。

4.2.4 外部清单

可导入招标方提供的 Excel 格式的清单文件，便于构件定义做法时直接调用招标方已经完成的招标清单书。软件支持导入 Excel 2000 以上各个版本（暂不包括 Excel 2007）的清单文件。

导入 Excel 清单项：单击"导入 Excel 清单项"按钮，选择需要导入的 Excel 文件，如图 4-39 所示，软件会智能进行清单编码、名称、单位、工程量的列识别，还可以通过单击"列识别"对软件的识别结果进行调整，软件优化了自动识别行的功能，判断清单项的编码、名称和单位均有值的则为满足要求的清单行，单击选择全部清单行，单击"导入"即可。

项目特征：可在此界面进行项目特征的编辑；由于 08 清单的变化，可以直接识别项目特征单列的 Excel 表格。

图 4-39 外部清单导入

查询：可查询清单库和措施项将甲方清单中缺少的清单项补充全。

技巧：可以通过单击清单名称单元格的三点按钮在弹出的窗口中直接进行清单项目特征的编辑（见图 4-40）。

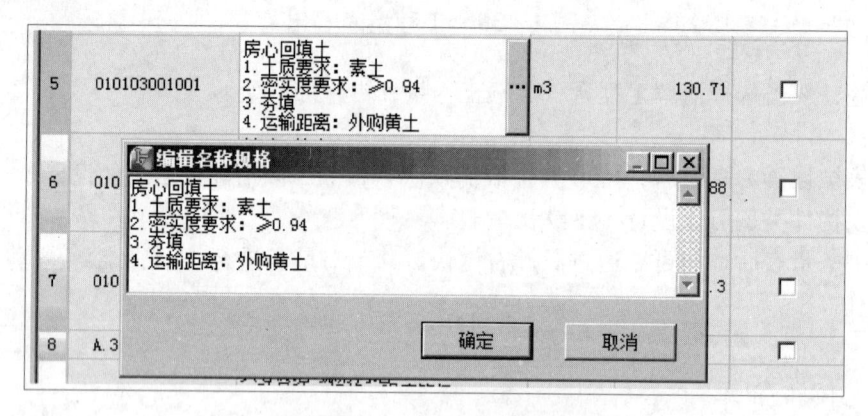

图 4-40 项目特征编辑框

4.2.5 计算设置

有些计算信息在同一个工程中只需设置一次，不需要多次重复设置，软件提供计算设置功能，将一些计算信息放开给用户，统一自行设置，软件将按设置的计算方法计算。可通过"清单"和"定额"页签切换来调整清单和定额的计算方法（见图 4-41）。

恢复计算设置：将当前修改的规则恢复到初始默认规则状态，恢复默认规则时，可以选择恢复全部构件默认规则或者部分构件的默认规则。

图 4-41　计算设置

恢复当前默认设置项：执行此操作，系统自动将当前行的规则选项调整为系统缺省的规则选项。

注意：根据各地的清单及定额计算规则要求，软件已经将各构件的计算设置为正确的计算方法，一般不需要调整。

4.2.6　计算规则

GCL2008 一方面内置全国各地清单及定额计算规则，另一方面将计算规则开放给用户，让用户在使用软件进行工程量计算时，不但可以明白软件的计算思路，让软件计算不再像一个黑匣子，而且还可以根据需要对选定的规则进行调整，使之更符合实际算量需求（见图 4-42）。

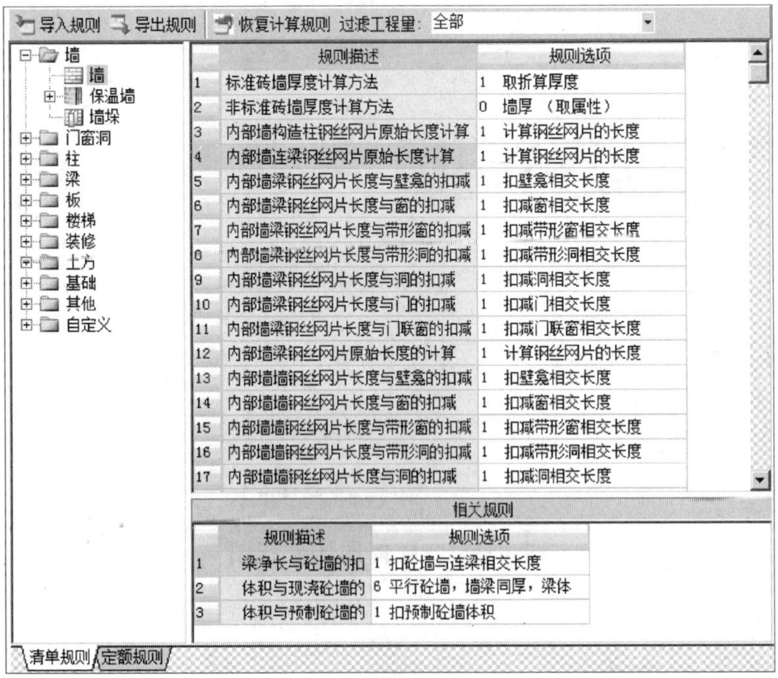

图 4-42　工程量计算规则描述

导入规则：可导入保存的规则文件。

导出规则：可将自行修改的规则导出存为单独的规则文件以供其他工程导入使用，清单规则默认导出文件扩展名为". QDGZ"，定额规则默认导出文件扩展名为". DEGZ"。

恢复计算规则：将当前清单规则或定额规则恢复为系统默认的计算规则，恢复时可选择恢复全部构件或部分构件类型。

恢复当前行计算规则：在选定的规则行上单击鼠标右键，单击快捷菜单项"恢复当前行计算规则"可只恢复选择行的计算规则。

过滤工程量：由于软件将所有工程量规则都显示在这里，只查看或修改某个工程量不方便定位，可通过"过滤"将其过滤出来，方便查看。

4.3 钢筋抽样软件应用

4.3.1 整体操作流程图（见图4-43）

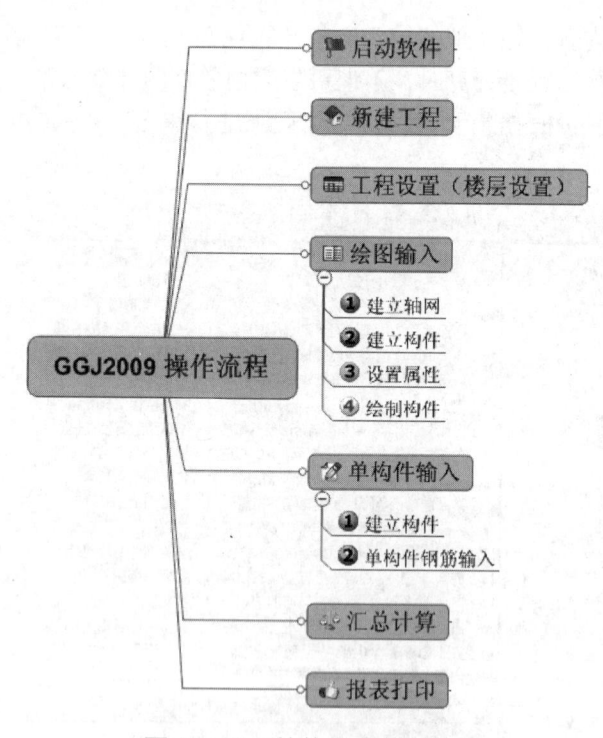

图4-43 整体操作流程图

4.3.2 软件详细操作

【第一步】启动软件
【第二步】新建工程

（1）单击"新建向导"按钮。

（2）输入工程名称，选择损耗模板、报表类别、计算规则、汇总方式。在这里，工程名称为"练习1"，损耗模板为"不计算损耗"，报表类别为"全统（2000）"，计算规则为"11G101"，单击"下一步"按钮（见图4－44）。

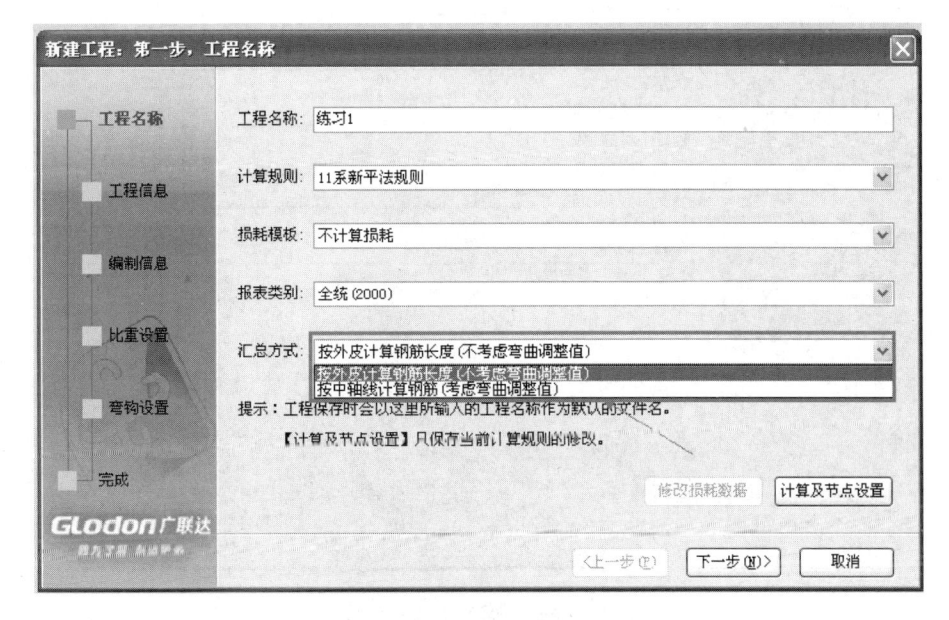

图4－44　工程信息输入

说明：按外皮计算钢筋长度是指按照钢筋外包尺寸计算长度，按中轴线计算钢筋长度是指按照钢筋中心线尺寸计算长度，前者计算出的工程量要比后者大，因为钢筋拉伸及弯折后，中心线长度不变，内包尺寸压缩（变小），外包尺寸伸展（变大），如在钢筋下料之中，以外包尺寸计算下料长度，会导致钢筋外缘保护层厚度不够甚至外露。正确的做法是以中心线计算钢筋长度，在钢筋抽样软件中可以进行设置。按外皮计算钢筋长度与按中轴线计算钢筋长度存在的差值在施工中称为"量度差值"，在钢筋下料时，应予扣除。按外皮计算钢筋长度为我们的预算长度，一般预算的时候应该选择按外皮计算钢筋长度（见图4－45）。

说明：抗震等级影响着钢筋的锚固和搭接，如果图纸上告诉了抗震等级，就直接填写抗震等级那一栏，其他没必要填写，如果图纸上没有给抗震等级，那么就需要大家根据结构类型，设防烈度和檐高判断出抗震等级，软件可自动判断（见图4－46）。

说明：比重设置：国内市场没有直径是6的钢筋，会用6.5的代替，所以将直径为6的钢筋的比重，调整为直径为6.5的钢筋比重，实际图纸上标注的直径为6的钢筋，在实际施工时是用直径为6.5的钢筋。

（3）连续单击"下一步"按钮，出现下图所示的"完成"窗口。

（4）单击"完成"按钮即可完成工程的新建。

【第三步】楼层设置

（1）在左侧导航栏中选择"工程设置"下的"楼层设置"。

（2）输入首层的"底标高"。

（3）单击"插入楼层"按钮，进行楼层的添加。

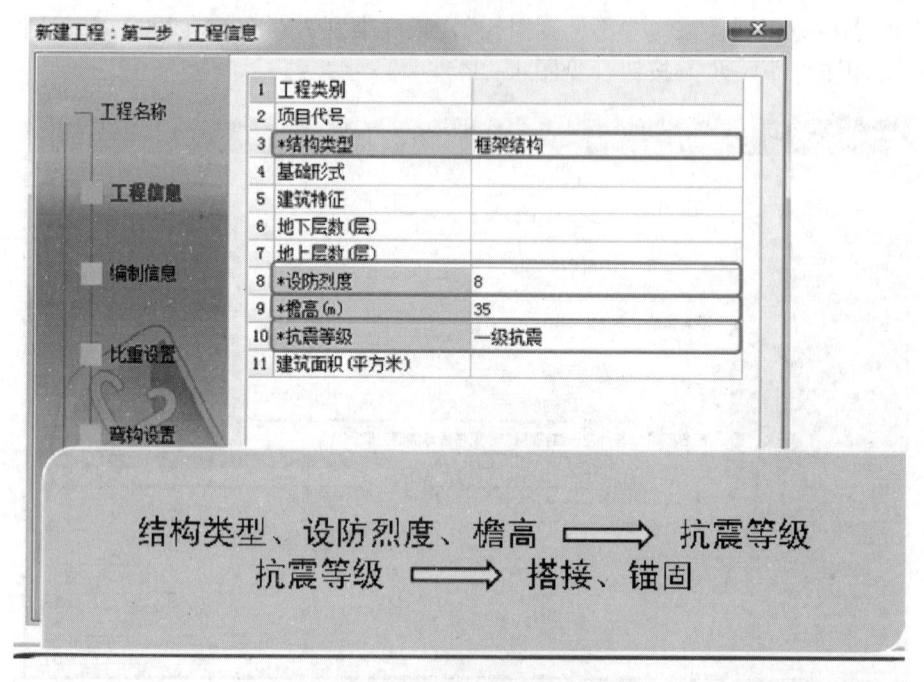

图4-45　钢筋计算设置

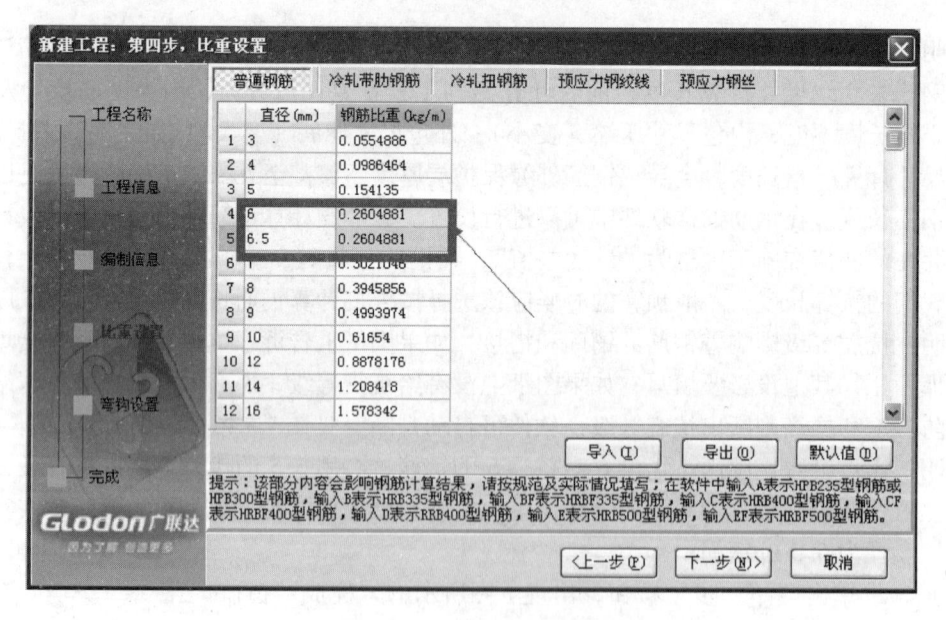

图4-46　钢筋比重设置

（4）输入楼层的层高，单位为m。

【第四步】建立轴网

（1）在左侧导航栏中选择"绘图输入"，软件默认定位在"轴网"定义界面。

(2) 在轴网定义界面单击"新建"按钮,选择相应的轴网类型,新建一个轴网构件。

(3) 列表上方的页签默认为"下开间",使用默认值,在右侧界面的常用值的列表中选择"3000"作为轴网的轴距,并单击"添加"按钮,在列表中会显示您所添加的开间轴距。

(4) 在列表上方的页签中选择"左进深",在常用值的列表中选择"2100",并单击"添加"按钮,在列表中会显示您所添加的进深轴距。

(5) 轴网定义完毕,单击"绘图"按钮,或者在构件列表区域双击鼠标左键,切换到"绘图界面"。

(6) 软件弹出"请输入角度"的界面,输入相应角度,这里使用默认值。

(7) 单击"确定"按钮,在绘图区域会显示刚才所建立的轴网。

【第五步】 建立构件

(1) 在"绘图输入"导航栏中的构件结构列表中选择"剪力墙",单击"定义"按钮,进入剪力墙的定义界面。

(2) 在剪力墙的定义界面,单击"新建"选项,建立剪力墙构件 JLQ-1,可以根据实际情况输入剪力墙的属性值。

(3) 用同样的方法,可以建立其他构件,如柱、梁、门窗洞等。

(4) 单击"绘图"按钮或在构件列表区域双击鼠标左键,回到绘图界面。

【第六步】 绘制构件

(1) 在绘图界面,单击鼠标左键选择"直线"法绘制剪力墙图元。

(2) 在轴网中单击鼠标左键,选择 E 轴和 2 轴的交点,然后再单击 C 轴和 2 轴的交点,单击鼠标右键确定,在屏幕的绘图区域内会出现所绘制的剪力墙。

【第七步】 单构件输入

(1) 单击【单构件输入】,进入单构件输入界面,单击【构件管理】,然后单击【添加构件】,如图 4-47 所示。

图 4-47　单构件输入

(2)单击【参数输入】,如图4-48所示。

图4-48 参数输入

(3)单击【选择图集】,在选择标准图集框中选择自己要选择的构件(见图4-49)。

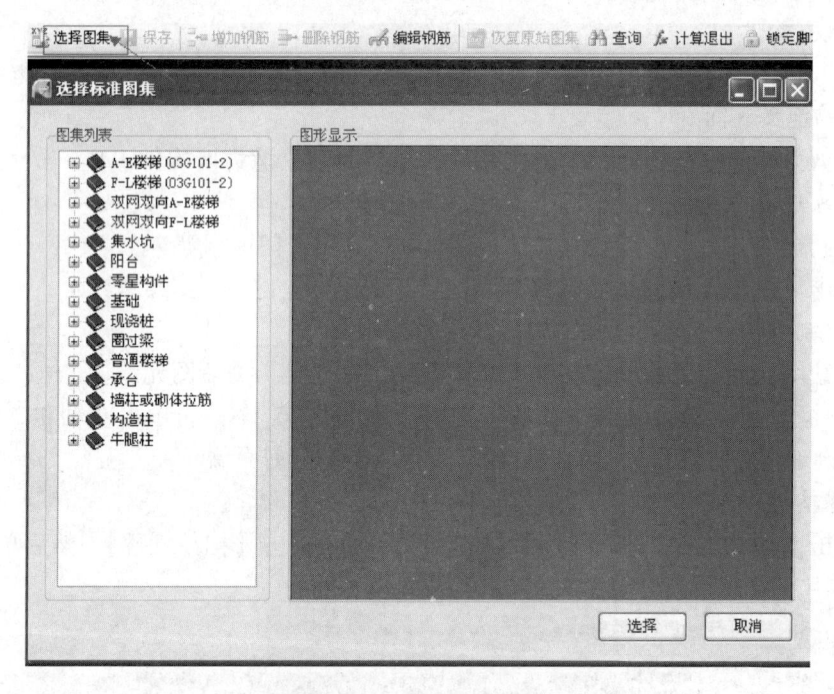

图4-49 标准图集输入

(4)选中构件以后根据图纸要求输入要修改的钢筋信息,如图4-50所示。

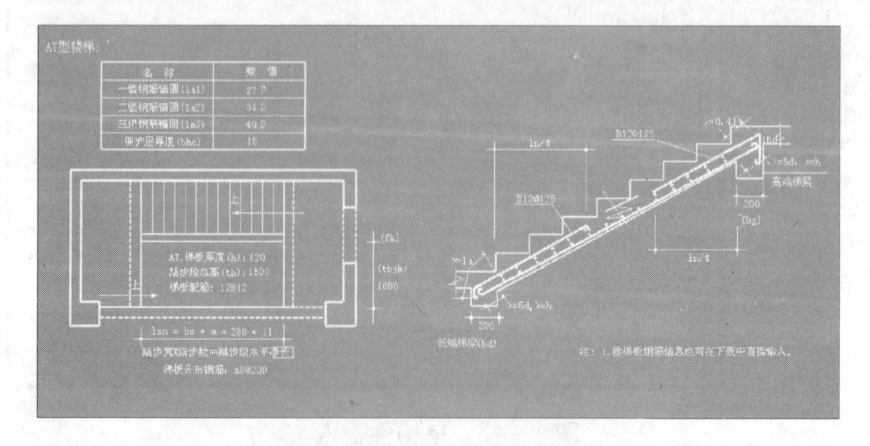

图4-50 钢筋信息修改

(5) 单击【计算】退出，如图 4-51 所示。

图 4-51　钢筋计算信息

【第八步】"汇总计算"按钮（见图 4-52）

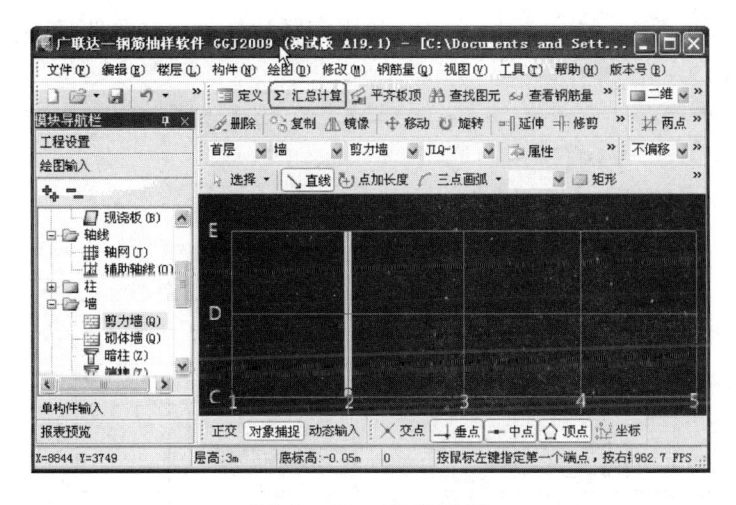

图 4-52　汇总计算

(1) 屏幕弹出"汇总计算"界面，单击"计算"按钮。
(2) 屏幕弹出"计算成功"的界面，单击"确定"按钮。

【第九步】报表打印
(1) 在左侧导航栏中选择"报表预览"。
(2) 在左侧导航栏中选择相应的报表，在右侧就会出现报表预览界面（见图 4-53）。

图 4-53　报表预览

(3) 单击"打印"按钮则可打印该张报表。

【第十步】保存工程
(1) 单击菜单栏的"文件"→"保存"。

(2) 弹出"工程另存为"的界面，文件名称默认为在新建工程时所输入的工程名称，单击"保存"按钮即可保存工程。

【第十一步】退出软件

单击菜单栏的"文件"→"退出"即可退出钢筋抽样软件。

4.4 软件操作训练

请根据图纸（见图4-54~图4-76），利用广联达软件完成图形算量、钢筋抽样和工程计价的软件操作。

序号	图号	图纸名称	备注
1	建施01	建筑设计说明（一）	
2	建施02	建筑设计说明（二）	
3	建施03	首层平面图	
4	建施04	二～五层平面图	
5	建施05	六层平面图	
6	建施06	屋顶平面图	
7	建施07	⑮~①轴立面图	
8	建施08	①~⑮轴立面图	
9	建施09	Ⓐ~Ⓓ轴立面图 Ⓓ~Ⓐ轴立面图	
10	建施10	男、女厕所，阳台大样图 门窗大样图	
11	建施11	楼梯剖面图	
12	建施12	A—A剖面图	
13	结施01	结构设计说明	
14	结施02	柱定位图 基础平面布置图	
15	结施03	基础剖面图 基础配筋图	
16	结施04	柱表	
17	结施05	一层梁（地梁）平法配筋图	
18	结施06	二层梁平法配筋图	
19	结施07	三～六层梁平法配筋图	
20	结施08	屋面梁平法配筋图	
21	结施09	二～六层板平法配筋图	
22	结施10	屋面板平法配筋图	

图4-54 图纸目录

建筑设计说明(一)

一、设计依据

1、甲方签发的使用要求及委托书。

2、国家现行的有关法规 规范 通则及规定。

二、建筑概况及规模：

本工程为XX教学综合楼。

本工程建筑分类为二类多层建筑，耐火等级为二级，结构主体设计耐久年限为50年。

建筑高度为23.40m，层数六层

结构型式采用框架结构，墙体为240厚砖砌砌块，

建筑占地面积 563.96m²；　总建筑面积 3068.32m²

三、技术准则

1、抗震设防烈度为六度。

2、本工程建筑设计主要执行下列规范：

《民用建筑设计通则》（JGJ37-87 1987版）

《建筑设计防火规范》（GBJ16-87 2001修订版）

《工程建设标准强制性条文（房屋建筑部分）》（2002年版）

《中小学校建筑设计规范》　（GBJ 99-86）

四、±0.00绝对标高现场确定，定位轴线应在现场复核后方可施工。

室内外高差450。

五、材料及做法

（一）屋面：

钢筋混凝土屋面板，表面清扫干净

干铺150厚加气混凝土砌块

20厚（最薄处）1:8水泥加气混凝土碎渣找2%坡

20厚1:2.5水泥砂浆找平层

刷基层处理剂一遍

4厚SBS或APP改性沥青防水卷材

M2.5砂浆砌120x120砖三皮，双向中距500或顺排水方向砌一侧一平砖带，高180中距500，砖带端部砌240x120砖三皮

35厚490x490，C20预制钢筋混凝土板（ϕ4钢筋双向中距150），1:2水泥砂浆填缝

（二）楼地面：

1、除校医务室、厕所外的地面做法：现浇水磨石地面

10厚1:2.5水泥彩色石子（中小八厘石子）地面，表面磨光打蜡
20厚1:3水泥砂浆结合层，干后卧铜条分格（铜条打眼穿22号镀锌低碳钢丝卧牢，每米4眼）

1.5厚聚氨酯防水层或2厚聚合物水泥基防水涂料

1:3水泥砂浆或最薄处30厚C20细石混凝土找坡层抹平

水泥浆一道（内掺建筑胶）

60厚C15混凝土垫层

素土夯实

2、除校医务室、厕所外的楼面做法：现浇水磨石楼面

10厚1:2.5水泥彩色石子（中小八厘石子）地面，表面磨光打蜡
20厚1:3水泥砂浆结合层，干后卧铜条分格（铜条打眼穿22号镀锌低碳钢丝卧牢，每米4眼）

1.5厚聚氨酯防水层或2厚聚合物水泥基防水涂料

1:3水泥砂浆或最薄处30厚C20细石混凝土找坡层抹平

水泥浆一道（内掺建筑胶）

现浇钢筋混凝土楼板或预制楼板现浇叠合层

3、校医务室地面做法：大理石地面

20厚大理石板，水泥浆擦缝
30厚1:3干硬性水泥砂浆结合层，表面撒水泥粉

水泥浆一道（内掺建筑胶）

60厚C15混凝土垫层

素土夯实

4、厕所地面做法：地砖地面

5厚防水地砖，400x400，干水泥擦缝
30厚1:3干硬性水泥砂浆结合层，表面撒水泥粉

水泥浆一道（内掺建筑胶）

60厚C15混凝土垫层

素土夯实

5、厕所楼面做法：地砖楼面

5厚防水地砖，400x400，干水泥擦缝
30厚1:3干硬性水泥砂浆结合层，表面撒水泥粉

水泥浆一道（内掺建筑胶）

现浇钢筋混凝土楼板

（三）踢脚：

1、除校医务室、厕所外的踢脚做法：现制水磨石踢脚，100高

10厚1:2.5水泥磨石面层（中小八厘石子）
素水泥浆一道（内掺建筑胶）

8厚1:2水泥砂浆打底划出纹道
素水泥浆一道（内掺建筑胶）

2、校医务室踢脚做法：大理石踢脚，100高

10~15厚大理石板，稀水泥浆擦缝

10厚1:2水泥砂浆粘结层（内掺建筑胶）
素水泥浆一道（内掺建筑胶）

3、厕所踢脚做法：面砖踢脚，100高

5~10厚地砖踢脚，稀水泥浆擦缝

5厚1:2水泥砂浆粘结层（内掺建筑胶）

9厚1:3水泥砂浆打底压实抹平
素水泥浆一道（内掺建筑胶）

（四）墙裙：

1、除厕所外墙裙做法：

墨绿色1800高涂料饰面

5厚1:2.5水泥砂浆抹平

9厚1:3水泥砂浆打底扫毛或划出纹道

刷素水泥浆一道（内掺建筑胶）

（五）内墙面

1、除厕所外内墙面做法：涂料饰面

白色涂料饰面

5厚1:2.5水泥砂浆抹平

9厚1:3水泥砂浆打底扫毛或划出纹道

刷素水泥浆一道（内掺建筑胶）

				建设单位		
				工程项目		
审定		设计		建筑设计说明（一）	设计编号	
审核		校对			图号	建施-01
负责		制图			比例	
工程负责人		专业			日期	

图 4-55　建筑设计说明（一）

建筑设计说明(二)

2、厕所内墙面做法：面砖墙面

1800高5厚面砖（马赛克），白水泥擦缝
3厚1:2建筑胶水泥砂浆粘合层
刷素水泥浆一道
6厚1:0.5:2.5水泥石灰膏浆打底扫毛
6厚1:1:6水泥石灰膏浆打底扫毛
3厚外加剂专用砂浆抹基底（抹前喷湿墙面）

（六）天棚

1、天棚做法（所有房间）：

饰面涂料
封底漆一道（与面漆配套产品）
3厚1:0.5:2.5水泥石灰膏砂浆找平
5厚1:0.5:3水泥石灰膏砂浆打底扫毛或划出纹道
刷素水泥浆一道甩毛（内掺建筑胶）

（七）外墙面：

1、外墙面做法：合成树脂乳液外墙涂料

清理基层
填补缝隙、局部腻子、磨平
满刮腻子、磨平
涂饰底涂料
复补腻子、磨平、找色
涂饰面层涂料二遍

（八）门窗

1、门：

厕所门为镶板木门
其余门均为防盗门

2、窗：全部采用铝合金推拉窗。

（九）其他

1、室外散水宽900，沿建筑周边布置，做法如下：
60厚C15混凝土，面加5厚1:1水泥砂浆随打随抹光
60厚中砂铺垫
素土夯实（宽度比散水加宽300）

2、室外混凝土台阶，做法如下：
40厚C20细石混凝土，表面撒1:1水泥砂浆随打随抹光，台阶面向外坡1%
150厚粒径5~32卵石灌M2.5混合砂浆，宽出面层100
素土夯实

3、上人屋面女儿墙设混凝土压顶，尺寸为300×200
设4Φ12的纵筋，和Φ6@200的箍筋。

4、走廊栏杆高1300，120厚砖墙，做法详大样。

5、屋面装饰钢构由有专业资质的公司进行单项设计和制作。

（十）不尽之处参照现行国家有关施工验收规范施工。施工时应与结构、水电等有关专业工种的图纸密切配合保证工程质量。

				建设单位		
				工程项目		
审定		校对		建筑设计说明（二）	设计编号	
审核		设计			图号	建施-02
复核		制图			业主	
工程负责人		专业			日期	

图4-56 建筑设计说明（二）

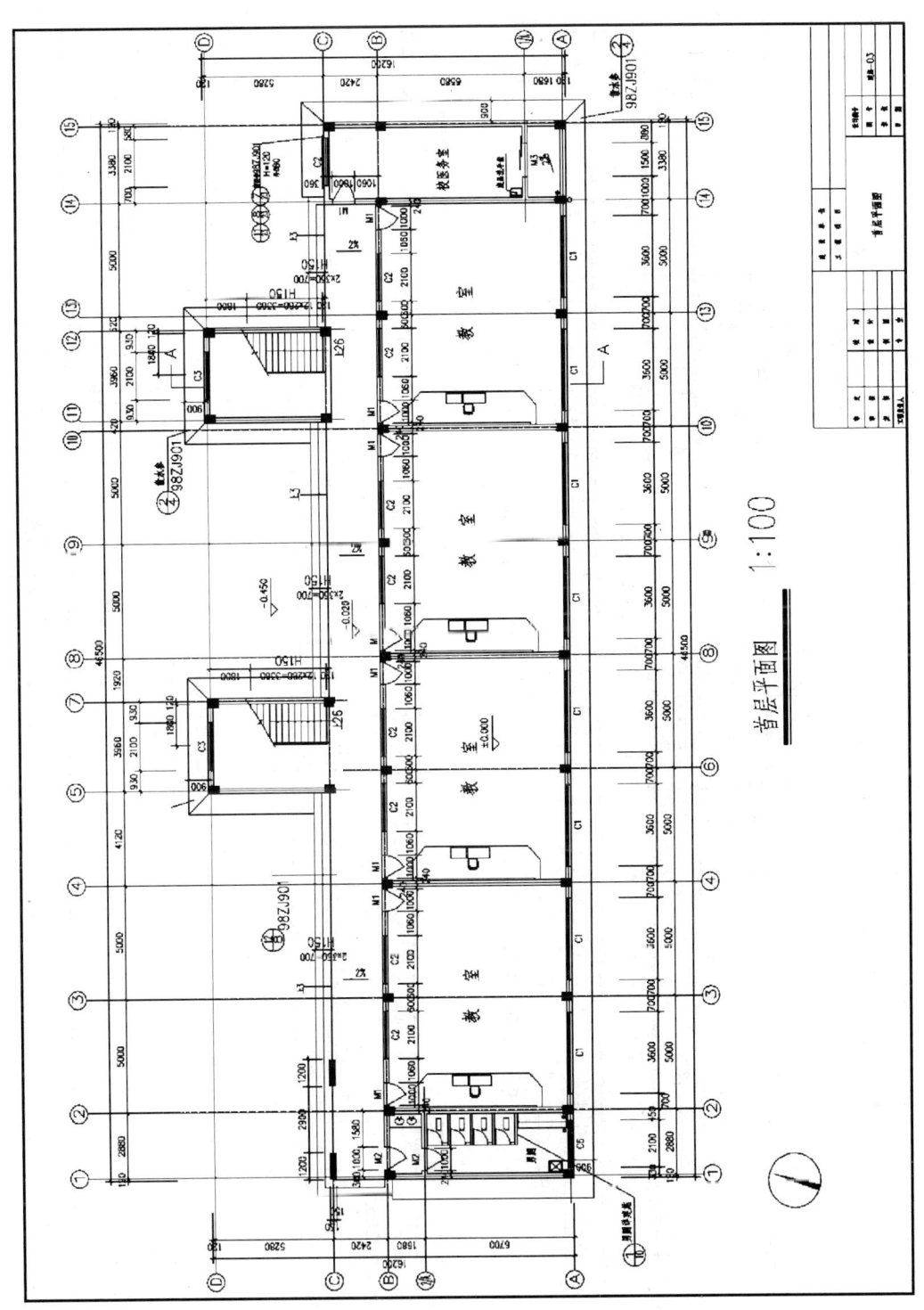

图 4-57 首层平面图

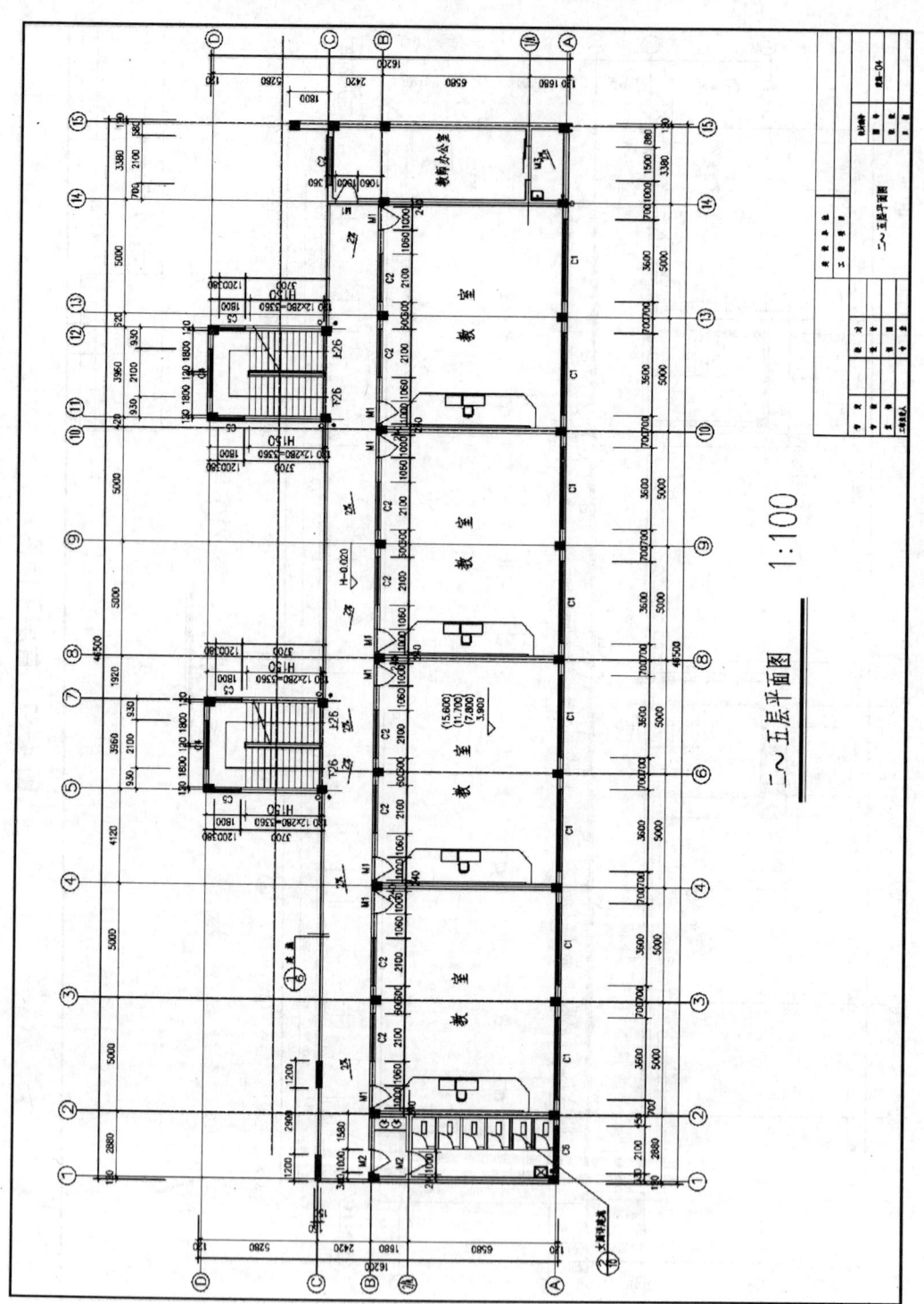

图 4-58 二~五层平面图

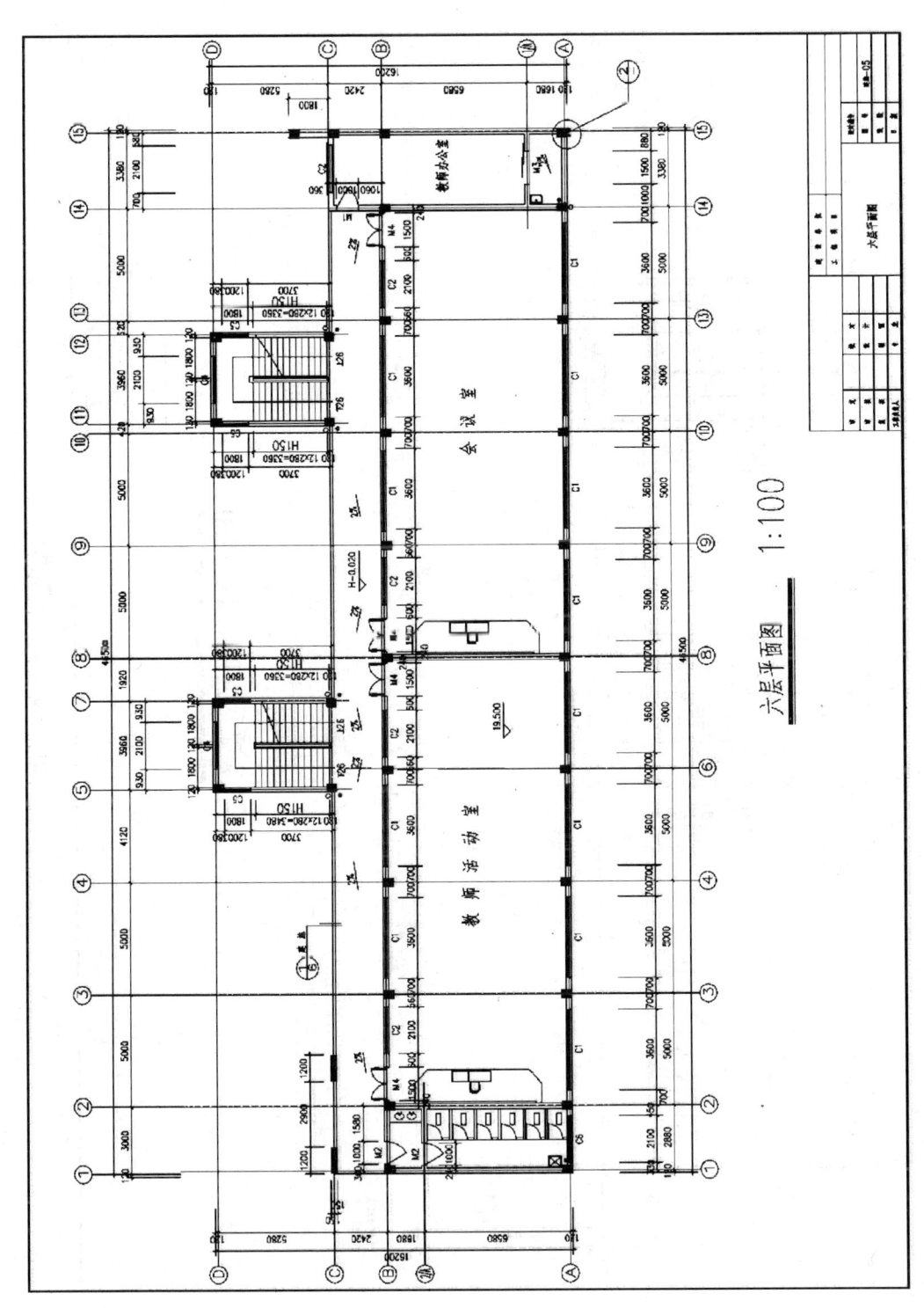

图 4-59 六层平面图

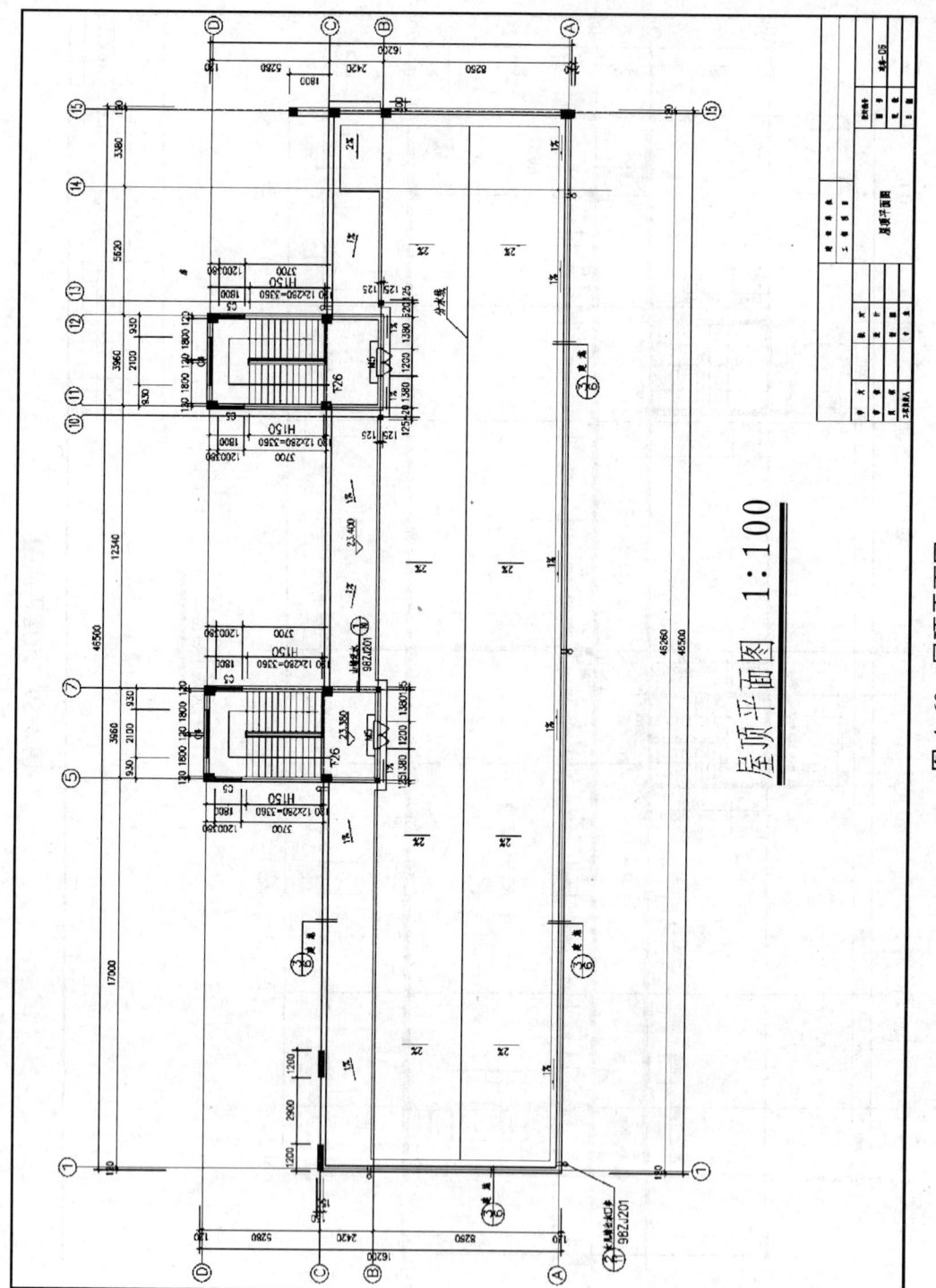

图 4-60 屋顶平面图

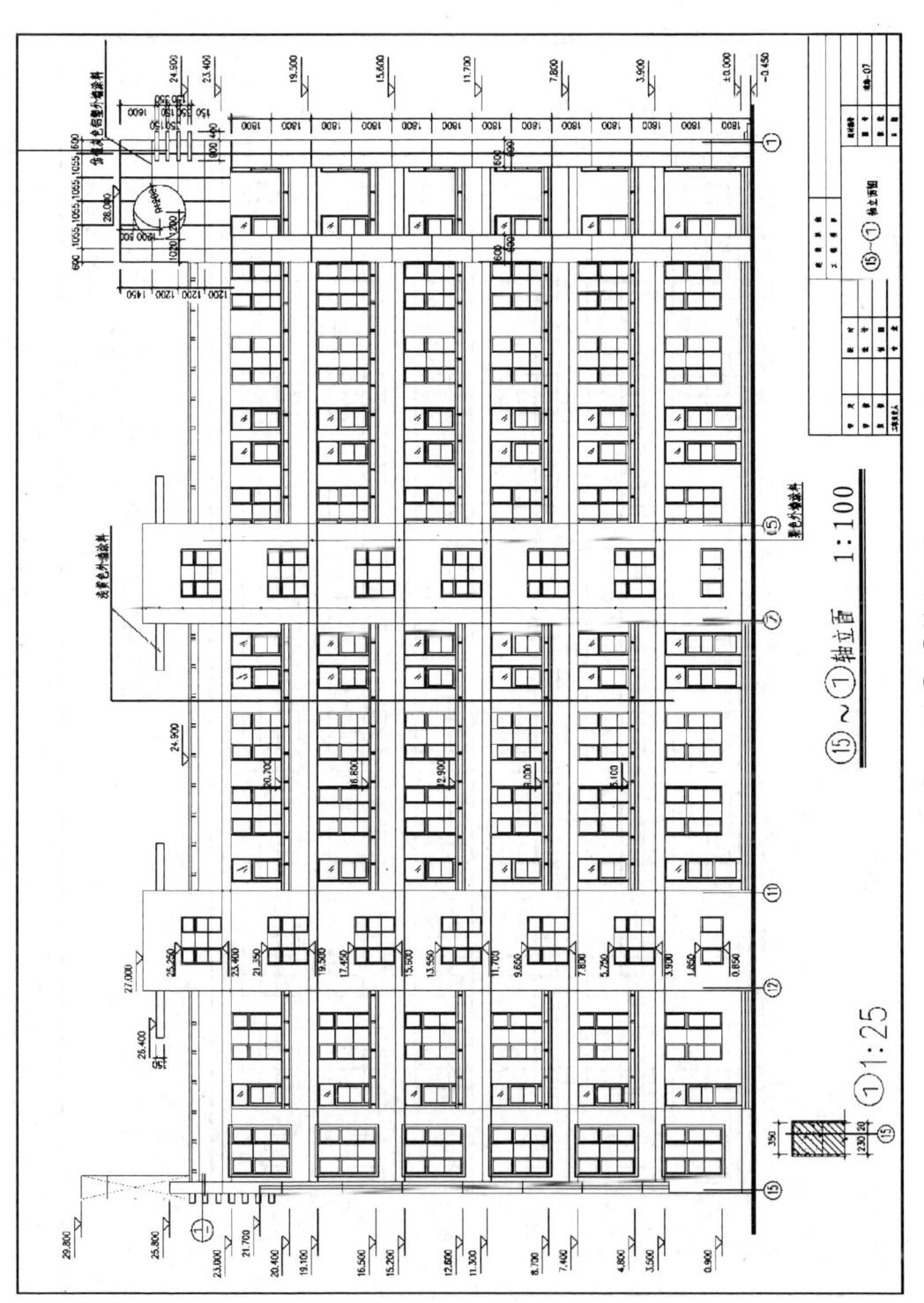

项目四　建筑工程造价软件应用实训

图 4-61　⑮～①轴立面图

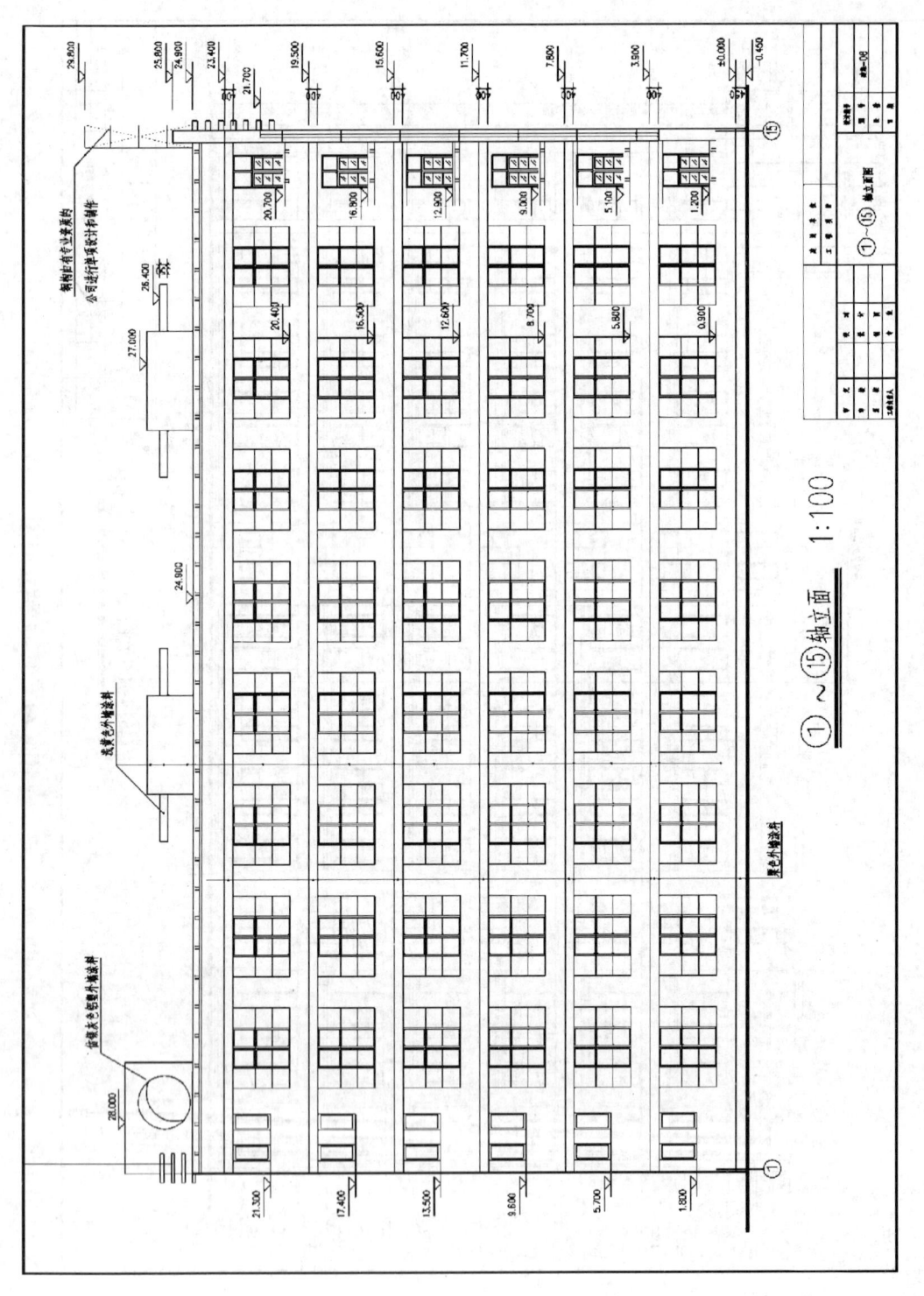

图 4-62 ①~⑮轴立面图

图 4-63 Ⓓ~Ⓐ 轴立面图

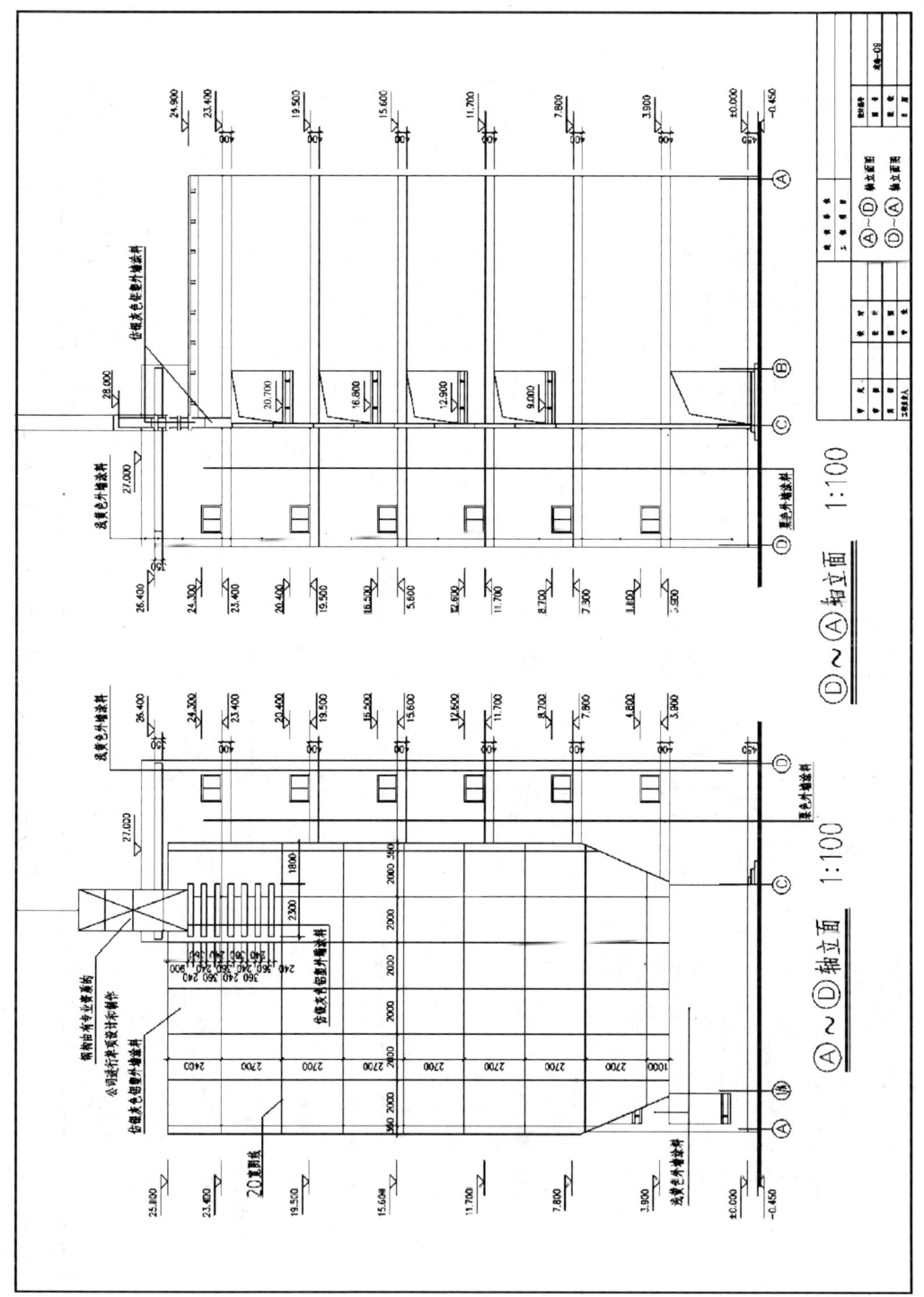

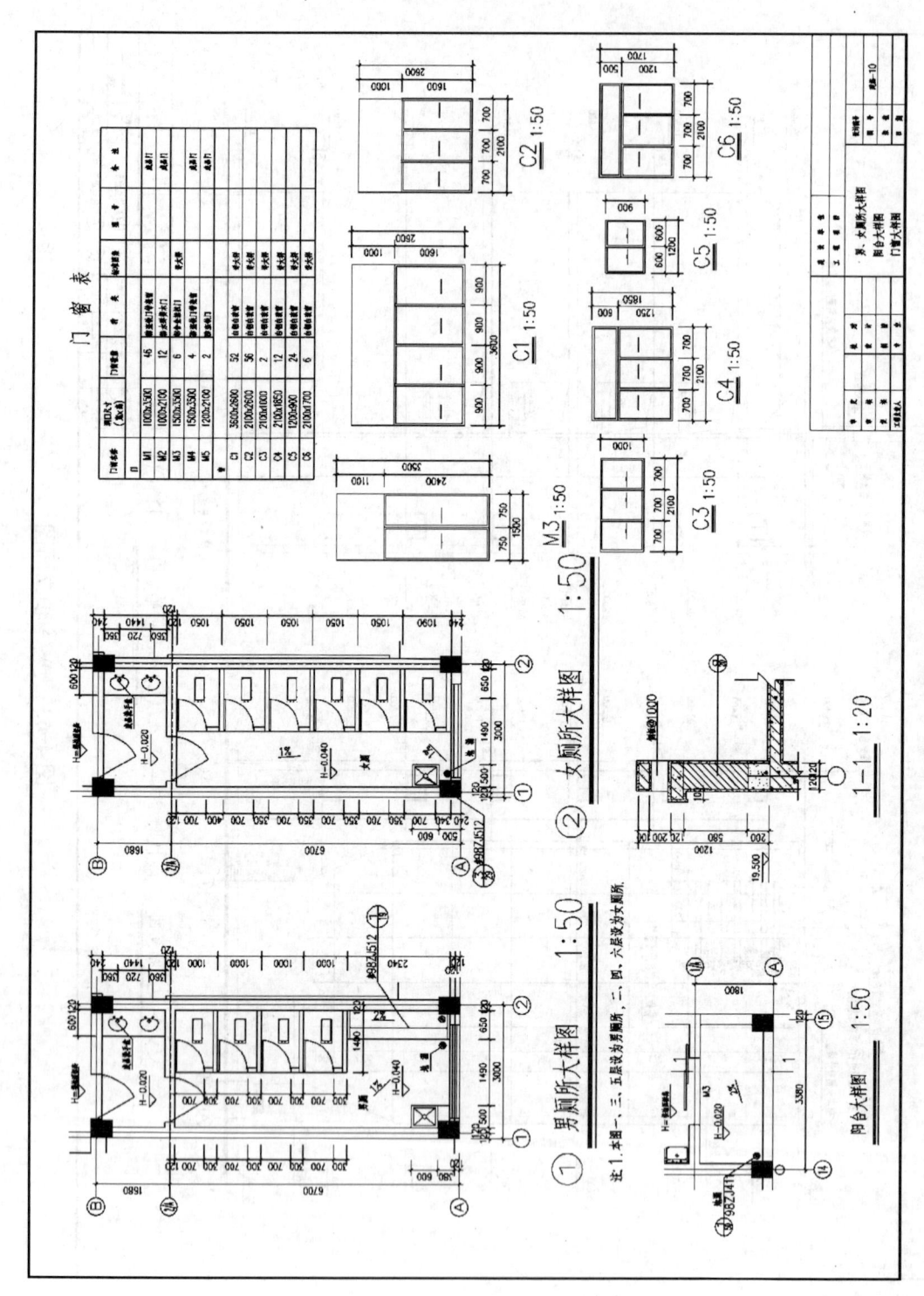

图 4-64 男、女厕所、阳台和门窗大样图

图 4-65 楼梯剖面图

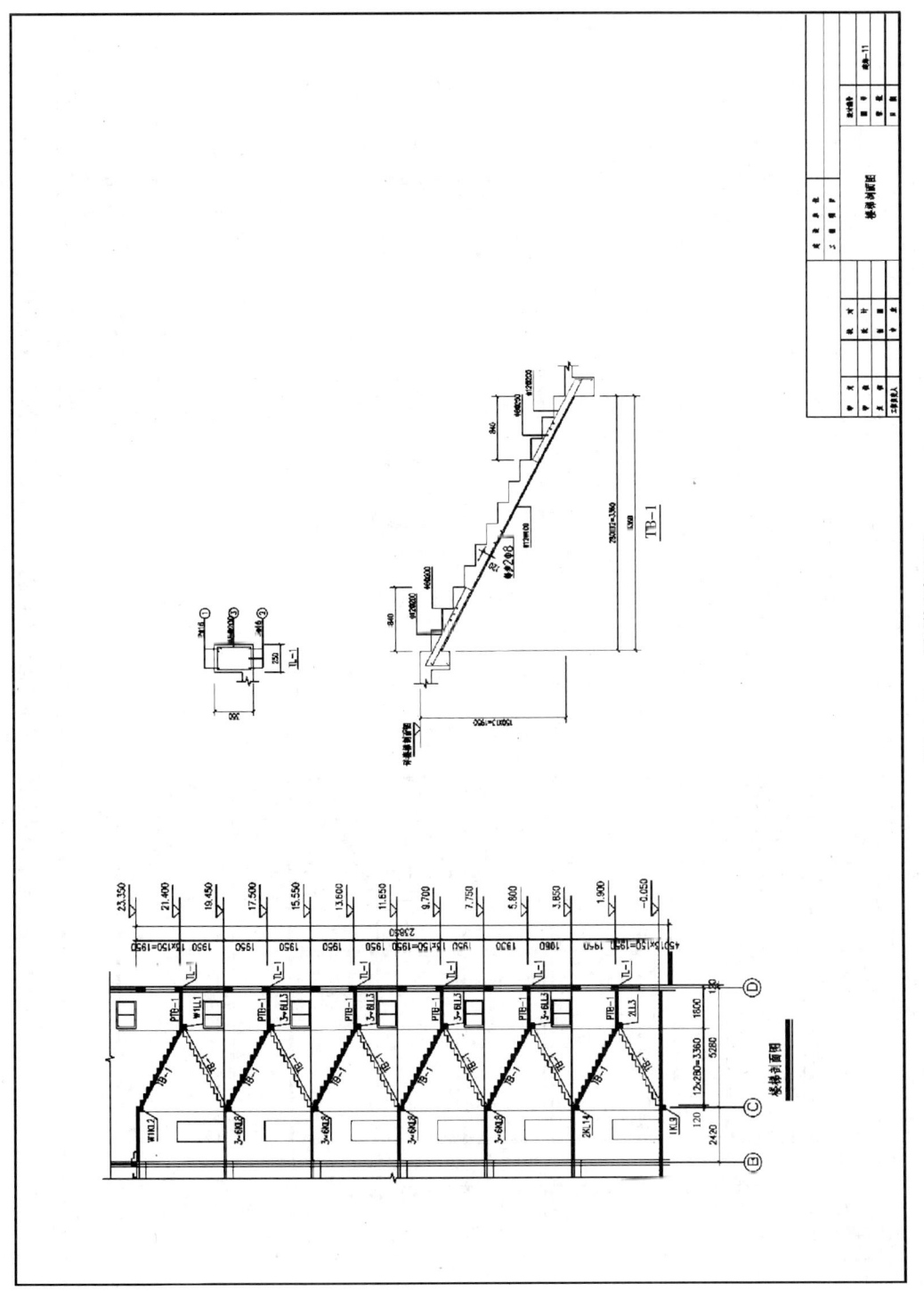

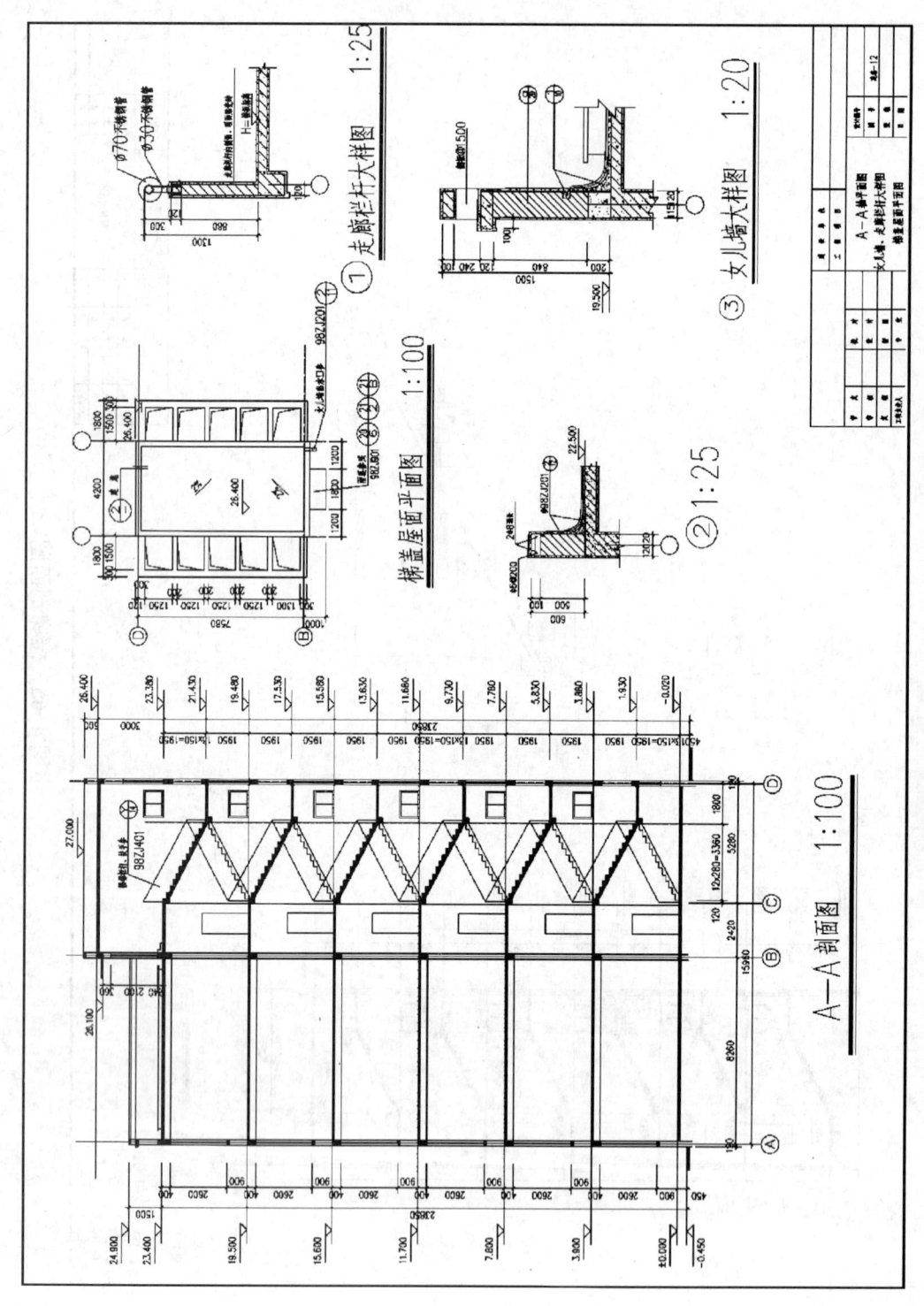

图 4-66 A—A 剖面图、梯盖屋面平面图、女儿墙和走廊栏杆大样图

结构设计说明

一、工程概况

1. 本工程为现浇钢筋混凝土框架结构，各层高度详见建筑图，基础为钢筋砼独立柱基础和墙下条形基础。

2. 根据国家现行规定，本工程建筑结构按六度四级抗震设防，基本风压值为0.35KN/m.

结构设计使用年限50年.

3. 设计基本地震加速度为0.05g　特征周期为0.35秒　设计地震分组为第一组，

抗震设防类别为丙类　场地类别为　类，建筑结构安全等级为二级

地基基础设计等级为丙级，砌体结构施工质量控制等级为B级.

4. 依据的规范，规程，标准

(1)《混凝土结构设计规范》　(GB 50010-2002)

(2)《建筑抗震设计规范》　(GB 50011-2001)

(3)《建筑结构荷载规范》　(GB 50009-2001)

(4)《建筑地基基础设计规范》　(GB 50007-2002)

(5)《地下工程防水技术规范》　(GB 50108-2001)

二、楼面设计活荷载

1) 教室、教师办公室、活动室、会议室 $2.0kn/m^2$;

2) 卫生间 $2.0kn/m^2$;

3) 走廊、楼梯 $3.5kn/m^2$;

4) 上人屋面 $3.0kn/m^2$; 不上人屋面 $0.5kn/m^2$;

三、材料

1. 混凝土除另有注明者外，各楼层混凝土强度等级C见本图表1.

表 1：

楼　层		+3.850以下	+3.850以上
C	柱	30	25
	梁　板	25	25

2. 钢筋：HPB235 (Φ)，HRB335(Φ)

3. 墙体：

(1) ±0.00以上填充墙采用Mu10KP1多孔粘土砖，M7.5混合砂浆砌筑，

±0.00以下墙体采用Mu10KP1多孔粘土砖，M7.5水泥砂浆砌筑，墙厚详建筑图.

四、楼板

1. 板的砼保护层厚度除图中注明外均为　板中负筋的直钩长度为板厚减去保护层厚度.

2. HPB235钢筋所注长度不包括弯钩长度，板中受力筋的短向钢筋放在长向钢筋之下

3. 图中未注明的板的分布筋包括负筋分布筋均为Φ6@250.

4. 各层楼板钢筋编号独立.

五、梁、柱

梁柱另一说明详见各结施图及国家建筑标准设计图集　混凝土结构施工图平面整体表示方法制图规则和构造详图》(03G101-1).　保护层厚度25mm.

六、钢筋的锚固、搭接

钢筋的锚固和搭接长度和形式均按国平法图集中的要求.

七、统一结构措施

1. 屋面板、卫生间底板考虑防水，掺HEA 型膨胀剂，掺量由配比试验确定，

并做抗渗试验和膨胀收缩试验，抗渗等级S8；

八、其他

1. 结构标高H为建筑标高-0.050m；

2. 施工中应与建筑、水、电各工程图纸密切配合，预埋铁件、管线，预留孔洞，不得遗漏，并保证位置的准确，避免事后敲凿，影响施工质量.

3. 本说明中未述及的注意事项，请按国家2002版新的设计及施工验收规范规定执行.

结构设计说明　结施-01

图 4-67　结构设计说明

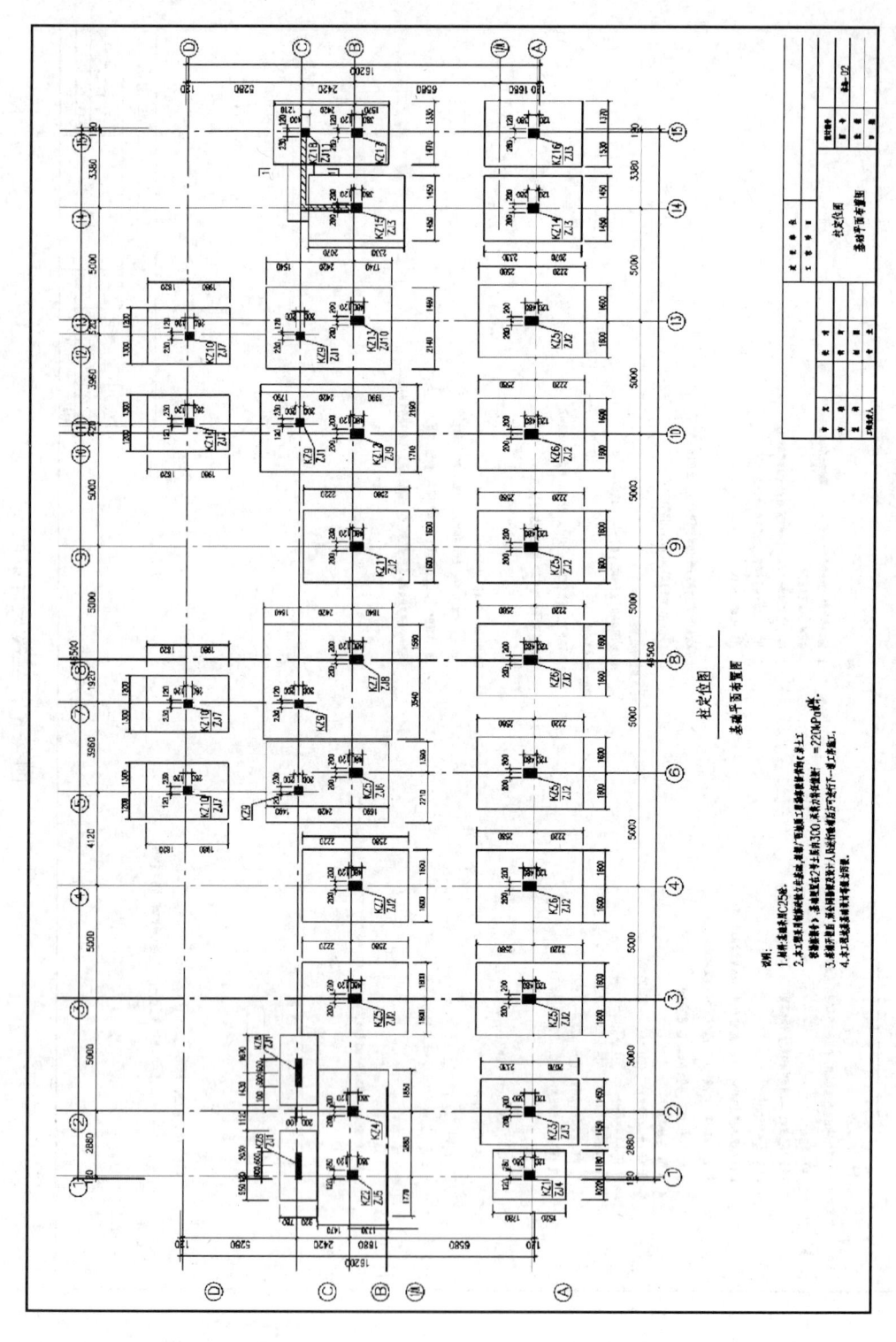

图 4-68 柱定位图、基础平面布置图

天然基础大样配筋表

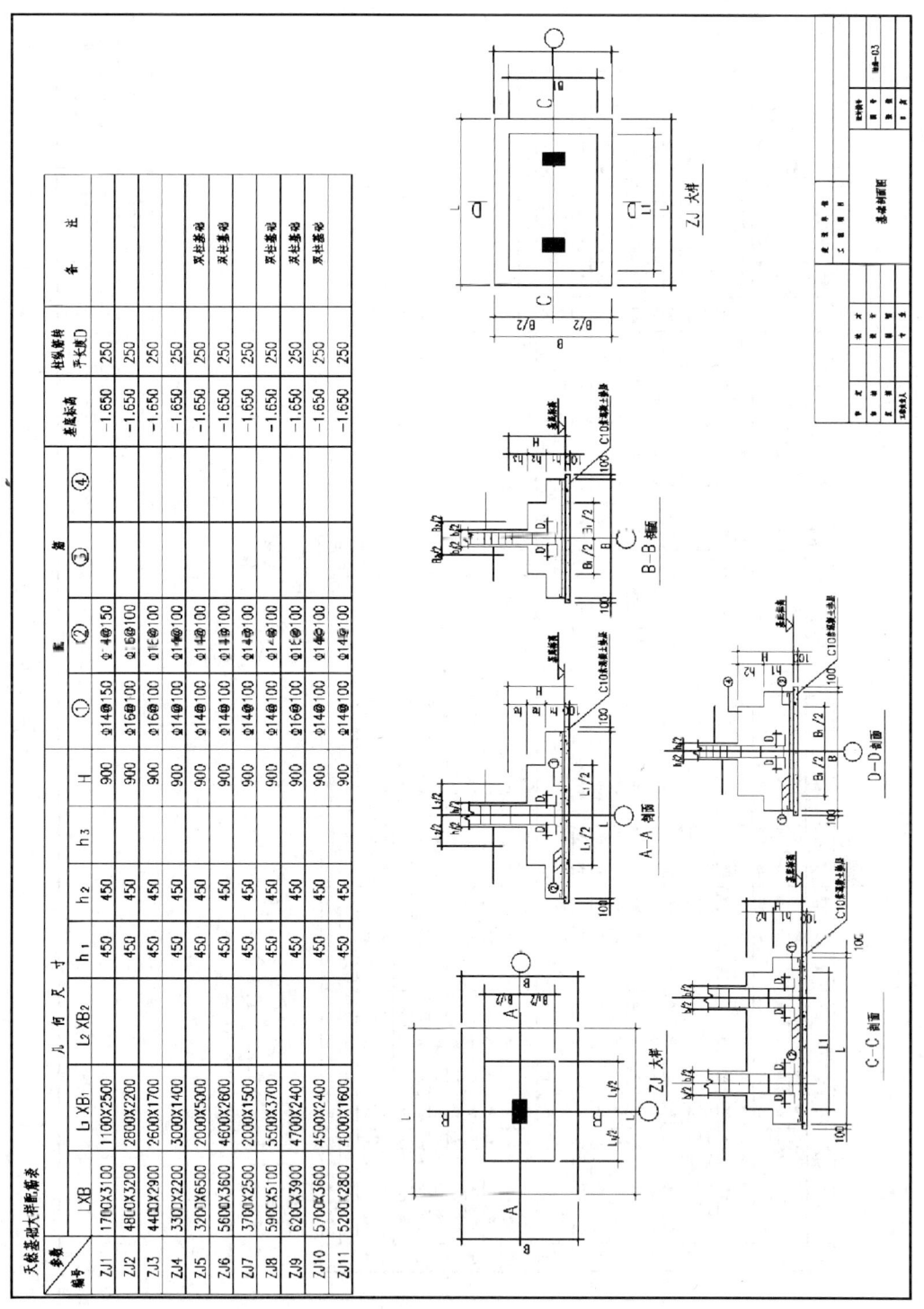

编号	L×B	L₁×B₁	几何尺寸 h₁	h₂	h₃	H	配筋 ①	②	③	④	基底标高	柱纵筋锚入平板D	备注
ZJ1	1700×3100	1100×2500	450	450		900	Φ14@150	Φ14@150			-1.650	250	
ZJ2	4800×3200	2800×2200	450	450		900	Φ16@100	Φ16@100			-1.650	250	
ZJ3	4400×2900	2600×1700	450	450		900	Φ16@100	Φ16@100			-1.650	250	
ZJ4	3300×2200	3000×1400	450	450		900	Φ14@100	Φ14@100			-1.650	250	
ZJ5	3200×6500	2000×5000	450	450		900	Φ14@100	Φ14@100			-1.650	250	双柱基础
ZJ6	5600×3600	4600×2600	450	450		900	Φ14@100	Φ14@100			-1.650	250	双柱基础
ZJ7	3700×2500	2000×1500	450	450		900	Φ16@100	Φ14@100			-1.650	250	
ZJ8	5900×5100	5500×3700	450	450		900	Φ14@100	Φ14@100			-1.650	250	双柱基础
ZJ9	6200×3900	4700×2400	450	450		900	Φ14@100	Φ14@100			-1.650	250	双柱基础
ZJ10	5700×3600	4500×2400	450	450		900	Φ16@100	Φ16@100			-1.650	250	双柱基础
ZJ11	5200×2800	4000×1600	450	450		900	Φ14@100	Φ14@100			-1.650	250	

图 4-69 基础剖面图

图 4-70 柱表

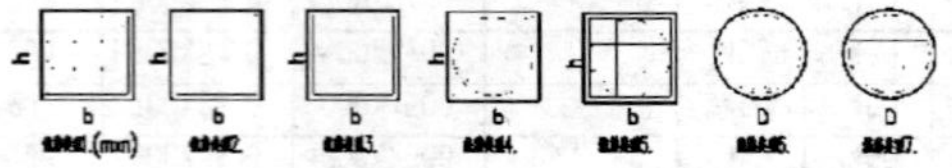

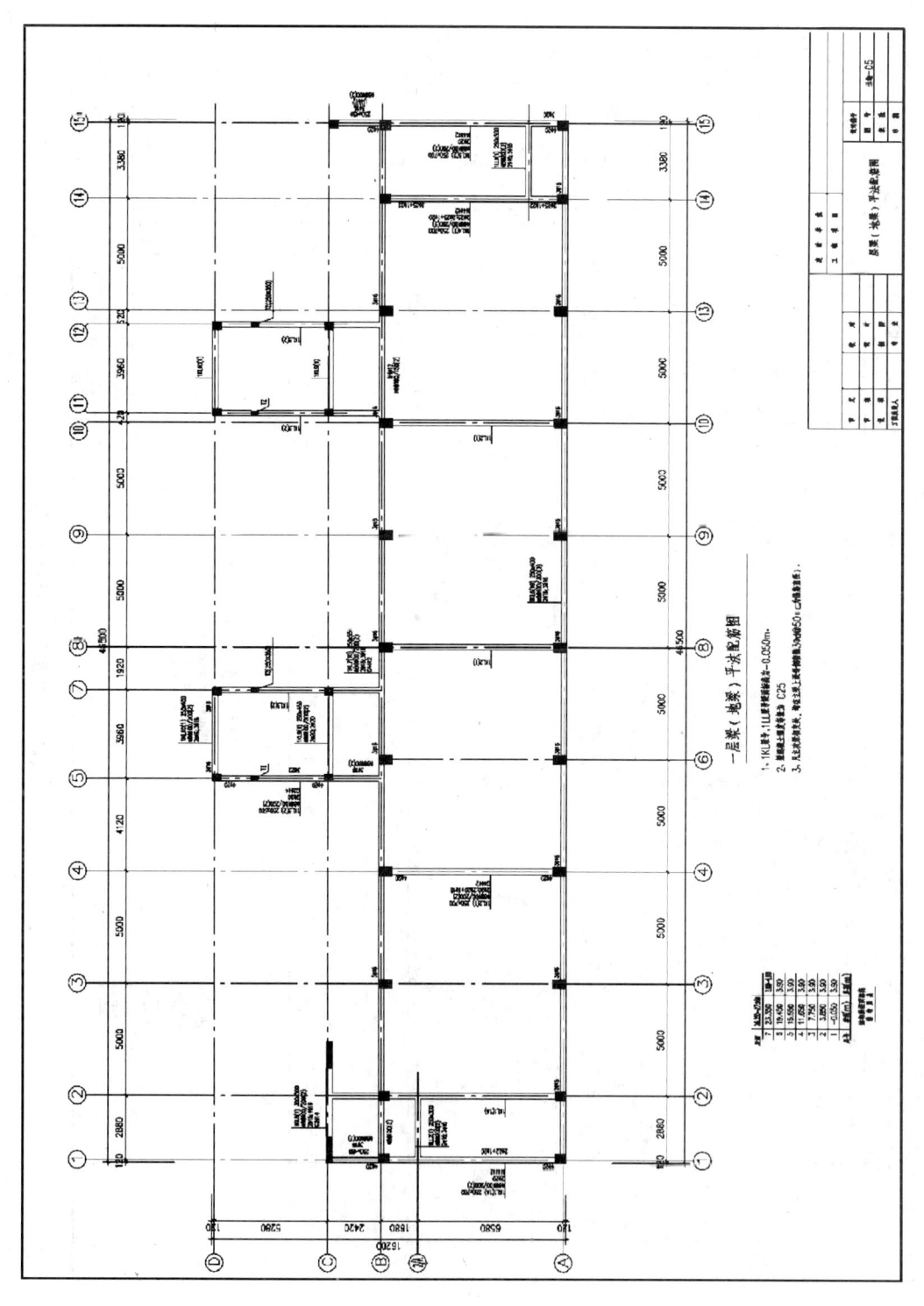

图 4-71 一层梁（地梁）平法配筋图

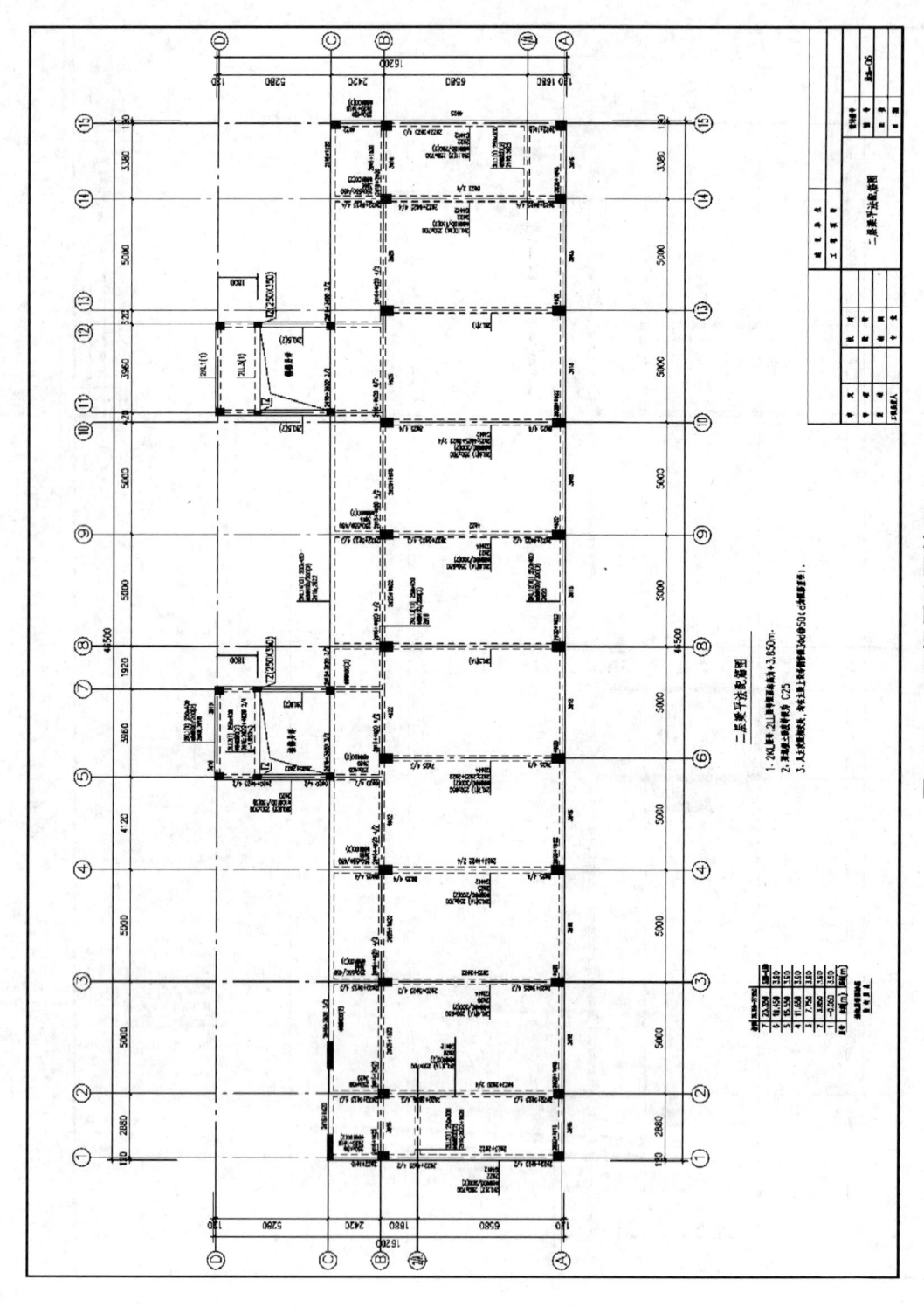

图 4-72 二层梁平法配筋图

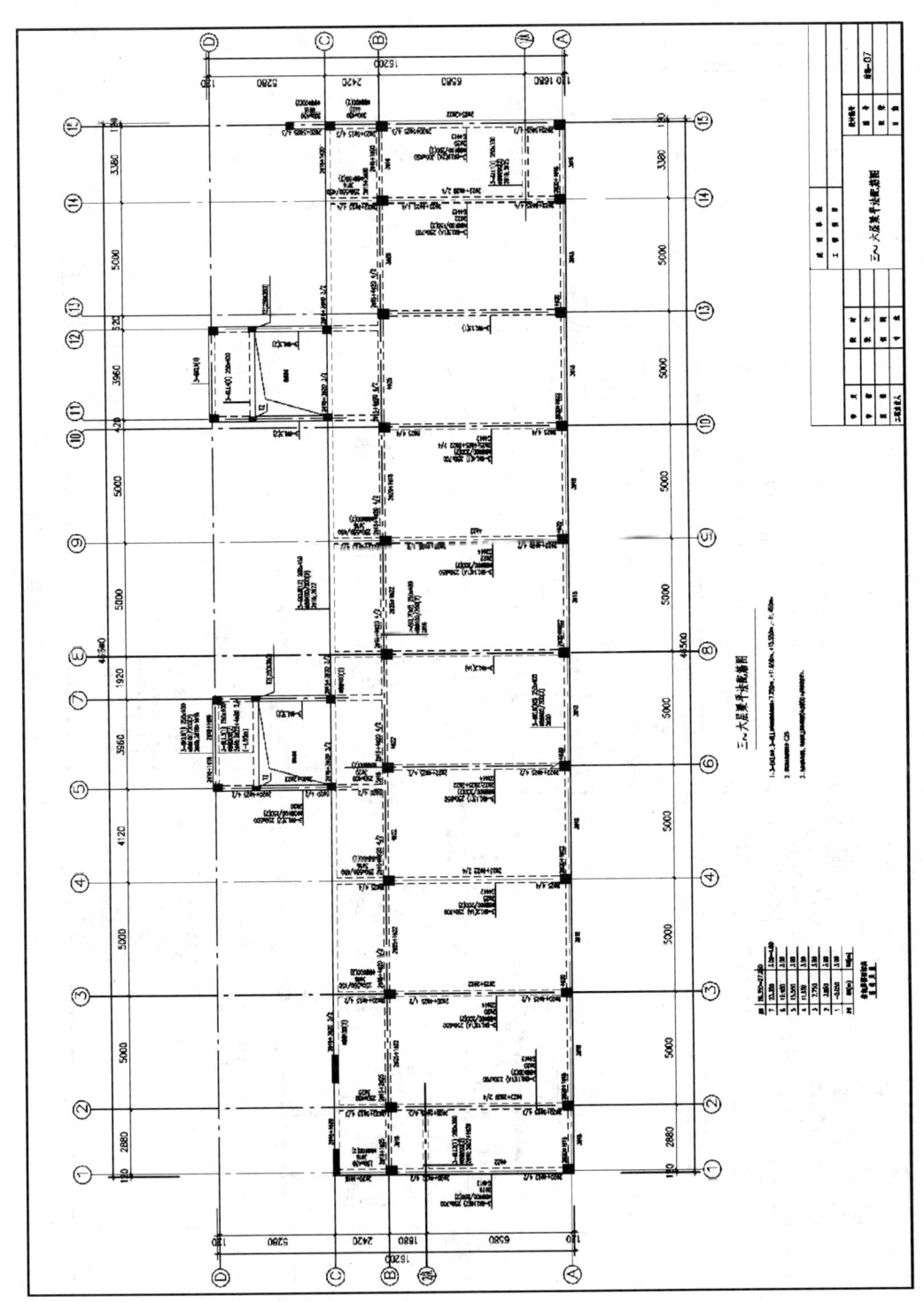

图 4-73 三~六层梁平法配筋图

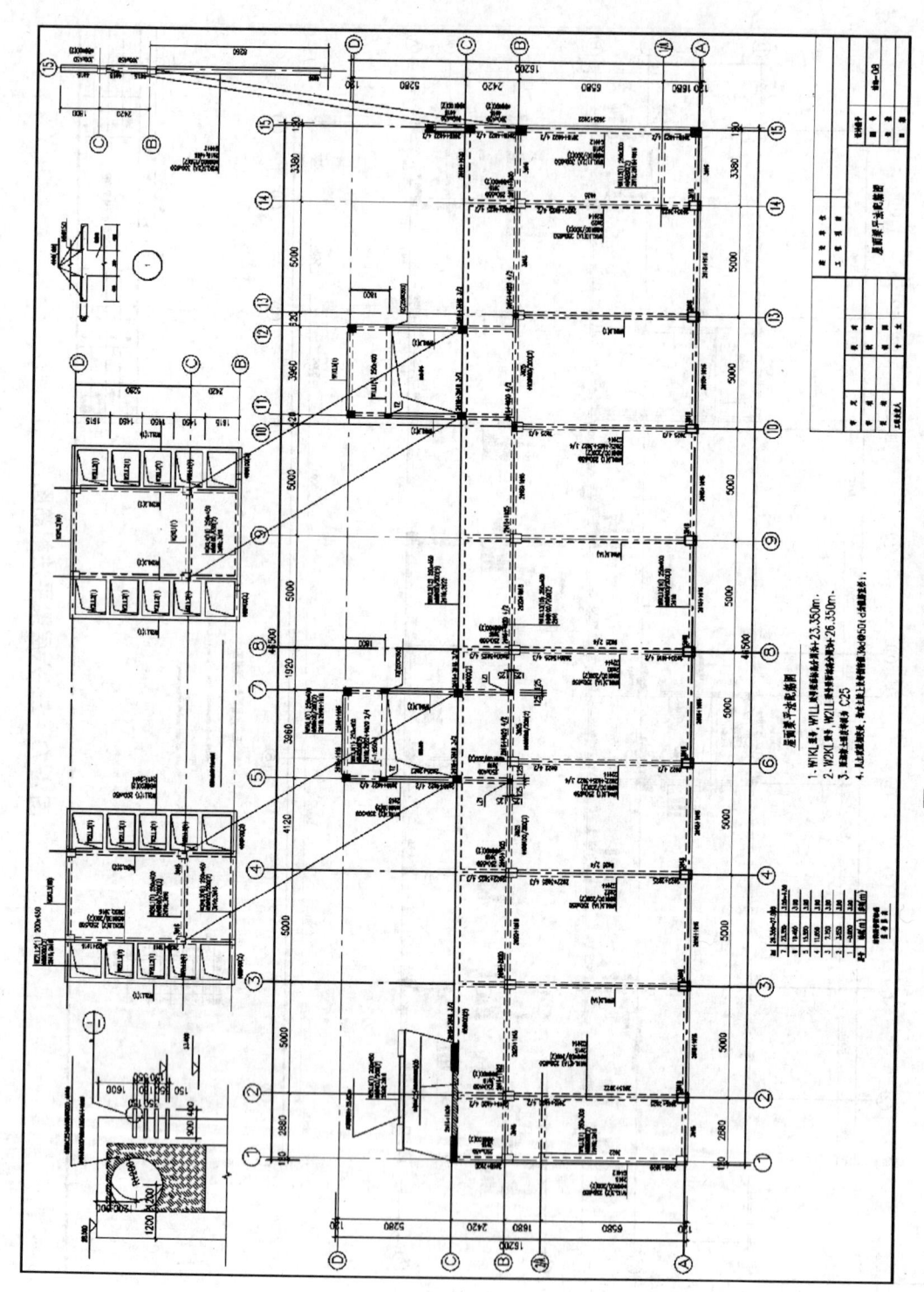

图 4-74 屋面梁平法配筋图

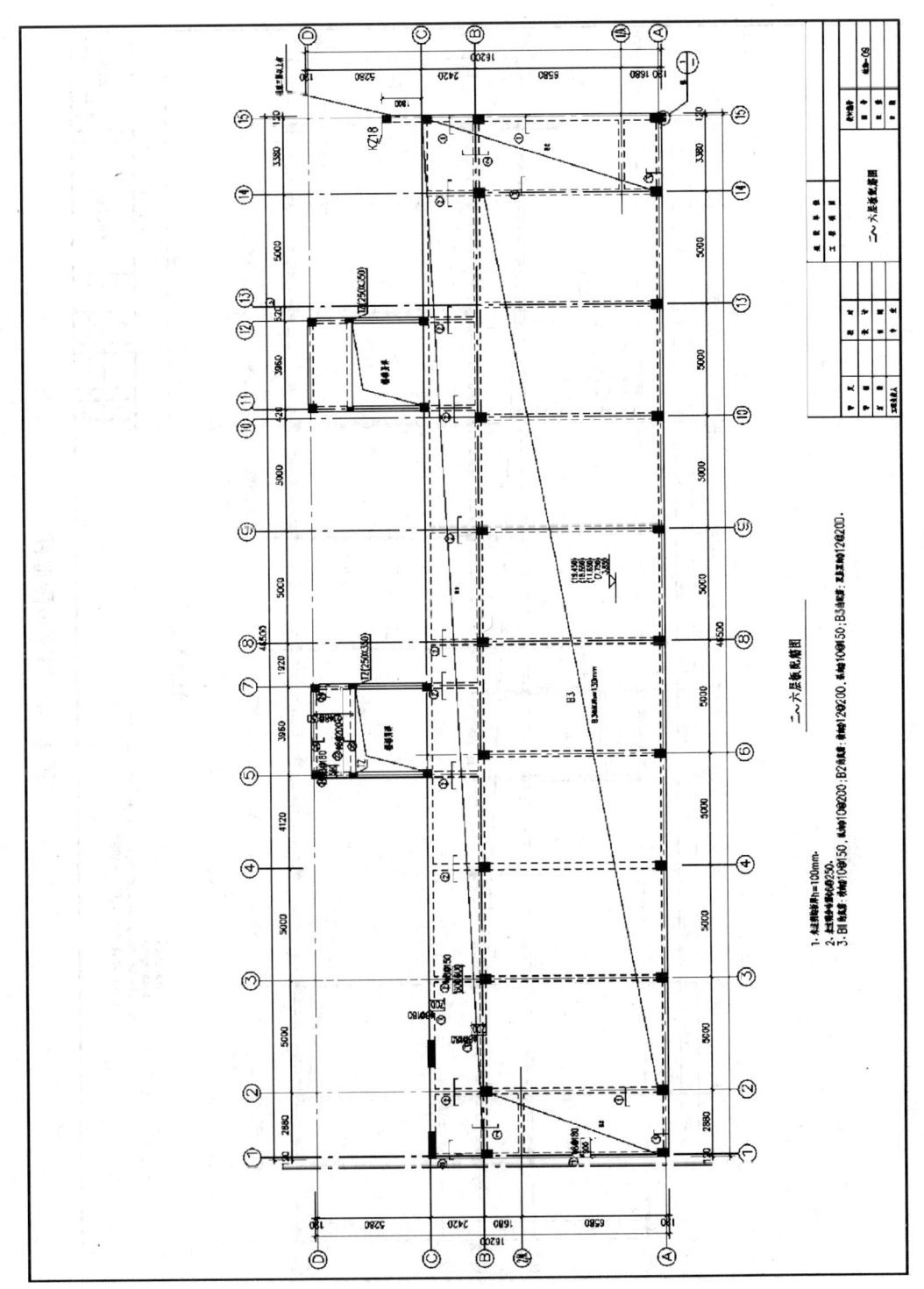

图 4-75 二~六层板配筋图

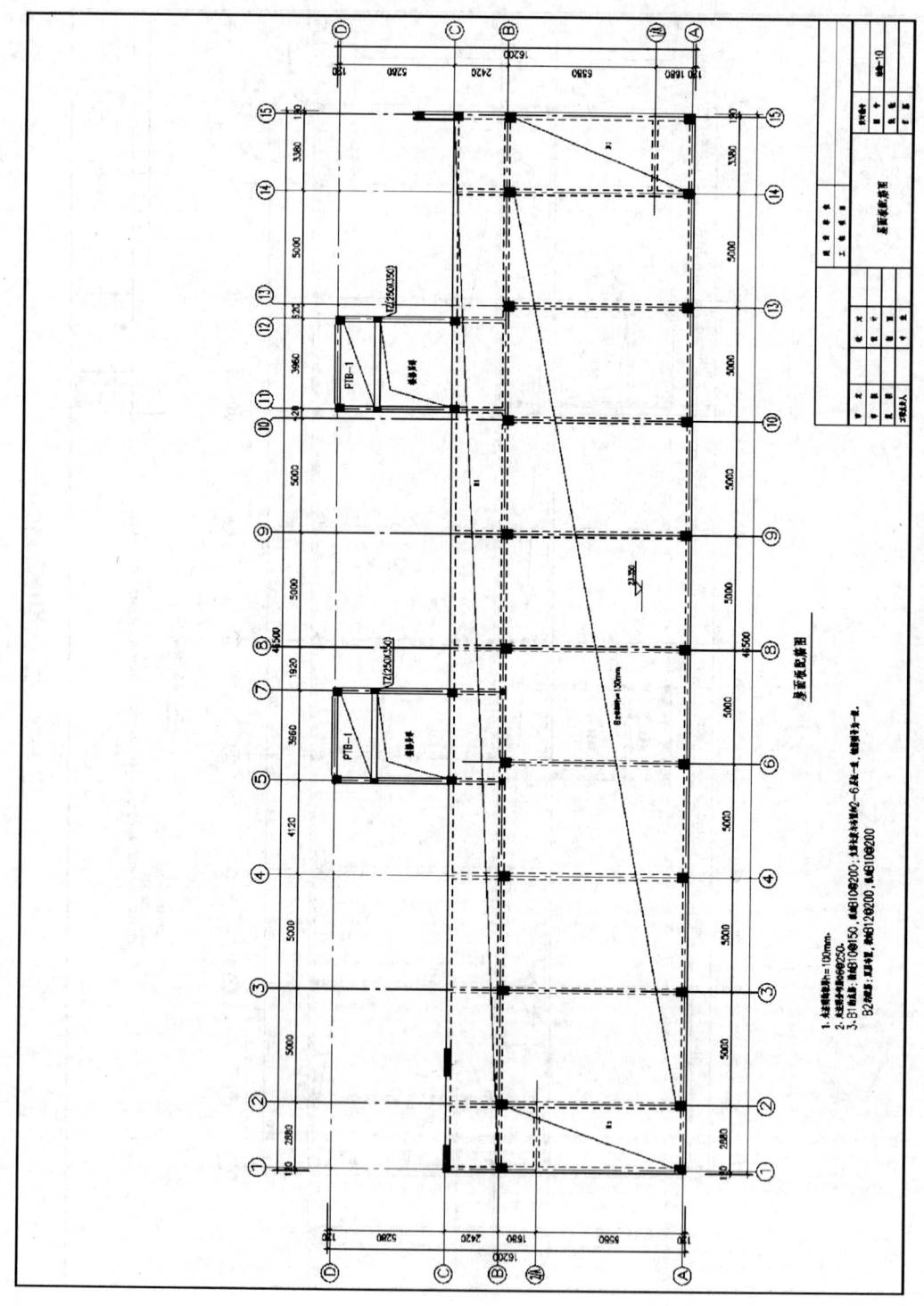

图 4-76 屋面板配筋图

参 考 文 献

[1] 李红. 建筑工程计量与计价实训教程. 合肥工业大学出版社, 2009.

[2] 肖明和, 柴琦. 建筑工程计量与计价实训报价. 北京大学出版社, 2009.

[3] 江西省建设工程造价管理站. 江西省建筑工程工程消耗量定额及统一基价表（上）、（下）（2004年）. 湖南科学技术出版社, 2005.

[4] 江西省装饰装修工程消耗量定额及统一基价表（2004年）. 湖南科学技术出版社, 2005.

[5] 江西省建筑安装工程费用定额（2004年）. 湖南科学技术出版社, 2005.

[6] 广联达建设工程造价管理整体解决方案操作说明书.

[7] 中华人民共和国住房和城乡建设部. 建设工程工程量清单计价规范 GB50500 - 2008. 中国计划出版社, 2008, 9.